国家重点研发计划项目(2017YFC1502701)资助
国家自然科学基金项目(51609242 和 51979271)资助
中国博士后科学基金项目(2018M632333)资助
江苏高校优势学科建设工程项目(PAPD)资助
南京水利科学研究院出版基金资助
中央高校基本科研业务费项目(2015XKMS034)资助

变化环境下北京市暴雨洪涝演变规律及响应机理

宋晓猛　张建云　著

中国矿业大学出版社

·徐州·

内 容 简 介

本书针对变化环境下城市暴雨洪涝问题,在对国内外城市洪涝灾害研究成果综合分析的基础上,重点以城市化发展最为显著、人水关系矛盾最为突出的北京市作为研究区域,探索城市化发展对区域下垫面类型、水文产汇流规律及城市暴雨洪涝的影响机制,开展我国北方地区城市化水文效应研究。本书分析了北京地区的城市化发展历程及下垫面变化特征,探讨了区域长期和短期的降雨演变特征,阐述了城市化流域洪水特征的演变趋势,识别不同城市化发展程度下城市降雨径流相关关系,构建了适合城市化区域的流域暴雨洪水模拟模型,揭示了环境变化(气候变化、城市化发展及下垫面变化)对区域降雨和洪涝演变的影响机制,从而为北方地区防洪减灾、水资源保护与利用和经济持续发展提供支持,为我国城市暴雨洪涝灾害防治与应急管理提供科学依据。

本书可供水文水资源、水利工程、水文气象、自然地理、城市规划、防灾减灾、环境工程等学科领域的科学研究人员、工程技术人员、管理决策人员及高等院校和科研院所师生参考使用。

图书在版编目(C I P)数据

变化环境下北京市暴雨洪涝演变规律及响应机理 /
宋晓猛,张建云著. — 徐州 :中国矿业大学出版社,
2022.10

ISBN 978 - 7 - 5646 - 5230 - 2

Ⅰ. ①变… Ⅱ. ①宋… ②张… Ⅲ. ①城市—暴雨—
水灾—灾害防治—研究—北京 Ⅳ. ①P426.616

中国版本图书馆 CIP 数据核字(2021)第 236748 号

书　　名	变化环境下北京市暴雨洪涝演变规律及响应机理
著　　者	宋晓猛　张建云
责任编辑	潘俊成
出版发行	中国矿业大学出版社有限责任公司
	(江苏省徐州市解放南路　邮编 221008)
营销热线	(0516)83885370　83884103
出版服务	(0516)83995789　83884920
网　　址	http://www.cumtp.com　**E-mail**:cumtpvip@cumtp.com
印　　刷	苏州市古得堡数码印刷有限公司
开　　本	787 mm×1092 mm　1/16　印张 14.75　字数 368 千字
版次印次	2022 年 10 月第 1 版　2022 年 10 月第 1 次印刷
定　　价	120.00 元

(图书出现印装质量问题,本社负责调换)

作 者 简 介

宋晓猛,博士/博士后,中国矿业大学资源与地球科学学院副教授,水文与水资源系副主任,2016年江苏省优秀博士学位论文获得者,2019—2020年澳大利亚墨尔本大学访问学者。主要从事水文水资源方面的教学科研工作,主要研究方向包括水文物理规律模拟、城市化与水安全、环境变化与旱涝灾害、水文模型不确定性理论、水资源评价等。主持了国家自然科学基金面上项目、国家自然科学基金青年项目、国家重点研发计划专题、中国博士后科学基金面上项目、江苏省自然科学基金面上项目和中国矿业大学学科前沿课题等多项纵向课题及其他委托课题。目前担任国内中文核心期刊《水利水电技术》特邀编委以及 *Journal of Hydrology*、*Water Resources Research*、*Journal of Geophysical Research-Atmosphere*、*Environmental Modeling and Software*、《水科学进展》《地理学报》《中国科学:技术科学》等多个期刊审稿人。出版学术专著1部,参编专著2部,参编教材1部,在国内外核心期刊发表学术论文60余篇,以第一作者或通讯作者发表SCI/Ei论文40余篇,入选ESI高被引论文1篇,入选F5000论文6篇。

张建云,中国工程院院士、英国皇家工程院外籍院士,中国工程院土木、水利与建筑工程学部主任,南京水利科学研究院名誉院长,长江保护与绿色发展研究院院长,水利部应对气候变化研究中心主任,《水科学进展》主编,河海大学教授。曾任水利部水文局总工程师(1998—2006)、国家防汛抗旱指挥系统工程总设计师(1997—2002)、国际水文科学协会中国国家委员会主席(2003—2019)、世界气象组织(WMO)水文学委员会执委(2004—2008),《水文》主编(1998—2006)。主要从事水文水资源、防汛抗旱、气候变化影响、水利信息化等科研工作。主持研究开发了"全国洪水预报系统""国家防汛抗旱会商系统""防汛抗旱水文气象综合信息系统"等一系列业务系统,为国家防洪抗旱调度决策和指挥提供科学依据。作为总设计师,主持了国家防汛抗旱指挥系统工程设计(1996—2002)和一期工程的建设工作(2002—2006),构建了国家防汛抗旱减灾决策平台,促进了全国水利信息化。在洪水预报理论研究及应用、气候变化对水文水资源影响评估和适应对策、设计暴雨和设计洪水等方面取得了重要研究成果。共获国家科学技术进步奖一等奖2项、二等奖5项,省部级特等奖3项、一等奖3项。出版学术专著6部,译著1部,发表学术论文300余篇。

前　言

　　近百年来，全球气候正在逐渐变暖，科学家们普遍认为，温室气体的排放是导致全球变暖的直接原因。全球气候变暖将使极端天气和气候事件变得更为频发，从而导致各种气象灾害不断加剧，尤其是受气候变化影响深刻的洪涝灾害会愈演愈烈。联合国政府间气候变化专门委员会（Intergovernmental Panel on Climate Change，IPCC）第一工作组第五次评估报告指出："全球气候变暖已经成为不争的事实，在全球气候变暖的背景下极端气候灾害事件发生的强度和频率在增加。在气候变化中自然气候变化相对较大，人为活动因素增加了强降水事件的频率。大部分地区的强降水事件发生频率可能有所上升。"在全球变暖的大背景下，我国极端气候事件和突变事件更加复杂多变，加之我国江河众多，地形复杂，降雨时空分布不均，防洪减灾一直是我国所面临的严重问题之一。如今我国的洪涝灾害除了受全球变化的影响外，很多变量和因素也在洪涝灾害发生过程中起着重要作用，其复杂性正随着城市人口与财富的增加而增大。

　　随着经济社会的发展，城市化发展水平有了显著提高。以改革开放为转折点，我国的城市化进程呈现持续快速发展势头，高于世界同期城市化平均速度2倍，截至2020年底，我国城市人口已占总人口的63.89%。然而，快速的城市化发展带来了一系列的生态环境变化问题，如城市热岛效应及雨岛效应导致城市局部降雨量和降雨强度增大；由于城市地物地貌地形的变化，导致城市区域产汇流过程变化，同时削弱了城市防洪排涝能力，使得城市应对突发性暴雨洪涝灾害的能力弱化，城市发生暴雨洪涝事件的概率增加。此外，城市规模在不断扩大，而城市现有的防洪排涝设施和灾害风险管理跟不上城市发展的步伐，导致城市洪涝灾害脆弱度上升，在风险中暴露度也有所增加，暴雨洪涝灾害的风险及损失也呈上升的趋势。如何应对上述突发性洪涝灾害，以及在洪水风险中谋求生存和发展是我国城市管理中需要解决的问题，也是关系到城市可持续发展的重大问题。因此，开展变化环境下城市暴雨洪涝演变规律及响应机理研究，为城市水文学及区域水资源安全理论研究提供重要支撑，具有重要的科学和现实意义。

　　本书旨在探索城市化发展对区域下垫面类型、水文产汇流规律及城市暴雨洪涝的影响机制,以城市化发展最为显著、人水关系矛盾最为突出的北京市作为研究区域,开展我国北方地区城市化水文效应研究,揭示了北京地区的城市化发展历程及下垫面变化特征,探讨了区域长期和短期的降雨演变特征,分析了城市化流域洪水特征的演变趋势,并阐释了环境变化(气候变化、城市化发展及下垫面变化)对区域降雨和洪涝演变的影响机制,识别不同城市化发展程度下城市降雨径流相关关系,构建了适合城市化区域的流域暴雨洪水模拟模型,揭示了下垫面变化对洪水过程的影响机制,从而为北方地区防洪减灾、水资源保护与利用和经济持续发展提供支持,为我国城市暴雨洪涝灾害防治与应急管理提供科学依据。

全书共分为九章,由宋晓猛博士和张建云院士共同撰写完成。第一章叙述了本书的研究背景和意义,总结了国内外城市暴雨洪涝及城市水文学等方面的相关研究进展,分析了今后的研究趋势,阐述了本书的研究目标、基本框架与技术路线;第二章介绍了研究区域的自然地理、水文水资源、社会经济以及洪涝灾害情况;第三章阐释了城市及城市化的内涵与评价方法,分析了北京市城市化进程及其下垫面变化特征,识别了城市区域不透水面积变化规律;第四章系统分析了北京地区降水时空演变规律,揭示了城市化对降水时空变异的影响机制,阐述了气候变化和城市化背景下极端降水变化规律;第五章分析了北京城市洪涝演变特征,识别了洪水演变的主要影响因素,调查了变化环境下洪水频率的非一致性特征,剖析了城市内涝演变及其成因驱动;第六章系统总结归纳了北京市不同区域流域降雨径流关系变化特征,揭示了城市化对区域降雨径流关系的影响;第七章开展城市化流域水文模型研究,总结了城市水文模拟技术发展历程,提出了适合复杂下垫面条件下的流域产汇流计算方法,建立了城市化流域水文模型;第八章识别了城市流域水文过程变化的主要影响因子,评估了环境变化因子对城市流域水文过程的影响;第九章归纳总结了主要研究成果和结论,探讨了未来相关研究方向,提出了后续需要进一步开展的重点研究内容。

本书是在国家重点研发计划项目"我国城市洪涝监测预警预报与应急响应关键技术研究及示范"之课题一"变化环境下城市暴雨洪涝灾害成因"(项目编号:2017YFC1502701)、国家自然科学基金项目"变化环境下城市洪涝成因机制及驱动因素量化评估"(项目编号:51979271)和"城市化背景下中小流域环境变化对暴雨洪水过程的影响研究"(项目编号:51609242)、中央高校基本科研业务费项目"中小流域暴雨洪水过程对变化环境的响应机理"(项目编号:2015XKMS034)和中国博士后科学基金项目"变化环境下城市洪涝成因及驱动机制研究"(项目编号:2018M632333)的支持下,系统地围绕城市暴雨洪涝问题开展相关理论与技术方法研究。此外,本书的研究成果还得到了江苏高校优势学科建设工程项目(PAPD)资助,本书的出版也得到了南京水利科学研究院出版基金资助。在上述项目的执行和本书的编写过程中,得到了中国矿业大学孔凡哲教授、杨国勇副教授、朱奎副教授、李成博士,南京大学许有鹏教授、王栋教授,中国水利水电科学研究院程晓陶教授级高工,北京师范大学徐宗学教授、庞博副教授、左德鹏副教授,南京水利科学研究院王国庆教授级高工、贺瑞敏教授级高工、刘翠善教授级高工、王小军教授级高工等专家和同事的大力支持与帮助,项目研究期间也得到了北京水文总站的各位领导和专家(杨忠山主任、白国营科长、杜龙刚科长等)的大力支持。项目研究期间,笔者有幸获得国家留学基金委公派资助前往澳大利亚墨尔本大学(The University of Melbourne)访学一年(2019.11—2020.11),访学期间得到了墨尔本大学 Quan J Wang 教授和 Wenyan Wu 博士的指导与帮助,本书研究成果的出版也离不开国家留学基金委的资助以及墨尔本大学 QJ 团队[还包括 Qichun(Sean)Yang 博士,刘述慈博士,Yating Tang 博士,以及博士研究生杨骐、邵亚闻、Wen Wang、杜奕良、李华贞等]的支持,在澳期间还得到了北京师范大学李文韬博士、中科院遥感与数字地球研究所许佳明博士的帮助,在此一并表示感谢。笔者团队研究生邹贤菊、张春桦、莫昱晨、田益民、姚璐、侍雪参与了本书部分数据处理与全书校对工作,在此表示感谢!本书在撰写过程中参考和引用了国内外许多学者的有关论文、著作、科技报告等相关资料,谨向这些学者表示衷心感谢,虽文中已对大量文献资料进行标注引用,但不可避免会出现个别缺漏或引用不当之处,若因无心之失造成个别文献或资料的引用错误,敬请谅解。

鉴于城市系统的复杂性、多变性,限于资料短缺以及现有认识水平不足,加之城市水文学研究方法和基础理论不尽完善,该领域的许多科学问题仍在不断探索之中,书中不妥或局限之处在所难免,敬请广大读者批评指正。

2021 年 6 月

目　录

第一章 绪 论

第一节 研 究 背 景

水文循环是地球系统的重要组成部分,在物质迁移和能量传输中起着媒介和驱动作用[1],也是联系地球系统地圈、生物圈和大气圈的纽带,是全球变化碳循环、水循环和食物纤维中的核心问题之一,与自然变化和人类活动有关,决定了地球水资源形成和环境的演变规律[2]。近百年来,地球气候系统正经历着显著的变化,以平均气温升高和降水变化为主要特征的气候变化和以城市化发展为主要标志的高强度人类活动对地球系统产生了深远的影响,其中水循环过程与水安全是受气候变化和人类活动影响最直接和最重要的领域之一。气候变暖和人类活动将加剧水循环过程,影响了水循环要素的时空分布特征,增加了极端水文事件发生的概率,特别是城市暴雨洪涝灾害问题,并且在一定程度上影响区域水安全和国家中长期发展战略。因此,变化环境下水文循环与水资源脆弱性成为水科学研究的热点之一,其中城市发展与水安全已成为国际社会的前沿科学问题,有效应对全球变化是我国中长期科学和技术发展的需要[3-5]。

(1)全球变化是当前国际社会的热点话题,全球变化下城市发展与水安全问题成为备受关注的国际前沿科学问题之一。

全球变化是 20 世纪 80 年代发展起来的一个新兴科学领域,其中气候变化和城市化进程是全球变化研究的核心问题和重要内容[4]。科学研究表明,近百年来,地球气候正经历一次以全球变暖为主要特征的显著变化,这种变暖已经成为一个不争的事实。IPCC 第四次评估报告指出:1906—2005 年,全球平均地表温度上升了 0.74 ± 0.18 ℃,1880—2012 年期间,最暖的 10 a 都位于 1998 年以后,其中 2010 年是最热的一年,未来全球气温仍将持续升高。现有的预测成果表明,未来 50—100 a 全球气候将继续向变暖的方向发展[6]。我国气候变暖趋势与全球基本一致,国家气象局提供的数据显示,1908—2007 年我国地表平均气温升高了 1.1 ℃,最近 50 a 北方地区增温最为明显,部分地区升温高达 4 ℃。气候模式预估结果表明,与 1980—1999 年相比,到 2050 年可能升高 1.2—2.0 ℃,到 21 世纪末可能升高 2.2—4.2 ℃[7]。近年来,气候变化引起海平面上升,冰川萎缩,风暴、洪水、高温等极端气候事件发生的频率和强度明显增加,热带气旋和洪涝干旱灾害严重,生态系统改变等,深度触及水资源安全、生态安全、粮食安全、能源安全、公共安全等,影响人类的生存与发展,已成为当前最突出的环境问题。

全球变化的另一个主要表现就是城市化进程的不断加快,特别是发展中国家城市化进程的飞速推进,人口和产业不断向城市集中,使城市成为高密度和规模庞大的承灾体,从而人类面临的灾害风险也随之加大。根据联合国2019年发布的《世界城市化展望:2018年修正》和《世界人口展望2019》预测结果显示,2019年世界总人口估计在77亿,中变量预测下全球人口在2030年增长到85亿,2050年增长到97亿,其中城市人口将从36亿增加到63亿[8],即未来城市化进程将不断加快,城市人口将快速增加[3,9-12]。随着城市化进程的不断推进,城市化带来的环境问题也日益显著,如废弃物排放大量增加,环境污染加剧,生态系统退化,水资源和土地资源供需矛盾突出,暴雨洪水和城市内涝灾害严重,极端高温(热浪)频发等[13],这些都加重了自然灾害对城市的威胁。城市区域自然灾害一旦发生,往往产生一系列的连锁效应,灾害风险和威胁大大增加。

国际全球环境变化人文因素计划(International Human Dimensions Programme on Global Environmental Change,IHDP)关注城市化与全球变化相互关系及相互作用机制的研究,其中,科学计划-城市化与全球环境变化是IHDP的核心研究计划之一。该研究包括城市系统对全球环境变化的影响、全球环境变化影响城市系统的路径和作用点、城市系统与全球环境变化的相互作用和结果、城市生态系统对全球环境变化影响的结果与反馈过程等四大专题的研究[14-16]。IHDP有关城市化与全球环境问题的研究计划目前已制定发展战略规划[17],项目研究稳步推进并取得了积极进展,包括:全球环境变化海岸带城市地区人类安全的影响[18],城市化过程中的碳管理与清洁空气问题,城市景观格局与全球环境变化问题,发展中城市建模、全球环境变化与政策制定问题,全球城市及其脆弱性问题及中国的城市化研究等[19]。此外,联合国人居署(United Nations Human Settlements Programme,UNH-SP)在《全球人居报告2011:城市与气候变化》中指出,气候变化和城市化是使得人类更易受灾害影响的两个主要因素。由于工业时代对环境的开放和人为操控所造成的两大强有力因素的推动,城市化和气候变化日渐以危险的方式交织在一起,其导致的结果有可能对我们的生活和社会经济发展造成前所未有的负面影响,特别是近年来城市暴雨洪涝灾害问题日益突出,已经引起世界各国政府以及广大科学家的高度重视。IPCC第五次评估报告也强调,气候变化引起的许多全球性风险大多集中在城市,对城市防灾减灾能力提出更高要求。国际水文科学协会(International Association of Hydrological Sciences,IAHS)2013—2022十年科学计划"Panta Rhei-Everything Flows"将"城市暴雨洪水"列为重要前沿科学问题。中国工程院从2017年起,在统计和分析国内外发表论文和专利的基础上,同时邀请国内外专家研讨,每年都正式向全球公布《工程科技研究和开发前沿》,城市雨洪调控利用、城市雨洪调控、流域洪水的精细化预测及灾情的快速评估、极端水文事件的形成机理与演变规律分别列为2017、2018、2019、2020年研究或开发前沿问题。因此,研究全球变化背景下城市发展与水资源安全问题成为水科学领域的重要前沿课题与研究方向,其中,在城市水科学领域热点话题包括智慧城市、城市洪涝、洪水风险、气候变化、城市恢复力、脆弱性、适应性等,如图1-1所示。

(2)城市化是社会发展的必然趋势,城市化的环境效应逐渐成为水科学与环境领域的重要内容之一,其中城市暴雨洪涝问题成为国际社会的关注热点。

城市扩张对土地覆盖和地表特征产生了巨大的影响[20-28]。自然状态下降雨被植被吸收或贮存在土壤中,通过植被蒸腾散发到大气中或通过排水沟缓慢流入河道中[29]。而城市的出现和发展剧烈地改变了城市局部的自然地貌,使原先相当部分的自然流域被不透水表面所覆盖[30,31],造成下渗与蒸发显著减少[32-34],径流总量增大[35-37],雨水汇流速度大大提

图 1-1 城市水科学领域热词频率

高[38],从而使洪峰的出现时间提前[39,40],增大了地表径流的比例,提高了洪水发生频率[41]。城市发展带来下垫面变化及不透水面积变化引起的水循环过程变化如图 1-2 所示。此外,城市化地区普遍采用人工管渠排水系统,由于管渠的比降大,排水路径短,糙率小,汇流速度远远高于天然河网系统,因而使得洪量集中,洪峰增大,洪水历时缩短,峰现时间提前。大规模的城市扩张造成局地水系紊乱,河道与排水管网的淤塞,进一步导致城市防洪排涝能力下降。由于城市人口密集,高大建筑物不断增多,城市的有效植被被不断减少,特别是人们日常生活中排放的大量热能和废气,形成了城市热岛效应(Urban Heat Islands,UHI)[42],同时也可能影响局部或区域降水模式[43]。由于城市地表温度升高,加剧了暖湿气流的抬升,从而促使大暴雨的产生。随着城市规模的不断扩大,城市空间立体开发,地下室、地下停车场、下穿式立交通道大量修建,减弱了城市整体对暴雨洪涝灾害的承灾能力,易使灾情加重。因此,随着城市化进程的加快,城市化下的暴雨洪水问题的研究日益受到人们的关注,已成为水文、气象、环境等相关学科的热点问题之一[43-47],城市暴雨洪水灾害严重影响着人们生命和财产安全以及城市的可持续发展。随着城市化进程不合理发展,城市洪水灾害发生概率增加,带来城市区域防洪的脆弱性加大,洪水风险也进一步提高,灾害损失也以前所未有的速度增加[45]。

近几十年来,世界各主要大都市区暴雨洪水及城市内涝问题日益突出,迫切需要探讨城市水淹的成因,内涝积水灾害形成的水文过程及时空变化,淹没模型的构建及模拟预警,洪涝灾害损失与风险评估,沿海城市内涝灾害对海平面波动及全球变化下区域可持续发展的响应等问题[48],也逐渐引起国内外水文、气象、环境等多学科领域专家的广泛关注[49-53]。如1990 年联合国提出"国际减灾十年计划",全球开展减灾防灾应对与适应研究,其中"城市化与灾害"成为减灾的重点内容之一。又如 2005 年制定的地球科学"十一五"发展战略中将城市化过程与区域发展作为关键科学问题,将暴雨作为重点研究方向,国家自然科学基金委员会也将城市暴雨洪涝问题作为工程科学部重点项目的优先资助领域。目前在这方面的主要科学问题包括[48]:① 局部气候突变对城市暴雨洪水及内涝的诱发机制;② 高速城市化进程对城市暴雨洪涝灾害的影响;③ 城市化进程(包括城市排水管网及土地利用等)的时空演变趋势;④ 城市暴雨洪水形成机制及洪水淹没的水文过程;⑤ 城市暴雨洪涝灾害风险预警与灾情评估等[54-57]。

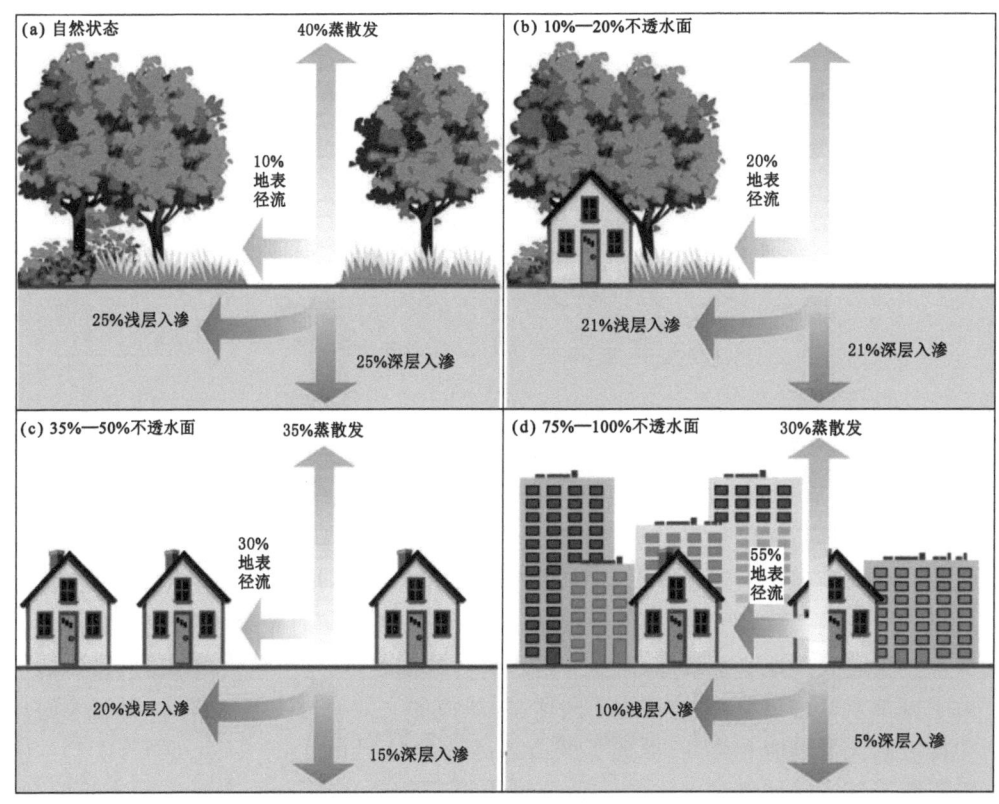

图 1-2　城市不透水面变化对水循环过程的影响

(资料来源:Federal Interagency Stream Restoration Working Group(2001)[58])

(3)气候变化和城市化加剧了我国水资源安全问题,影响了我国城市发展与公共安全,扩大了我国城市暴雨洪涝灾害损失风险,有效应对变化环境下城市水安全是我国中长期发展的重要目标。

受季风气候影响,我国暴雨洪水集中,洪涝灾害严重,城市洪涝问题历来是一个非常突出的问题。根据国家防洪规划,我国有 2/3 以上的国土面积存在洪水威胁,有 2/3 的城市有发生洪涝的风险。在我国 660 座建制市中,639 座有防洪任务,占 96.8%,达到国家防洪标准的只有 236 个。洪水对城市的危害程度与城市人口数量密切相关,人口越多,洪水危害越大。洪涝灾害是中国最常见、影响最严重的自然灾害类型,1900—2010 年中国共发生 50 次影响较大的洪涝灾害,共造成 225 余万人死亡,1.65 亿人受影响,直接经济损失近 1 700 万美元[61]。在全球气候变化背景下,城市暴雨呈现增多趋强的趋势。IPCC 第五次评估报告指出:随着地表温度的上升,大部分陆地区域极端降水发生频率增加、强度加大,洪涝灾害更为频繁;全球变暖和城市化进程导致极端气候事件增加,城市暴雨趋多增强,强降雨是造成城市洪涝灾害的主要外在原因。

我国改革开放40多年间,城市化进程日益加快,城市化面积和城市人口比例明显提高。据统计,2006年我国东中西部城市化水平分别为54.6%、40.4%和35.7%,城市化水平最高的上海,达到88.7%,其次是北京和天津,分别为84.3%和75.7%[59]。2015年中国社会蓝皮书指出,2011年末我国城镇人口占总人口比重首次超过50%,2014年底我国城镇人口比重提高到54.7%,在统计学意义上,中国已成为城市化国家,预计2020年城市人口比例将达到55%,2030年达到65%[60]。根据最新数据显示,我国2020年城市人口已经超过60%,有望在2025年超过65%,接近发达国家水平。城市化改变了下垫面的热量及风动力条件。城市热岛效应、凝结核效应、高层建筑障碍效应等的增强,使城市的年降水量增加5%以上,汛期雷暴雨的次数和暴雨量增加10%以上。根据水利部气候变化研究中心的统计分析,长三角地区的城区暴雨频次和强度均明显高于郊区,如1981—2010年与1961—1980年相比,苏州市城区、郊区暴雨日数增幅分别为30.0%和18.0%,南京市分别为22.5%和11.0%,宁波市分别为32.0%和2.0%。丁一汇等根据上海1981—2014年的34年小时强降水事件的变化趋势分析,呈现出明显的城市化效应特征,市区浦东和徐家汇站及近郊增加趋势明显,线性趋势为每10 a增加0.5—0.7次;上海地区各站总的强降水事件频数呈增加趋势(图1-3),表明强降水事件更集中于城区与近郊;上海市市区的雨岛效应十分明显。下垫面的变化直接影响流域的产汇流规律,硬化及糙率影响了城市产汇流机制,使得径流量增加,汇流历时缩短,同量级的降雨会产生更大洪量和洪峰的洪涝过程。

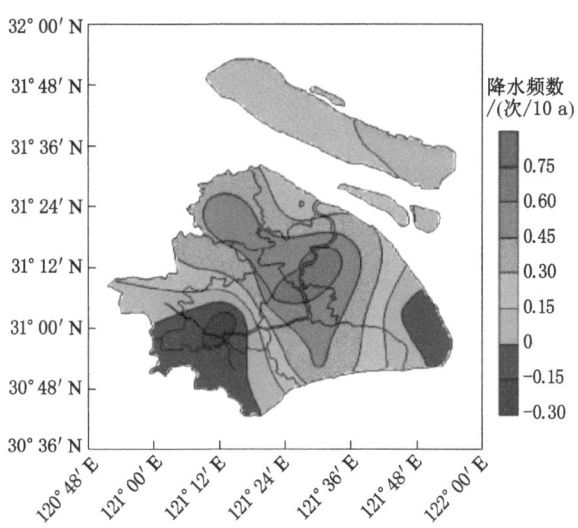

图1-3 1981—2014年上海地区小时强降水事件频数变化趋势空间分布

中国城市洪涝灾害问题日趋严重,逢大雨即涝,已成为我国城市的一种通病,并成为影响我国城市公共安全的突出问题和制约国家经济社会发展的重要因素。如2004年7月10日,北京遭遇特大暴雨的袭击,造成40多处严重积水,21处严重堵车,其中有8个立交桥交通发生瘫痪;2011年6月23日,北京遭受强降雨侵袭,部分地区降雨量甚至达到百年一遇的标准,造成北京市内涝,积水使得22处道路中断;2012年7月21日至22日8时,北京及其周边地区遭遇61 a来最强暴雨及洪涝灾害,79人死亡,经济损失116.4亿元,房山区最大降雨量为 519 mm,全市平均降雨量为 164 mm,城区平均降雨量为 212 mm。2008 年 8 月 25 日,上海市出现入汛后最强暴雨天气,徐汇区最大降水量为 117.5 mm/h,为 1872 年有气象记录以来的最大值,导致市区 150 多条马路严重积水,最深处达 1.5 m;2013 年 9 月 13 日 7 时,上海全市雨量站中有 21 个达到大暴雨标准,有 74 个测站达到暴雨标准,降雨集中在下午 4—5 时,最大小时降雨量超过 100 mm 的测站有 10 个,造成多条道路积水严重。2010 年广州市从 5 月 6 日 19 时 15 分至 7 日 3 时 45 分,全市 128 个测站观测降雨量超过 100 mm,降雨量超过 200 mm 的测站达 11 个,市区平均降雨量为 128.45 mm,1 h 最大雨量和 3 h 连续降雨量分别为 99.1 mm 和 199.5 mm,全市因洪涝灾害死亡 6 人,全市中心城区 118 处地段出现内涝,造成局部交通堵塞,全市经济损失 5.438 亿元。2007 年 7 月 18 日傍晚,济南发生特大暴雨,在 3 个多小时的时间内,全市平均降雨量达到 134 mm,其中市区 1 h 最大降雨量达到 151 mm,是 1987 年"8·26"特大暴雨 1 h 最大降雨量的近 1.5 倍;2 h 最大降水量达 167.5 mm,3 h 最大降水量达 180 mm,均为有气象记录以来的历史最大值。2013 年 7 月 5—7 日,武汉中心城区大部分地区降雨量超过 250 mm,在全市 5 个国家级气象测站中,武汉站测得降水量为 228 mm,江夏站为 316.3 mm,蔡甸站为 225.8 mm,新洲站为 200.2 mm,黄陂站为 167.5 mm,如果按平均降雨量 227.6 mm 计算,这次武汉土地面积上一共降下了 19.3 亿多立方米的雨水,大约相当于 16 个东湖的水量。2013 年 10 月 7 日,受台风"菲特"影响,浙江余姚遭遇新中国成立以来最严重的水灾,70% 以上的城区受淹,主城区交通瘫痪,全市受灾人口达到 80 余万人,直接经济损失约 70 亿元,全市 79 个雨量测站中有 39 个超过 500 mm,其中张公岭站最大,达到了 809 mm,24 h 降雨量创新中国成立以来最高纪录。此外,根据住建部 2010 年开展的 351 个城市调研结果显示,在 2008—2010 年全国约有 62% 的城市发生暴雨内涝事件,内涝发生 3 次以上的城市高达 137 个。根据住建部的最新统计资料,2006—2016 年的 11 a 间,平均每年有 162 座城市发生洪涝,2016 年有 261 座城市发生洪涝,而 2019 年和 2020 年长江中下游城市群发生了大范围的洪涝,带来了巨大的经济损失和社会影响。

由此可见,我国城市暴雨洪水和城市内涝问题已经开始频繁出现,并会随着城市化进程进一步恶化,严重制约了城市的发展,威胁着城市人民的生命财产安全。因此,处理这些问题迫切需要开展城市水文学以及城市暴雨洪涝灾害方面的研究工作,以探索城市水循环过程演变机理和城市暴雨洪水发生演进过程以及未来气候变化对城市内涝的影响等,为解决城市内涝问题提供科学参考和应对建议。城市洪涝的科学防治,最大限度地防灾减灾,是国家的重大需求,也是保障国家经济社会安全发展和高质量发展的重要保障。因此,2020 年 10 月 29 日中国共产党第十九届中央委员会第五次全体会议通过《中共中央关于制定国民经济和社会发展第十四个五年规划和二〇三五年远景目标的建议》,明确提出"增强城市防洪排涝能力,建设海绵城市、韧性城市"。习近平总书记 2020 年 11 月在南京召开的全面推动长江经济带发展座谈会上又进一步提出要增强城市防洪排涝能力的要求。2021 年 4 月,财政部、住房和城乡建设部、水利部三部委联合下发《关于开展系统化全域推进海绵城市建设示范工作的通知》,十四五期间将积极推进海绵城市典型示范,系统化全域推进海绵城市建设,为有效推动城市洪涝问题治理提供基础。

第二节 研究意义

气候变化和城市化发展使得水旱灾害损失越来越严重,而且进一步影响国家战略安全,对我国防洪安全和水资源安全保障提出了新的挑战,特别是城市防洪安全与水安全问题,影响国家中长期发展战略。随着城市发展和全球气候变化的加剧,城市水安全问题也日益成为我国中长期发展规划中的重要内容。针对城市化发展及应对气候变化影响,国务院于2006年1月发布了《国家中长期科学和技术发展规划纲要(2006—2020年)》,在国家重大战略需求的基础研究之四"全球变化与区域响应"中,指出了需要重点研究气候变化对中国的影响,强调了"大尺度水文循环对全球变化的响应以及全球变化对区域水资源的影响"研究问题。2007年国务院下发的《中国应对气候变化国家方案》中指出,中国水资源开发和保护领域适应气候变化的目标:一是促进中国水资源持续开发与利用,二是增强适应能力以减少水资源系统对气候变化的脆弱性。2013年国务院下发的《关于加强城市基础设施建设的意见》中要求,到2015年重要防洪城市达到国家规定的防洪标准,全面提高城市排水防涝、防洪减灾能力,用10 a左右时间建成较完善的城市排水防涝、防洪工程体系。此外,为了应对气候变化的影响,水利部强调"以重大课题研究和技术研发为重点,夯实水资源管理科技支撑。要围绕全球气候变化、经济社会发展、水资源可持续利用和生态系统保护,开展水资源重大专项研究"。因此,客观评价气候变化的影响,加强水资源适应性管理,优化水资源配置,强化城市水资源安全,建立城市防洪减灾新体系,增强适应气候变化的能力,趋利避害,是国家应对气候变化的重大战略需求。

自然灾害是社会和自然综合作用的产物,是受自然变异和人类活动共同作用的结果[61]。洪水灾害是目前影响最广的自然灾害之一,随着全球变暖和城市化进程的不断推进,暴雨洪涝事件数量呈现逐渐上升的趋势,如图1-4所示。20世纪以来,自然变异最显著的表现在以全球变暖为主的全球变化上,而人类的社会经济活动以城市化发展最为突出,两者对城市洪涝灾害的发生机理与发展过程存在着不可忽略的影响。因此,考虑两者共同作用下的洪涝灾害过程研究是一个关系城市可持续发展的重大问题。城市洪涝灾害研究需要运用多学科的知识,在新的背景下从不同的角度来分析其形成机制,并将灾害形成与城市化发展以及全球变化紧密结合起来,揭示城市洪涝灾害的机理与发展过程,为有针对性地防洪减灾提供基础。

如前所述,城市化造成了人类文明与自然环境之间的矛盾,城市的聚集效应改变了城市地区土地利用性质,甚至在一定程度上造成了局部气候的变化,这些变化都强烈干扰了城市水文生态系统。城市化的快速发展与全球气候变化导致城市规模日益扩大,城市下垫面条件明显改变,直接造成城市地区的水文效应异常,使得城市地区遭受突发性强暴雨洪水的概率加大,影响程度加深,影响范围加大,灾害破坏性加大,影响该地区的经济社会可持续发展,进而导致社会公共安全遭受一定程度的威胁。因此,开展城市暴雨洪涝问题研究,符合国家社会经济发展重大需求。《国家中长期科学和技术发展规划纲要(2006—2020年)》《中华人民共和国国民经济和社会发展第十四个五年规划和2035年远景目标》和《国家防灾减灾科技规划(2010—2020年)》都将城市暴雨洪涝灾害内容作为国家重点开展和支持的工作。

鉴于目前城市发展所带来的诸多问题,针对城市化对水文循环造成的影响,描述水文循环演化规律,探索消减城市化对水文循环的影响,分析变化环境下城市暴雨洪水演变规律,聚焦城市化地区的产汇流机制以及城市排水管网设计和城市防洪工程规划,为今后城市建设提供建议,为城市暴雨洪水防治和雨洪资源化利用提供理论依据。因此,需要加强对突发性强暴雨洪水事件做出快速反应和应急处理,以信息化技术为先导,研究突发性强暴雨洪水形成机理,深入探讨城市暴雨洪水预报技术,为我国城市防洪减灾工作和国家公共安全提供技术支撑。

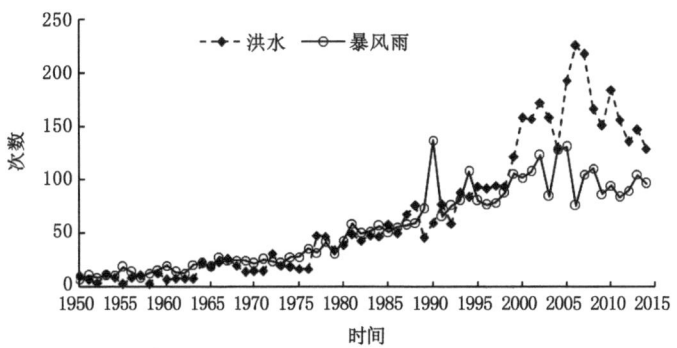

图 1-4　全球洪水发生次数统计(1950—2014 年)

[数据来源:EM-DAT/CRED(http://www.emdat.be)]

第三节　国内外研究进展

一、城市水文学发展

城市水文学(Urban Hydrology)是研究发生在城市环境内部和外部,受到城市化影响的水循环过程,为城市建设和发展提供水文科学依据的学科,又称为都市水文学,是水文学的一个分支[62],也是一门多学科交叉综合性很强的边缘学科[63]。Delleur 在 1982 年总结了城市水文研究在 1850—1981 年间的主要研究进展[64]。McPherson 在 1979 年将城市水文学研究进程划分为三个阶段[62,65]:1850—1967 年为城市水文学的孕育阶段,基本上是运用一些常规的水文学方法解决有关城市水文问题,主要针对个别地区个别问题开展研究;1967—1974 年为模型研制时期,也是城市水文研究发展最快并逐渐形成独立学科的时期,建立一些具有特色的综合性模型,形成了通用性较强的模型软件,如 STORM、SWMM 和ILLUDAS 等;1975 年以后为定型成熟时期,主要是应用推广和完善模型阶段。根据McPherson 的划分以及 40 a 来城市水文学的发展历程,笔者重新将其分为以下几个阶段:萌芽阶段(1960 年以前)、初步发展阶段(60—80 年代)、快速发展阶段(80 年代末—2000 年)以及综合发展阶段(2000 年以后)。

城市水文问题研究起源于 20 世纪 60 年代,美国和西欧一些发达国家由于工业化程度不断提高,人口向城市大量集中,城市规模不断扩大,带来一系列新的水文问题,超出了传统水文学的研究范畴,由此产生了一个新的课题,使得人们逐渐开始关注与城市化相关的城市水文学研究。从 20 世纪 70 年代开始,欧美发达国家相继开展了一些城市水文的研究与实验观测工作。1975 年联合国教科文组织开展的"水文十年计划"包括了城市化对水文影响的研究,并取得了丰富的研究成果,对于城市水循环过程有了全新的认识[63,64,66]。如美国地质调查局 1968 年完成的城市土地利用变化对水循环影响指南[67],联合国教科文组织 1974 年完成的城市化对水文的影响报告[68],并于 1978 年总结了法国、德国、印度、荷兰、挪威、波兰和瑞典七国在城市水文方面的研究成果[69]和 1979 年完成的城市水文学社会经济学视角报告[70],美国农业部 1986 年完成的城市化对小流域的影响研究报告[71]等。但是,这一时期诸多成果还是依赖于试验观测或历史资料分析等技术手段,对于水文模型和水动力模型的研究相对不足,加之资料观测精度和时空分辨率较低等原因,研究往往局限于小尺度范围的城市化流域或城市区域,尚未有效开展高精度大范围的量化研究。

20 世纪 80 年代以来,随着遥感技术和地理信息系统在水文学上的应用不断深入,以及分布式水文模型技术的提出和发展为城市水文学研究提供了技术支撑。这一时期在前期城市水文模型研制的基础上发展和推广应用了许多城市雨洪模型,如 SWMM、STORM、HSPF、Wallingford model 等[72]。此外,结合有关国际组织实施的一系列国际水科学计划,如 IHP、WCRP、IGBP、GWSP 等,通过实验观测和水文模拟,探讨变化环境下的水文循环过程,深入认识和理解城市水循环演变规律,从机理方面剖析城市水文效应,为城市排水系统设计和城市规划提供服务[73]。虽然该时期在城市化水文效应量化、响应机制分析与暴雨洪水模拟等方面取得了显著成果,但随着水环境-生态系统的恶化,城市水文学发展面临着更多的挑战[73]。为此,人们开始关注城市生态系统的健康发展和合理规划,如美国的低影响发展(Low Impact Development,LID)计划、英国的可持续排水系统(Sustainable Drainage System,SuDS 或 SUDS)计划和澳大利亚的水敏感城市设计(Water-Sensitive Urban Design,WSUD)计划以及新西兰的低影响城市设计与发展(Low Impact Urban Design and Development,LIUDD)等[74]。

进入 21 世纪以后,随着气候变化的影响日益显著,加剧了城市化的水文效应,尤其沿海城市区域或特大城市群对于气候变化的影响特别敏感。全球气候变化导致城市极端暴雨和洪涝灾害等事件频发,使得城市水文学研究面临新的挑战,即如何综合应对和解决变化环境下城市水问题,如城市暴雨洪涝灾害、生态环境退化、水污染和水资源短缺等问题。这段时期,在城市洪水风险管理[75]、城市化的水环境效应[76]、城市雨洪管理利用[77]和气候变化与城市可持续排水系统管理[78]等方面取得一系列成果,但对于气候变化和城市化发展对水循环的综合响应机制研究相对较少,需要进一步深入探讨。因此,探讨气候变化和城市发展对城市水循环过程的响应机制和综合水资源管理成为当前水科学领域的关键问题之一。

我国在城市水文学方面起步相对较晚,主要从 20 世纪 80 年代开始,随着我国改革开放的不断推进,城市化进程日益加快,我国也陆续针对城市化区域开展部分研究工作,如上海水文总站开展的城市化对降雨的影响,北京水文总站开展的不同城市化程度的水文效应试验研究等。上述研究主要手段仍然局限于资料观测和试验研究阶段,尚未开展模型研究。从 90 年代开始逐渐引入一些水模型开始在部分城市开展工作,同时结合国内实际情况也发展了部分水文水动力模型用于城市水文研究,如岑国平开发的城市雨水径流计算模型[79]。2000 年以来,我国在城市水文学方面的研究进入了快速发展阶段,主要围绕城市化对暴雨洪水和水环境及生态系统的影响、城市雨洪模拟与利用技术以及城市洪涝风险评估等内容开展相关工作。虽说整体上取得了一系列的创新成果,但相较于国外发达国家的研究还存在一些不足。

二、城市水文效应研究

城市化引起的不透水面的增加成为影响城市水文过程的重要因素,不仅能够隔离地表水下渗,还将切断城市地表水与地下水之间的水文联系[80,81]。此外,城市化过程还会通过改变地表覆被状况,对城市水循环产生间接影响,具体表现为水文循环过程中对竖向的蒸散发与下渗以及横向的地表径流与壤中流等水文过程的影响[82]。城市化的水文效应主要表现在以下几个方面[83,84]:城市化对城市地区水循环过程的影响,包括城市下垫面条件改变造成的蒸散发、降水、径流特征的变化;城市化对洪涝灾害的影响[85];城市化对水环境生态系统的影响,包括城市化对地表水质、地下水质和城市生态系统的影响及对水土保持的影响;城市化对水资源的影响,主要表现在用水需求量的增加以及由于污染而造成水资源的短缺。

(一)城市化对水循环过程的影响

城市不透水面的增加改变了城市地表径流的时空模式及水循环过程,进而改变了城市的水量平衡,促进了局部降水增加的正反馈效应以及局部蒸散发减少的负反馈效应[80]。由于城市小气候的改变,蒸散发过程发生变化,干扰了水循环过程,而城市地表形态的变化改变了城市区域小流域的产汇流特征,增加了城市地表径流,减少了地下径流以及地表、地下的水量交换过程。

1. 城市化对降水的影响

在城市化对降水的影响研究方面,虽然存在一些争论,但众多研究结果表明,城市化对降水的影响主要表现为[43,86]:① 市区降水量大于郊区降水量,增加幅度与城市发展下垫面变化及地形等因素密切相关[87];② 市区及其下风向一定距离内的降水强度比郊区大,降水时空分布趋势明显,降水以市区为中心向外依次减小[60];③ 城市化对不同量级的降水发生频率都有影响,但对大雨及暴雨的影响最为显著,且城市暴雨雨日有明显增多的趋势[88];④ 城市化对不同季节降水影响也不同,冬季降水影响较为显著[89-90]。

大量的研究表明,城市化确实会对降水的时空分布产生影响,但由于降水的复杂性,对于城市影响降雨的具体机制,目前还没有统一的解释。根据诸多观测与模拟试验结果,城市化影响降水的主要机制有以下四个方面[43]:① 由于城市热岛效应,热能促使城市大气层结构变得不稳定,容易形成对流性降水;② 城市参差不齐的建筑物对气流有机械阻截、触发湍流和抬升作用,使云滴绝热上升凝结形成降水;③ 城市特殊的下垫面对天气系统的移动还有阻滞作用,增长城市降水持续的时间;④ 城市空气污染,凝结核丰富,有利于降水的形成。在上述各影响因子的共同作用下,往往使得城市降水多于郊区,但由于存在地区差异及季节差异,其影响程度也与其他因素有关,如城市地形、地理位置、气候类型等。因此,部分学者认为对于城市化的影响值得商榷,如王喜全等认为不能过分地高估城市化对降水的影响[90];Rosenfeld也得出城市产生的气溶胶减小云滴凝结核,不利于降水的形成[91];Kaufmann等[92]基于季风气候区的研究结果显示,城市化与降水变化并无明显的相关关系。

由此可知,对于城市化对降水的影响机制仍需进一步研究,需要借助诸多技术手段,如雷达遥感卫星等观测技术以及气候模式和水文模型等模拟技术,开展变化环境下的城市化降水效应机制研究。

2. 城市化对蒸散发的影响

蒸散发是水循环过程中的重要环节,根据美国环保署的研究成果显示,在自然流域状况下,蒸散发量占总降水量很大的比例,随着城市化导致的不透水面积的增加而蒸发量逐渐减少。在城市化过程中,原有的植被、土壤被道路、广场、建筑等人工陆面所替代,蒸发的性质也产生了改变。由于人工陆面没有持水能力,相对于土壤蒸发和植物散发,其蒸发持续时间短[93]。另外,由于城市中的温度、风速、空气湿度等控制蒸发的因子有所改变,蒸发量也受到影响。对于城市化对蒸散发的影响研究相对较少,Dow 等基于水量收支和气象方法评估了美国东部地区 51 个城市化流域的蒸发变化率,结果显示城市发展和居住区的增加,蒸发降低变化越明显[32]。许有鹏等分析了南京城市化对秦淮河流域蒸散发的影响,结果发现不透水面比率从 1988 年的 4.2% 到 2001 年的 7.5% 和 2006 年的 13.2%,流域的蒸散发量分别减少了 3.3% 和 7.2%[84]。因此,需要开展更多的研究,以分析城市化对蒸发过程的变化机制,确定城市蒸散发变化是否存在固定的模式以及是否随其他因素而变化,如地形、地貌、植被以及城市发展密度等。

3. 城市化对产汇流过程的影响

城市化水文效应的主要体现是水文过程机制的改变。天然流域地表具有良好的透水性,雨水降落时,一部分被植物截留蒸发,一部分降落地面填洼,一部分下渗补给地下水,一部分涵养在地下水位以上的土壤孔隙内,其余部分产生地表径流,汇入收纳水体。而城市化后,天然流域被开发,植被受破坏,土地利用状况发生改变,不透水性下垫面大量增加,使得城市地区的水文过程发生巨大的变化,如图 1-5(a)[94]所示。此外,多数研究结果证实径流系数与不透水面积比例的关系呈显著的正相关[84,95],如图 1-5(b)所示。

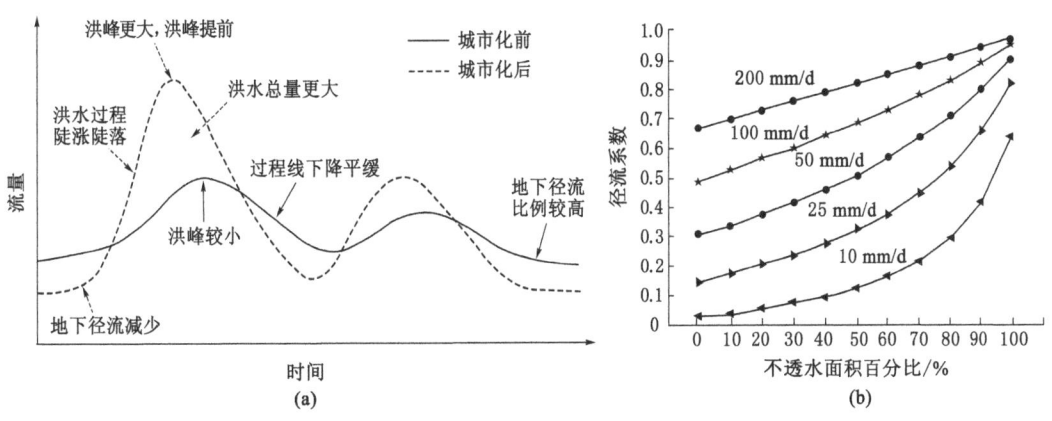

图 1-5　城市化对地表水文过程的影响示意图

除了上述因土地利用状况引发的不透水面增加的影响之外,城市汇流路径的连通性(不透水面的连通度)也是影响地表水文过程的重要驱动因素。对于部分不透水区域直接与相近的透水区域联通或直接进入城市水体,则可能削弱不透水面对产汇流的影响,即不透水面的空间分布及其有效性成为一个不可忽略的重要因素。因此,引发了不透水面分布与有效性的讨论,如何量化城市区域不透水面积及确定有效不透水面积成为该方面研究的一个热点[96,97]。然而,城市化对产汇流的影响远远不止上述两个方面,还包括城市河网水系的萎缩、排水系统的管网化建设、城市河湖泵站以及蓄水池等多种水利设施的影响,都在一定程度上影响城市区域的产汇流特征。

对于城市化对地表水文过程的影响基本取得了一致的认识,然而对于地下水文过程的影响仍存在一定的争议[93,98,99]。诸多研究证实,因城市不透水面增加,减少了地表下渗量,使得地下径流减少。然而,也有部分研究结果显示城市化增加了地下径流补给[100]。分析上述两种结果产生的主要原因在于考虑不同的作用机制以及人类活动等因素可能出现不一致的结论,如图 1-6 所示[98]。综合分析可知,城市化对基流和地下水的影响主要包括两类:一类是负效应,主要表现在城市不透水面的增加引起的下渗和基流减少以及地下水开采引起的地下水位下降等;另一类是正效应,主要体现在城市排水管网的渗漏、人为补给以及各种调控措施的影响,如地下水回灌、可渗路面改造、绿化用地增加以及其他可持续的城市规划设计等。

以上结论说明,城市化对水文过程的影响并非一个简单的单向反馈过程,而是一个极其复杂的动态过程,仍然存在一些不明确的响应关系,需要综合考虑多方面因素,开展深入的机理分析和理论实践相结合的研究,开发有效的模型方法和通用的评价指标,以更好地认识和理解城市化对产汇流过程的影响机制。

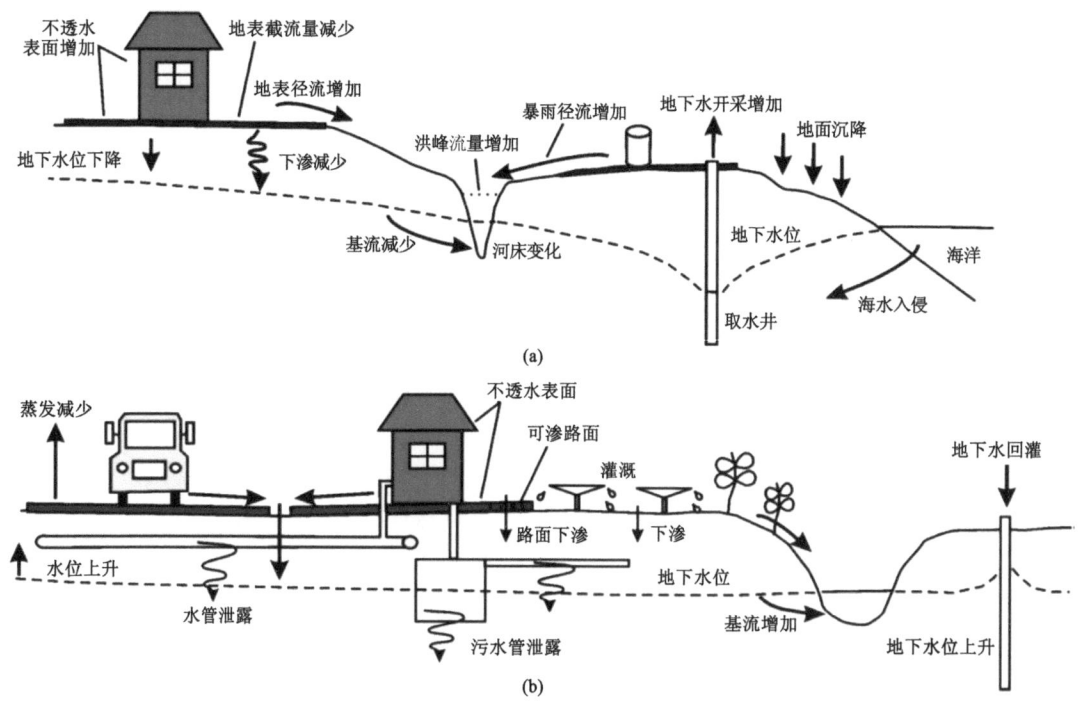

图 1-6　城市化对基流和地下水补给的影响示意图

(二)城市化对洪涝灾害的影响

城市化对洪涝灾害的影响主要包括孕灾环境变化、致灾因子变化和承灾体变化[101]。城市化对孕灾环境的影响主要表现在[102-108]:① 地面硬化导致地面透水性差,改变了自然条件下的产汇流机制;② 城市河道渠化及排水系统管网化,减少汇流时间,洪峰出现的时间提前;③ 城市发展侵占天然河道滩地,减少行洪通路,降低泄洪能力和河道调蓄能力。由此可见,城市化过程地面结构的变化改变了水文情势,影响流域产汇流过程,增加了暴雨洪水灾害风险。城市化对致灾因子的影响则主要表现在城市热岛效应、阻碍效应和凝结核效应对城市降雨特征的影响,从而使得城市暴雨发生概率增加,城市洪涝灾害风险也随之增加。城市化对承灾体的影响则表现为城市化使得城市财富、人口和资源集中,发生暴雨洪涝灾害时损失也随之增加,其影响也越发严重。

(三)城市化对水资源的影响

城市人口不断增加,城市规模不断扩大,城市用水量和用水结构以及用水效率都随之发生变化。一般可将城市化发展与水资源的关系分成三个阶段[93]:① 初级阶段(供大于需),处于有利状况;② 供需平衡阶段,处于正常发展阶段;③ 水荒阶段(供小于需),处于节水发展模式。随着全球城市化进程加快,城市人口急剧增多,城市人口占总人口的比例超过50%,加之日益突出的城市水环境问题导致城市水资源供需关系处于严重的水荒阶段,进而增加了城市水资源保障的风险[84]。城市化对水资源的影响主要表现在:① 城市水资源短缺;② 城市水污染严重;③ 城市水资源管理混乱,综合管理水平欠缺;④ 城市供排水能力不足,设施建设滞后城市发展。其中,城市水资源短缺和城市水污染严重是影响城市发展的最直接因素。由于城市人口急剧增加,城市用水量持续攀升,导致城市用水供需矛盾突出,加之气候变化的影响以及人为用水浪费、水环境污染、水质恶化等,进一步凸显城市水资源供需严重失调,引发一系列的城市水资源安全事故,如 2007 年太湖地区蓝藻暴发引发周边地区城市供水安全危机。因此,为综合应对水资源危机,2003 年通过的联合国第 A/RES/58/217 号决议《关于开展"生命之水"国际行动十年(2005—2015)》,重点关注水资源安全;同时,中国也开始实行最严格的水资源管理制度。近年来,城市水安全与生态城市建设逐渐引起国内外的广泛关注,研究热点主要围绕城市水资源承载力[109]、城市需水预测[110]、污水治理[111]、综合水资源管理[112]等方面,致力于解决城市供水安全、水环境保护、防洪减灾、水资源合理配置和水安全评价以及水资源安全预警等[113]。

(四)城市化对水循环影响的评估方法

城市水文效应的识别与影响评估及预测一直是城市水文学研究的重点。由于相对较短的水文观测记录,同时受水循环系统的自然变异影响,使得分析城市化发展的水文效应成为一个科学难题。经过科研人员几十年的理论研究和实践发展,现已提出了许多有效的研究方法和技术手段,由最初的单点试验观测到小型城市化流域的试验观测,从简单的经验性公式到相对复杂的水文模型技术,再从单纯的时间序列分析到多源信息综合评判,实现了定性估计到定量分析的转变。目前城市化水文效应研究方法整体上可分为三类,即观测试验对比法、水文时间序列分析法(或水文特征参数法)和水文模型法[105],如表 1-1 所示。

由表 1-1 可知,几种方法在探讨城市水文效应方面都存在一定的局限性和不足,观测试验一般适用于较小的流域尺度或小范围的某一过程的变化响应,而水文时间序列分析往往需要较长时间序列的资料,对资料精度要求较高,且对过程机理认识不足,即不能体现过程的主要响应机制。相比较而言,水文模型是目前认为比较合理且行之有效的方法[114],其在一定程度上能够反映物理过程响应机制,但由于资料不足导致可利用性较差以及参数率定和不确定性等问题,使得城市水文模型的研究成为城市水文学研究的最关键难题。因此,为了克服单一方法的不足,一些综合性方法及多方法应用技术开始被推广到城市化水文效应研究中,如水文模型和统计分析结合、多模型集合及多模型对比分析等。

表 1-1　城市化水文效应研究方法对比表

主要研究方法		研究尺度	特点
观测试验	单点试验观测	小范围、实验室	主要用于实验室观测某过程的变化规律,便于控制
	单独流域法	小流域	长时间观测单个流域城市化发展期间的影响,资料序列较长
	控制流域法	小流域	相似流域平行观测,控制某一流域的土地利用变化开展分析
	平行流域对比	小流域	选择不同城市化程度的相似流域进行研究,流域选择要求较高
水文时间序列分析		中小流域、较长时间尺度	根据长时间序列分析某些特定水文特征参数的变化,评估城市化影响
水文模型	简单经验性公式	小范围、小流域	采用经验性的公式计算产汇流关系,确定城市化前后的影响
	概念性模型	流域尺度,适合范围较广	应用广泛,相对简单,资料需求较少,可靠性依赖于模型经验与参数
	物理性模型	中小流域尺度	具有很强的物理机制,结构复杂,可以准确模拟水文过程,资料需求较多

三、城市雨洪模拟技术

(一)降雨观测与预报

众所周知,降雨是水循环过程的关键因素之一,是水文模型研究的基础资料和水文计算与预报最重要的输入项,也是陆面水文过程的主要输入驱动。因此,高精度的降雨时空分布观测与预报是城市雨洪模拟及预警预报研究的基础和先决条件。一般而言,持续性降雨或短历时高强度降雨是城市雨洪内涝的主要驱动因子,加之城市化流域汇流面积相对较小(一般为数百到数千平方公里),汇流时间相对较短(几小时甚至几十分钟)。因此,城市雨洪模拟对降雨资料的要求较高,即需要更精细的时间和空间分辨率以充分表现降雨的时空变异特征,如时间尺度往往从数分钟到数十分钟不等,空间尺度则为数百米到数千米之间[94]。然而,由于降雨过程的高度时空变异性以及城市区域站点分布和观测范围的局限性,尚不能满足城市洪水预报的资料需求,即城市降雨观测及预报已成为城市雨洪模拟与预警预报的主要瓶颈[73]。

1. 降雨观测

目前降雨观测的手段很多,主要包括地面站点观测以及卫星遥感和天气雷达估测等。这些方法的最大差别在于站点观测主要基于地面某一点记录,而天气雷达和卫星系统则从侧面或上部遥测降雨。地面观测雨量直接根据空间均值进行洪水计算,而天气雷达和卫星观测数据需要通过特定处理算法计算地面降雨量。这些方法各有优点及不足,在具体应用中往往相互补充与佐证[115]。

为提高降雨观测精度,科研人员最初是通过增加地面观测站点数量以及调整站网布局等手段来解决观测的局限性。国内外开展了诸多研究探讨降雨站点密度的最佳配置问题，如 Berne 等和 Einfalt 等建议城市流域径流模拟研究需要的时间和空间分辨率分别为 1—5 min 和 1—3 km[116,117]；而 Schilling 指出城市水文学者对于降雨资料的需求（如时间序列大于 20 a，时间分辨率 1 min，空间分辨率 1 km²，雨量精度误差小于 3％等）属于理想主义追求，但其同时强调气象雷达的发展与推广将有助于提高降雨观测精度，也必将成为降雨观测的主要手段[118]。此外，诸多研究结果证实传统的站点观测（如倾斗式雨量计和称重式雨量计）存在各种误差[119]，特别在降雨时空变异性[120]以及单个站点代表性方面[73,118]。雷达降雨观测的发展为城市水文学研究提供了重要支撑，进一步增强了城市雨洪模拟及预报能力[121,122]。如 Berne 等分析了雷达测雨与站点观测降雨的时空变异特征，指出雷达测雨更能描述降雨时空变异特征[116]；中国在淮河和黄河流域重点防洪地段开展了雷达测雨与洪水预报应用研究[123]。雷达测雨可以提供更多不同时空尺度的降雨特征，为城市水文学研究提供了更多的支撑[120]。但由于雷达数据存在更复杂的误差特征[118]以及监测网络不健全等问题，使得雷达测雨在城市水文学中的应用并不广泛[121,123]。为此，又发展了新的探测方法和资料处理技术，如微波中继器（Microwave Links）更适合于城市区域的水文应用以及更高频率的观测要求[124-126]。虽然以 TRMM（Tropical Rainfall Measuring Mission）为代表的卫星降雨产品数据在大尺度流域水文模拟及预报方面开展了诸多应用[127]，但在城市水文学上的应用尚不多见。总之，以雷达测雨技术为代表的新型观测手段取得了诸多进展，为城市水文学研究及城市雨洪模拟与预报提供了重要支撑[118]。因此，加强地面站点观测、天气雷达测雨和卫星遥感测雨等多源信息融合分析和应用，推动城市水文学及城市雨洪预报研究，提高水文预报精度和增长预报预见期，进一步完善和发展预警预报技术，是未来城市水文学发展的一个重要方面[128,129]。

2. 降雨预报

精确的降雨预报是突发性洪水预报的关键因素，如城市区域短历时、强降雨的定量预报（Quantitative Precipitation Forecasts，QPF）是城市暴雨洪水预报预警的重要前提[130]。目前国际上已经发展了许多先进的 QPF 系统，融合了地面中尺度观测资料、探空资料、闪电资料、风廓线资料、雷达数据以及中尺度数值天气预报等，以提高预报的时空精度[131]。随着观测和预报技术的不断发展，数值模式时空分辨率的不断提高以及模式物理过程的不断改进，QPF 的时空分辨率、预报时效及精度有了很大提高；以集合预报为基础的概率 QPF 和即时 QPF 预报技术以及数值模式实施检验与订正技术的发展，支撑着极端强降雨灾害预警预报研究，为应对突发灾害性天气提供了有力支撑[132]。QPF 技术包含很多，如线性回归、分位数回归法、Logistic 回归法、基于先验气候分布的层次模型、耦合气象雷达和数值天气模式结果的集成方法、人工神经网络以及基于贝叶斯的统计方法等，虽然这些方法在城市水文学中的应用日益增多[94,133-135]，特别是降雨集成预报技术以及多源信息耦合分析等[135,136]，但 QPF 预报精细化及准确率离应用的需求仍有差距，尚缺乏系统的综合研究[94]，如评价各种方法的优缺点及适用性和预报结果的不确定性等。因此，需要水文学者与气象学者开展密切合作，集合城市水文学和气象学的知识开发适应城市水文研究尺度的预报方法，为城市雨洪预警预报研究提供基础。

（二）城市雨洪模拟技术

城市雨洪模型在城市雨洪管理、防洪排涝、雨洪利用和水污染控制等方面发挥了重要作用。城市的产汇流机制远比天然流域复杂,且城市排水系统内具有多种水流状态,包括重力流、压力流、环流、回水、倒流、地面积水等[137],需要采用水文学和水力学相结合的途径,充分利用数值模拟技术,研制能够模拟复杂流态的城市排水系统的数学模型。根据预报的降雨过程,利用研制的模型模拟和预测城市地面积水过程,以满足城市防汛减灾工作对水情和涝情预测计算的要求。

1. 城市雨洪产汇流计算

城市雨洪产汇流计算是城市雨洪模拟的关键和基础,城市地区的产汇流特性有别于天然流域。国内外学者根据长期的观察和研究,将城市雨洪的产汇流计算归纳为城市雨洪产流计算、城市雨洪地表汇流计算和城市雨洪管网水流计算[138,139],如表 1-2 所示。

表 1-2　城市雨洪产汇流计算方法汇总

计算方法			主要特点
产流计算	统计分析法	SCS 方法	以反映流域综合特征的参数 CN 计算降雨径流关系,结构简单,资料需求少,应用较广
		降雨径流相关法	建立径流与降雨量、不透水面积、降雨强度等因素的相关关系,可靠性偏低
		径流系数法	依据不同地表类型的降雨径流系数结合降雨强度计算降雨损耗,应用广泛,精度较高
	下渗曲线法	Φ 指数法	通过给定 Φ 指数判断降雨强度与指数关系,分析径流量,属于下渗现象的概化描述
		下渗公式	由透水地面的下渗公式计算降雨的下渗损失,如 Green-Ampt、Horton 和 Philip 下渗曲线
	概念性模型法		采用概念性降雨径流关系或统计公式计算透水地面的产流过程,计算相对复杂,要求高
地表汇流计算	水动力学方法		基于圣维南方程组模拟地表坡面汇流过程,计算相对复杂耗时,但物理过程明确
	水文学方法	推理公式法	假定降雨径流面积线性增长,径流系数不变,只关注洪峰而不关注流量过程变化
		等流时线法	基于相同的汇流时间计算区域汇流面积,对于城市地面汇流计算划分相对较难
		瞬时单位线法	参数计算复杂,无法非线性化处理,效果较差,资料依赖性较大
		线性水库	参数计算相对简单,不考虑过程的非线性特征,效果一般
		非线性水库	物理概念明确,参数相对简单,计算精度相对较高
管网水流计算	水动力学方法	运动波	计算简单,适应于坡度大、下游回水影响小的管道,没有扩散作用,峰值不会衰减
		扩散波	不适用于各种流态共存的城市环状管网的水流运动,计算精度与动力波相差较小
		动力波	计算精度较高,适用于各种管道坡度和入流条件,考虑峰值在管道中传播的衰减和回水影响,计算复杂,资料要求较高
	水文学方法	马斯京根法	计算相对简便,参数少,应用较广,与水动力学计算方法效果较为接近,资料要求较少
		瞬时单位线法	计算简单,参数与雨水管道特性之间的关系规律性较差,调试难度较大

城市地表覆盖分布不均,不透水面与透水面之间错综复杂的空间分布,加之对城市地区复杂下垫面产流规律认识不足和资料短缺,导致城市雨洪产流计算精度偏低,目前多采用一些简单的经验性公式或数据统计分析拟合公式。虽说国内外展开了诸多试验和应用研究探讨城市下垫面类型的产流规律[140,141],但单点尺度或实验室尺度研究与实际状况仍存在较大差距。如城市区域不透水面的空间分布以及不透水面的连通性直接影响城市的产流特征,如何确定上述因素对城市区域产流规律的影响是今后需要努力的方向。对于城市地表汇流计算,诸多结果证实,水动力学计算模型所需初始和边界条件复杂,计算烦琐,在应用方面较为困难[142-145];而水文学方法计算简单,但物理机制方面尚不明晰[139,142]。如传统推理法可用于城市设计洪峰流量计算,但不能反映雨洪流量过程;单位线法对实测资料依赖性较大,不易于计算流量过程线;线性水库未考虑非线性特征,计算结果可靠性不足;非线性水库和等流时线法相对计算比较简单,应用方便且精度较高。针对两类方法的局限性,迫切需要开展城市水文-水动力耦合模型研究[146],综合考虑水文学方法的简便快捷以及水动力学方法的准确性,建立适合城市区域的地表汇流计算方法,提高城市地表汇流计算精度[138]。然而,现有的研究并未给出一种合适或理想的紧密耦合方式以解决上述问题,需要经过长期深入的研究以求较好的途径完成上述目标。城市雨水管网汇流计算方面则相对成熟,包括简单的水文学方法和复杂的水动力学方法。根据已有研究成果分析,若精度要求较高,资料条件好,可采用动力波或扩散波进行模拟计算,反之,则可采用马斯京根法进行计算[139,143,147]。

2. 城市雨洪模型

从20世纪60年代起,计算机模型开始广泛用于流域水文模拟,至今已经发展了上百种流域水文模型[148]。而城市雨洪模型则主要起步于20世纪70年代,最初由部分政府机构(如美国环保署)组织开展模型研发工作,目前已经发展了多种城市雨洪模型(表1-3),由简单的概念性模型到复杂的水动力学模型,由统计模型到确定性模型[72]。一般而言,模型都包括降雨径流模块、地表汇流模块、地下管网模块等。纵观城市雨洪模型的发展,模型大致可以分成以下三类[155]:一是将水文学方法和水力学方法相结合,分别用于模拟城市地面产汇流过程及雨水在排水管网中的运动,该方法基本单元是水文概念上的集水区域,所以其计算结果仅能反映计算范围内关键位置或断面的洪涝过程;二是采用一、二维水动力学模型模拟城市内洪水的演进过程,该方法可以充分考虑城市地形和建筑物的分布特点,较好地模拟城区洪水的物理运动过程,并可详细提供洪水演进过程中各水力要素的变化情况;三是利用GIS数字地形技术分析洪水的扩散范围、流动路径,从而确定积水区域,该方法以水体由高向低运动的原理作为计算的基本依据,计算结果仅能反映城市洪水运动的最后状态,不能详细描述洪水的运动过程[138]。城市雨洪模型发展至今已经形成了较为完善的概念框架和流程,如图1-7所示。

表1-3 主要城市雨洪模型总结

模型名称	主要计算方法			主要特点
	产流计算	地表汇流	管网汇流	
SWMM	下渗曲线和SCS曲线	非线性水库	恒定流、运动波和动力波	动态降雨径流模型,适用水量水质模拟,主要分透水地面、有滞蓄的不透水地面和无滞蓄的不透水地面三个部分,应用广泛

表1-3（续）

模型名称	主要计算方法			主要特点
	产流计算	地表汇流	管网汇流	
STORM	SCS 曲线，降雨损失法	单位线法	水文学方法	城市合流制排水区的暴雨径流模型，分为透水区和不透水区模拟降雨径流及水质变化过程，可模拟排水管网溢流问题
ILLUDAS	降雨损失法	时间-面积曲线法	线性运动波法	为 TRRL 模型的改进版本，可以考虑渗水地区地表径流
IUHM[149]	Green-Ampt 下渗	地貌瞬时单位线	水动力学法	通过集合地貌瞬时单位线方法，分析高度城市化区域水文响应关系，适用于资料不足地区的水文过程模拟
DR3M-QUAL	Green-Ampt 下渗	运动波方法	运动波方法	分为地面流、河道、管网和水库单元，可分析城市区域降雨、径流和水质变化过程，对下垫面地形和市政排水管网资料要求较多
UCURM	Horton 下渗	水文学方法	水文学方法	将流域概化为不透水区和透水区两部分，主要有入渗和洼地蓄水、地表径流、边沟流和管道演算五个子模块
RisUrSim[144]	标准降雨径流换算法	二维浅水水流运动方程	动力波方法	主要用于城市排水系统模拟、设计与管理，包括降雨径流模块、水文学地面汇流模块、水力学地面汇流模块和动力管道演算模块
Wallingford	修正推理公式	非线性水库、蓄泄演算、SWMM 径流计算模块	马斯京根和隐式差分求解浅水方程	包括降雨径流模块、简单管道演算模块、动力波管道演算模块和水质模拟模块，可用于暴雨系统、污水系统或雨污合流系统设计及实时模拟，分为铺砌表面、屋顶和透水区三个部分
TRRL	降雨损失法	时间-面积曲线法和线性水库	线性运动波法	可连续或单次模拟城市区域的降雨径流过程，仅考虑不透水区域与管道系统连接的部分产流，洪峰和径流量可能偏低
MIKE-SWMM	下渗曲线法和 SCS 方法	非线性水库	隐式差分一维非恒定流	主要是 MIKE11 模型代替了 SWMM 中的 EXTRAN 模块，比 SWMM 适应范围更广、更稳定，与 DHI 其他模型相兼容
MIKE Urban 或 MOUSE	降雨入渗法	运动波，单位线，线性水库	动力波，扩散波，运动波	包括管道流模块、降雨入渗模块、实时控制模块、管道设计模块、沉积物传输模块、对流弥散模块和水质模块，用途相对广泛
InfoWorks CS[150]	固定比例径流模型，SCS 曲线	双线性水库，SWMM 径流计算模块	圣维南方程	主要采用分布式模型模拟降雨径流过程，基于子集水区划分和不同产流特性的表面组成进行径流计算

表1-3(续)

模型名称	主要计算方法			主要特点
	产流计算	地表汇流	管网汇流	
SSCM[79]	Horton下渗曲线	运动波和变动面积-时间曲线法	扩散波方法	不透水区产流计算中洼蓄量当作一个随累积雨量变化而变化的参数,透水区产流采用Horton公式,地表汇流采用运动波法和变动面积-时间曲线法,管道采用扩散波演算
CSYJM[151]	降雨损失法	瞬时单位线	运动波方法	主要用作设计、模拟和排水管网工况分析
UFDSM[152]	概念性降雨径流关系	水动力学方法	二维非恒定流方程	以城市地表与明渠、河道水流运动为主要模拟对象,以水力学模型为基础,引入"明窄缝"的概念,地表概化为不规则网格结构
平原城市雨洪模型[153]	降雨损失和Horton下渗	非线性水库法	运动波方法	分为透水区和不透水区,地表汇流采用非线性水库,管道汇流采用运动波方程,河网汇流采用一维圣维南方程组进行演算
城市雨洪水动力耦合模型[154]	降雨损失和经验公式法	二维水动力和一维河网耦合模型	一维圣维南方程	一维和二维耦合模型,既可以模拟地面河道与集水区之间的水量交换,也可以模拟地面径流和地下管网之间的水量交换

总体上,城市雨洪模型框架主要包括数据收集与处理模块、城市雨洪计算分析模块和成果输出与可视化模块三大类,主要流程包括:① 确定模型总体结构,一般含输入输出、模型运算、服务模块等;② 确定模型微观结构,如降雨径流模块的计算结构、管网系统模块的计算组成以及各模块的耦合问题等;③ 整理数据,结合模型结构,确定数据集或建立相适应的数据库;④ 确定模型参数及边界条件,进行参数率定和验证;⑤ 成果输出与展示,结合GIS空间分析处理功能,耦合城市雨洪模型,实现成果可视化展示。

3. 模型参数优化与不确定性分析

模型参数优化与不确定性分析是数学模型应用的关键环节。模型的不确定性可能来源于模型结构、模型输入数据以及模型参数[156],如图1-8所示。特别是城市雨洪模型,由于模型结构相对于流域水文模型更为复杂,且资料的缺失或不全可能导致输入的不确定性,以及参数众多带来的参数不确定性问题,这些都成为城市雨洪模型应用过程中的主要难题之一。因此,模型率定、敏感性和不确定性分析是评估模型结果精度和可靠性的关键[94]。目前,重点针对模型参数问题已经开展了诸多研究,如Barco等针对SWMM模型进行自动优化[157],Dotto等评估了MUSIC模型的参数敏感性[158],Thorndahl等探讨了MOUSE模型的参数优化及不确定性问题[159],Khu等分析了不同优化方法在BEMUS模型中的应用[160],Deletic等提出了全局不确定性评估框架,并应用在水量水质耦合模型中[161]。尽管在不确定性方面取得了一些共识,但在理论和实践方面仍存在诸多挑战和困难。随着城市水循环理论的不断完善,城市雨洪模型计算模块逐渐增多,数据资料需求难度增大,加之气候变化等外界因素干扰,致使模型复杂度急剧增加,不确定性问题更加凸显[162]。因此,如何综合处理上述不确定性问题将成为今后模型研究和应用推广的一个重点方向[114,163]。

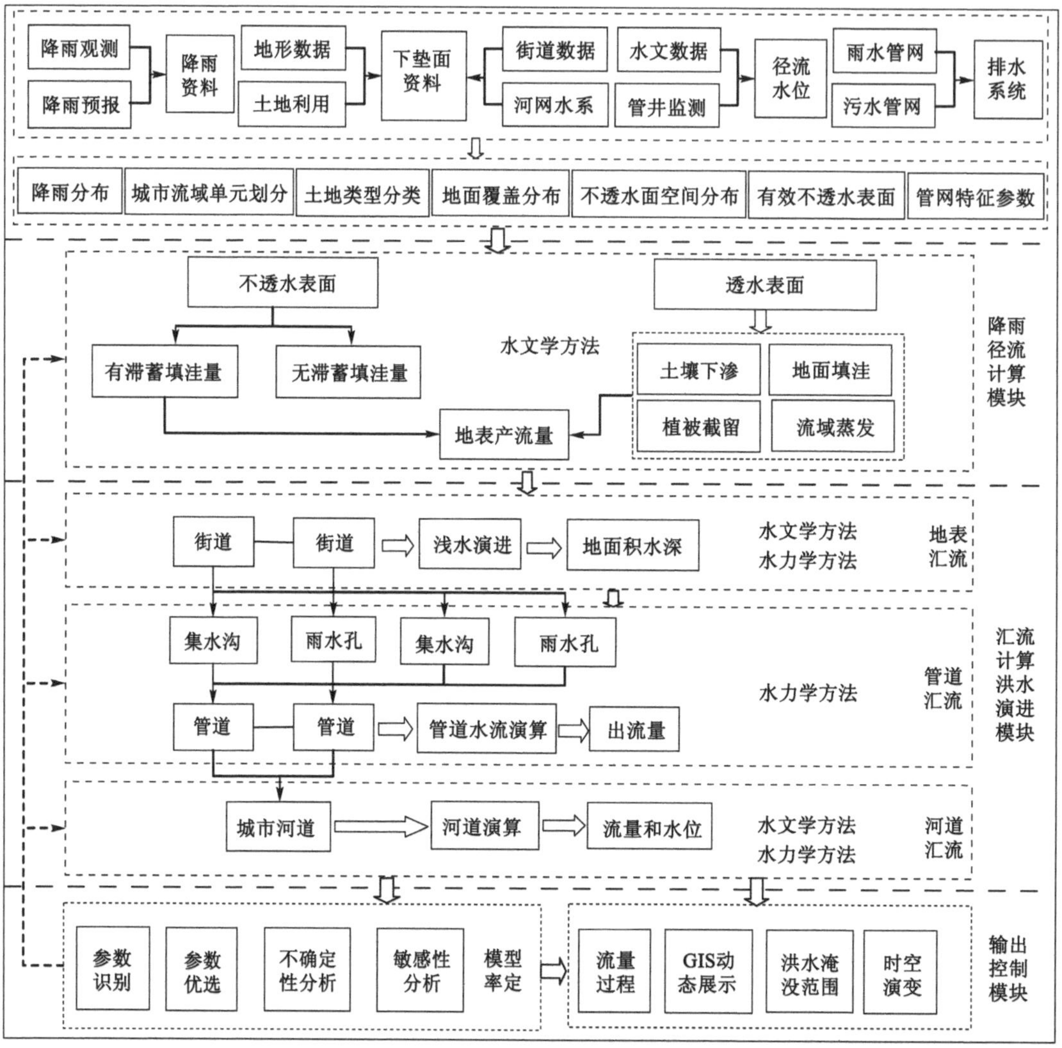

降雨观测
降雨预报
降雨资料
地形数据
土地利用
下垫面资料
街道数据
河网水系
水文数据
管井监测
径流水位
雨水管网
污水管网
排水系统
降雨分布
城市流域单元划分
土地类型分类
地面覆盖分布
不透水面空间分布
有效不透水表面
管网特征参数
不透水表面
透水表面
有滞蓄填洼量
无滞蓄填洼量
水文学方法
土壤下渗
地面填洼
植被截留
流域蒸发
地表产流量
降雨径流计算模块
街道
街道
浅水演进
地面积水深
水文学方法
水力学方法
地表汇流
集水沟
雨水孔
集水沟
雨水孔
水力学方法
管道汇流
管道
管道
管道水流演算
出流量
汇流计算洪水演进模块
城市河道
河道演算
流量和水位
水文学方法
水力学方法
河道汇流
参数识别
参数优选
不确定性分析
敏感性分析
模型率定
流量过程
GIS动态展示
洪水淹没范围
时空演变
输出控制模块

图 1-7　城市雨洪模拟的概念框架和基本流程

模型参数
模型输入
模型结构
模型输出
率定数据
率定输入数据
率定输出数据
优化算法和目标函数
模型应用
模型率定
输入数据
输入不确定性
模型方程与公式
数值解法及边界
模型耦合
模型参数
结构不确定性
率定数据
优化算法
目标函数
率定不确定性

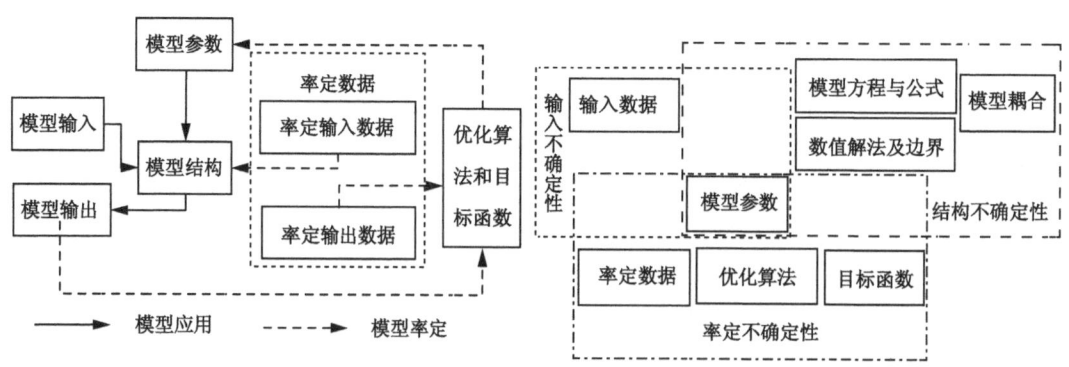

图 1-8　模型优化流程与不确定性来源

四、城市洪涝灾害研究

洪涝灾害的发生源于气象和极端水文事件相结合的结果,在全球范围内,洪水灾害是最经常发生的破坏性自然灾害,特别是近几十年来,由于世界各国的城市化发展、城市人口的迅速增长、城市内部社会-经济资源的大量聚集(特别是在发展中国家),使城市和农村暴发洪水灾害所可能产生的潜在影响作用差异性越来越大,更多城市地区所暴发的洪水灾害产生更为严重的破坏性影响(表 1-4)。加之现今城市区域内大面积增加的不透水面、排水系统的老化和不合理规划、洪泛区内大量聚集的人口和社会-经济资源、人类防灾减灾意识的缺乏等这些人为因素,使城市洪水灾害问题进一步复杂化。

表 1-4　城市水灾与农业水灾的区别

比较类别	传统农业型水灾	现代城市型水灾
水灾成因	以自然的因素为主	人为因素的影响加大,甚至占主导地位
水灾类型	江河泛滥、风暴潮、暴雨内涝、堤坝溃决	在原有类型上,增加人为引起的水灾害,如水库溃坝以及供、排水管道破裂等事故
受灾面积	受淹的区域即为受灾的区域,受灾面积较大,范围比较明确	受灾范围往往比受淹的范围大得多,受灾面积可能减小,受灾范围比较模糊
受灾概率	中小洪水也可能成灾,不同量级的洪水形成不同的淹没范围	中小洪水发生的概率减少,大洪水发生的概率依然存在,城市周边地区受灾概率可能增加
受灾部位	洪泛区、农田、鱼塘、村庄、城镇	水库上游地区、新增城市化地区、城市周边地区、老市区、城市地下建筑
灾害发生时间	发生在汛期,有一定规律	可能人为原因提早或推迟,城市供排水系统事故引起的水灾可能在任何时候发生
受灾持续时间	与降雨范围、持续时间、地理特征等有关,有一定的规律	可能人为延长或缩短
水灾损失类型	主要为农作物、农舍、农业生产资料与工具、人员伤亡	工商经贸等企业资产、公共事业设施、居民家庭资产、城市生命线系统,间接损失大于直接损失
水灾损失影响	饥荒、疫病、伤亡较大、农村贫困化、铁路公路中断、重灾地区需要若干年才能恢复	具有使灾害影响放大和缩小的双重效应,损失总值增大,影响的范围超出受灾的范围,可能造成无法弥补的损失,总体恢复较快
防灾手段	低标准的防洪工程体系,抗洪抢险	高标准的防洪排涝工程体系与调度管理,建筑物耐水化,城市雨洪处理
减灾对策	避难系统,灾民承担较大风险	灾害预测、预警系统,社会保障体系逐步完善

根据洪水灾害产生的原因、受影响区域大小、降雨持续时间和洪水灾害的空间、时间分布的不同,对洪水灾害的分类也有所不同。例如,基于洪水灾害产生的原因,洪水灾害一般

可以分为河流洪水、沿海洪水、内陆洪水、水系统溃决洪水或地下水洪水；而基于洪水灾害暴发的速度，洪水灾害经常分为山洪、半永久性洪水或缓慢上升的洪水等。所有上述提到的洪水灾害均可能对城市产生严重的不利影响，并由此归类为城市洪水灾害。对于每种类型城市洪水灾害诱发的起因和暴发速度的认识，以了解它们对城市地区所造成的损失程度，对于制定有效的减灾措施以减轻洪水灾害对于城市地区的不利影响作用是十分关键的，表1-5总结了城市洪水灾害的类型和原因[164]。

表 1-5　城市洪水灾害类型与原因

种类	原因	人为因素	暴发时间	持续时间
河流洪水	强降雨、湖堤决口、地震造成山体滑坡	土地利用变化、城市化、缺乏渗透性地面	不确定	从几小时到几天
内陆洪水	强降雨	地表径流增加、排水系统不合理规划和管理	不确定	不确定
沿海洪水	地震、海底火山爆发、地面沉降、海岸侵蚀	沿海地区开发、沿海自然植被破坏	通常很慢	通常持续时间较短,有时需很长时间退去
地下水洪水	强降雨导致地形水位上升	低洼地区开发建设,干扰天然含水层	通常很慢	持续时间较长
山洪	河流、沿海系统、对流雷暴	堤坝的灾难性故障、排水设施不足	较快	持续时间短或仅持续几小时
半永久性洪水	海平面上升、地面沉降	排水系统超载、系统故障、城市发展不合理	通常很慢	持续时间长

根据我国城市每年各种洪水灾害种类的发生概率和产生影响的严重程度，我国城市主要暴发的洪水灾害种类包括以下两种。

（一）河流洪水灾害

位于江河中下游低洼地区的城市经常受到河流洪水灾害的侵袭。河流洪水灾害主要是由强降雨、上游流域积雪融化或下游潮汐影响所引发的河流流量超过河道的输水容量能力所产生的，并且河流洪水灾害的水位上升和下降的周期特别长，尤其是在平坦的斜坡地区和三角洲地区，可以持续数周甚至数月，因此这一类型的洪水灾害，可以通过集水区的物理特性和河流流域的气候特征予以预测和解释。其危害程度主要取决于一些物理因素，例如降水的强度、数量和时间等，河流及其流域（如植被覆盖、土壤类型、土地利用的状态等）均对河流洪水灾害的发展产生影响，同时一些人为因素，如堤防、水坝和水库的修建以及人为改变河流及其流域的自然特性等，这些人为措施增加了河流洪水灾害暴发的概率，特别是近年来迅速发展的城市化进程，造成城市区域向洪泛区的进一步扩展，减少了河流洪水发生自然溢出的洪泛区面积，致使河流洪水灾害的发生对洪泛区范围内的城区区域产生毁灭性的破坏和影响。

（二）内陆洪水灾害

城市地区由于高强度降雨和大面积的不透水面，经常会遭受内陆洪水灾害的侵袭。城市内的建成区环境,由于陆地表面缺乏渗透性地面,致使降雨不能迅速吸收、下渗,将产生更大的地表径流,当其超过当地的排水系统荷载能力时,进而导致内陆洪水灾害的产生。内陆洪水灾害往往是由于雨季季风气候所产生的暴雨事件所引发的,一般集中于城市内低洼地区。由于内陆洪水灾害的突发性强、来势猛、成灾快等特点,针对该灾害的预测、预报难度相当大,而使可能受内陆洪水灾害影响的城市区域根本没有时间采取防灾措施,特别是在发展中国家,城建区内激增的不透水区域、排水系统的不合理规划和设计等,致使内陆洪水灾害一旦在这些城市区域范围内暴发,对影响区域范围内的人类、基础设施、建筑物、社会-经济资源可能造成比其他发达国家城市区域更严重的破坏,同时灾后的恢复工作也将更为困难。

城市洪水灾害形成过程主要是致灾因子(洪水)危险性、孕灾环境稳定性和承灾体易损性三者相互影响、综合作用的结果。其中,致灾因子主要包括降雨洪水(暴雨、台风雨、普降性大雨、暴雨、滞留性内涝洪水)、融水性洪水(高山冰雪、季节性积雪、溃决型、河道冰凌堵塞性洪水)和工程失事性洪水(溃坝、河堤溃决洪水);孕灾环境主要包括天气、水文、下垫面环境;承灾体主要包括人类本身、城市生命线系统、各种建筑物等。本研究引用全球减灾与灾后重建署在 2011 年出版的 *Urban Flood Risk Management* 中提出的城市洪水灾害系统模型,用以解释城市洪水灾害形成机制,如图 1-9 所示。

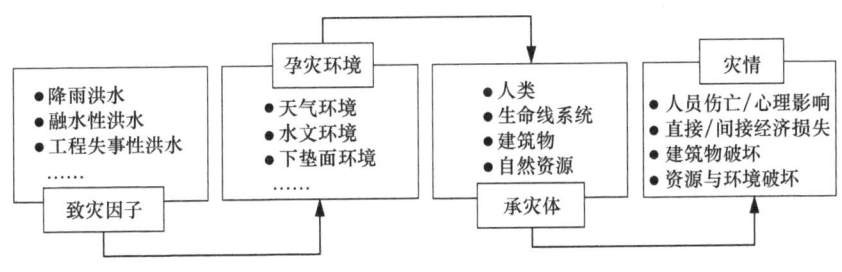

图 1-9　城市洪水灾害系统模型框架图

五、主要存在问题

虽说近年来在城市水文学及城市化水文效应方面开展了诸多研究工作,城市水文学的理论和实践研究也取得长足的进步,研究结果也不断完善,但研究结果还存在一定的差异性[114,163]。诸多研究成果证实城市化水文效应具有明显的区域特征,不同地区存在较大的差异,如何将研究成果归纳总结出规律性的结论仍是下一步工作的重点方向。

由于近年来区域城市化发展进程加快,城市水问题日益凸显,急切需要开展城市化水文效应方面及城市暴雨洪涝灾害方面的研究工作。目前对城市暴雨洪涝的研究多集中于湿润半湿润地区,对干旱半干旱地区的研究相对较少,即没有可参考的相关成果,无法有效指导城市防洪排涝等工作。如北京地区作为城市化发展程度最快、城市化水平最高的特大城市之一,对于北京地区的城市化水文效应等方面的工作尚未系统开展,主要工作也集中于 20世纪 80 年代的试验研究成果,而过去 30 年是北京地区发展最为迅速的 30 年,城市化水文效应的研究相对匮乏,因此迫切需要深入开展北京城市化发展对该地区水循环要素及产汇流规律的影响机制研究。城市化发展使得流域产汇流特征发生变化,城市化流域产汇流机理目前尚未完全理清,诸多关键问题还有待进一步研究。如城市化地区的不透水面积空间分布特征成为直接影响区域产汇流特征的重要因素,然而,如何识别区域不透水面积的空间分布,估算区域有效不透水面积分布及其空间联系,量化城市化发展下不同土地利用类型对产汇流特征的影响贡献率等关键问题,成为城市水文学研究的难点。

此外,由于全球气候变化的影响逐渐加剧,城市化区域的水文循环特征发生了明显变化,城市暴雨洪涝灾害的影响机制仍然是城市水文学研究的巨大难题。特别是越来越多的水问题,针对全国范围不同气候区域不同城市发展类型下城市水安全问题的差异,也需要开展有关分类研究工作,针对不同城市发展类型,研究不同城市发展背景下的城市暴雨洪涝灾害问题。目前,我国学者在对珠三角、长三角区域的重点城市的暴雨洪涝灾害机理研究方面已开展诸多工作,然而对于内陆城市或干旱、半干旱区域城市化发展的暴雨洪涝灾害等问题研究不足,特别是北京市近几年发生了多次暴雨洪涝灾害问题,需要结合北京市的有关情况重点开展相关理论和实践研究,为城市防洪减灾提供支持和重要参考。

第四节 研究内容和技术路线

一、研究内容

选择北京市作为研究对象,以变化环境下城市暴雨洪水的演变规律及响应机理为研究主线,考虑气候变化、城市发展、土地利用变化对典型城市区域极端气候和水文事件的影响,探索变化环境下城市暴雨洪涝灾害演变规律、环境变化对流域产汇流过程的影响机制、城市化流域降雨径流过程模拟与预报三个关键科学问题,开展城市化发展与下垫面变化特征、城市降雨演变特征及驱动因素分析、城市洪涝演变特征及统计分析、城市化对流域产汇流过程的影响与模拟四个方面的内容研究,如图1-10所示。

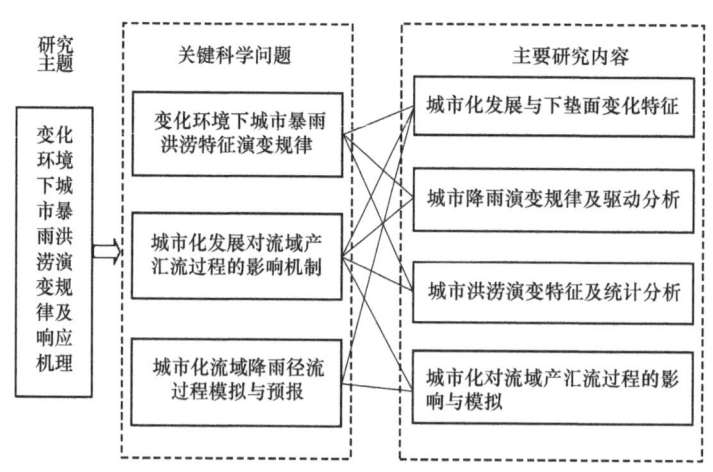

图1-10 研究基本框架

(一)城市化发展与下垫面变化

选择社会统计资料、土地利用数据、遥感影像资料等多源数据信息,从不同层面评估北京市城市化进程,分析不同时期北京市城市扩展及其土地利用变化特征,评估城市化背景下北京市主城区下垫面变化特征及其不透水变化规律。

（二）城市降雨演变特征及驱动因素

利用研究区水文气象资料,基于趋势分析、周期统计、小波分析等多种方法研究不同等级、不同区域、不同时期降水时空变化特征,探讨变化条件下极端降水变化规律,系统分析研究区降水演变规律及其主要影响因素,揭示城市化及气候变化对降水演变的影响机制。

（三）城市洪涝演变特征及统计分析

利用趋势检验方法分析北京地区典型流域洪水要素变化特征,并基于极值理论构建不同洪水要素极值指标的统计模型,探讨不同重现期条件下洪水极值特征的演变规律,并考虑环境变化下洪水资料序列的非一致性特征,基于广义可加模型开展变化环境下洪水要素的频率分析研究。基于北京市主城区城市洪涝数据,探讨城市洪涝形成机制与影响因素,阐释城市化建设对城市洪涝的影响机制。

（四）城市化对流域产汇流过程的影响

选择典型流域探讨城市化发展对流域产汇流过程的影响机制,分析城市化发展对不同区域降雨径流关系的影响,结合试验小区和城市化小流域的相关实验数据,探讨城市化小区降雨径流关系的变化特征,建立了以不透水面积比例为状态参数的城区综合降雨径流相关关系。利用水文模型技术,结合流域下垫面变化特征及其地形地貌特征提出适合城市化流域的产汇流计算方法,并构建复杂下垫面条件下的流域水文模型,评估城市化对流域暴雨洪水过程的影响。

二、研究目标

围绕变化环境下城市暴雨洪水特征的时空演变规律,城市化发展对流域产汇流的影响机理和变化环境下城市暴雨洪水模拟与预报三个关键科学问题,试图从理论上分析城市化背景下的水文效应、下垫面变化的产汇流特征及城市暴雨洪水的时空演变特征及响应机理,建立适应城市化流域的暴雨洪水计算方法,探讨下垫面变化对暴雨洪水过程的影响,进而分析城市化过程与洪涝灾害之间的联系,揭示城市发展与城市防洪安全的关系,以满足城市发展的防洪安全和应对环境变化影响的重大需求,从而增强城市在防洪减灾和城市水安全方面的适应能力。

三、技术路线

针对上述三个关键科学问题和四个主要研究内容,以变化环境条件下城市暴雨洪水时空演变及响应机理研究为主线,以"环境变化-演变规律-影响机理-过程模拟"为主要出发点,从多种时间和空间尺度的历史观测资料入手,采用多学科交叉、多源信息融合、多方法集成等途径,整合数据分析、实验分析及模型模拟等技术手段,旨在阐释变化环境下城市区域暴雨洪水的演变特征,揭示城市化区域的水文效应机制,提出适应城市发展的小流域暴雨洪水计算方法,为城市可持续发展及防洪减灾工作提供技术支撑。主要技术路线如图 1-11 所示。

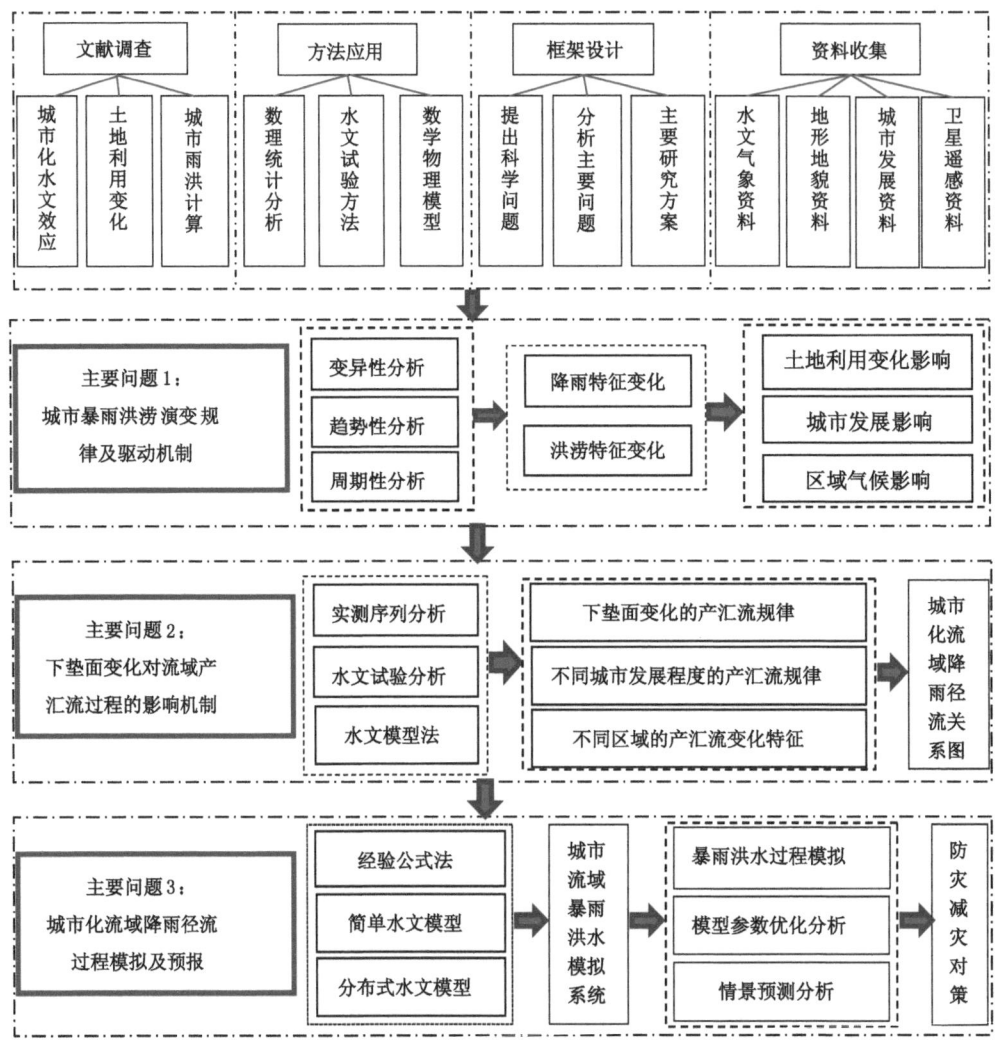

图 1-11　主要技术路线图

第二章 研究区域概况

第一节 自然地理条件

北京市(图 2-1)位于东经 115°20′至 117°30′、北纬 39°28′至 41°05′之间,在华北平原北端,地处海河流域中部,毗邻渤海湾,东距渤海约 150 km。截至 2020 年,北京市共辖 16 个市辖区,全市总面积 16 410 km²,其中山区面积 10 010 km²,约占总面积的 61%,平原区面积 6 400 km²,约占总面积的 39%。整体上北京的地形西北高、东南低。北京市平均海拔 43.5 m,北京平原的海拔高度在 20—60 m,山区海拔一般在 1 000—1 500 m。

北京的气候属温带半干旱半湿润大陆性季风气候,冬季受蒙古高压影响,盛行偏北风;夏季受大陆热低压影响,盛行偏南气流,多阴雨天气。全市年平均气温为 11—12 ℃,极端最高气温为 43.5 ℃,极端最低气温是 −27.4 ℃。年平均风速为 2—3 m/s,春季风速最大,平均达 3.5—4 m/s。北京年平均日照时数在 2 000—2 800 h 之间,最大值在延庆区和古北口,为 2 800 h 以上,最小值分布在霞云岭,为 2 063 h。北京多年(1956—2000 年)平均降水量为 585 mm,其中山区降水量为 577 mm,平原区降水量为 597 mm。年水面蒸发量为 1 100—1 200 mm,陆地蒸发量为 450—500 mm。

北京地区的地质构造单元属燕山纬向褶皱构造带,太行山北东向隆起构造带及华北平原沉降带的复合部位。第四纪以来,山区强烈上升,基岩裸露,地下水赋存于基岩的岩溶或裂隙之中;平原区不断下沉,自山前往东南方向第四纪沉积物逐渐加厚,颗粒由粗变细。平原区冲洪积扇顶部岩性主要由单一砂砾石组成,裸露地表,厚度为 20—60 m,中下部表层岩性为砂黏、黏砂,下部岩性为多层砂、细砂砾与黏土互层,地下水主要赋存于第四系孔隙之中。北京市主要土壤类型如图 2-2 所示,其空间分布特点是随着海拔由高到低表现为明显的垂直分布规律:山地草甸土-山地棕壤(间有山地粗骨棕壤)-山地淋溶褐土(间有山地粗骨褐土)-山地普通褐土(间有山地粗骨褐土、山地碳酸盐褐土)-普通褐土、碳酸盐褐土-潮褐土-褐潮土-砂姜潮土-潮土-盐潮土-湿潮土-草甸沼泽土。根据中国土壤科学数据库(http://vdb3.soil.csdb.cn)提供的 2009 年北京地区 1∶100 万土壤类型统计结果显示,褐土占 58.55%,潮土占 23.19%,棕壤占 8.44%,粗骨土约占 6.52%,城区占 1.15%,湖泊水库占 0.92%,石质土占 0.36%,砂姜黑土占 0.33%,水稻土占 0.30%,风沙土、山地草甸土和新积土分别占 0.08%。

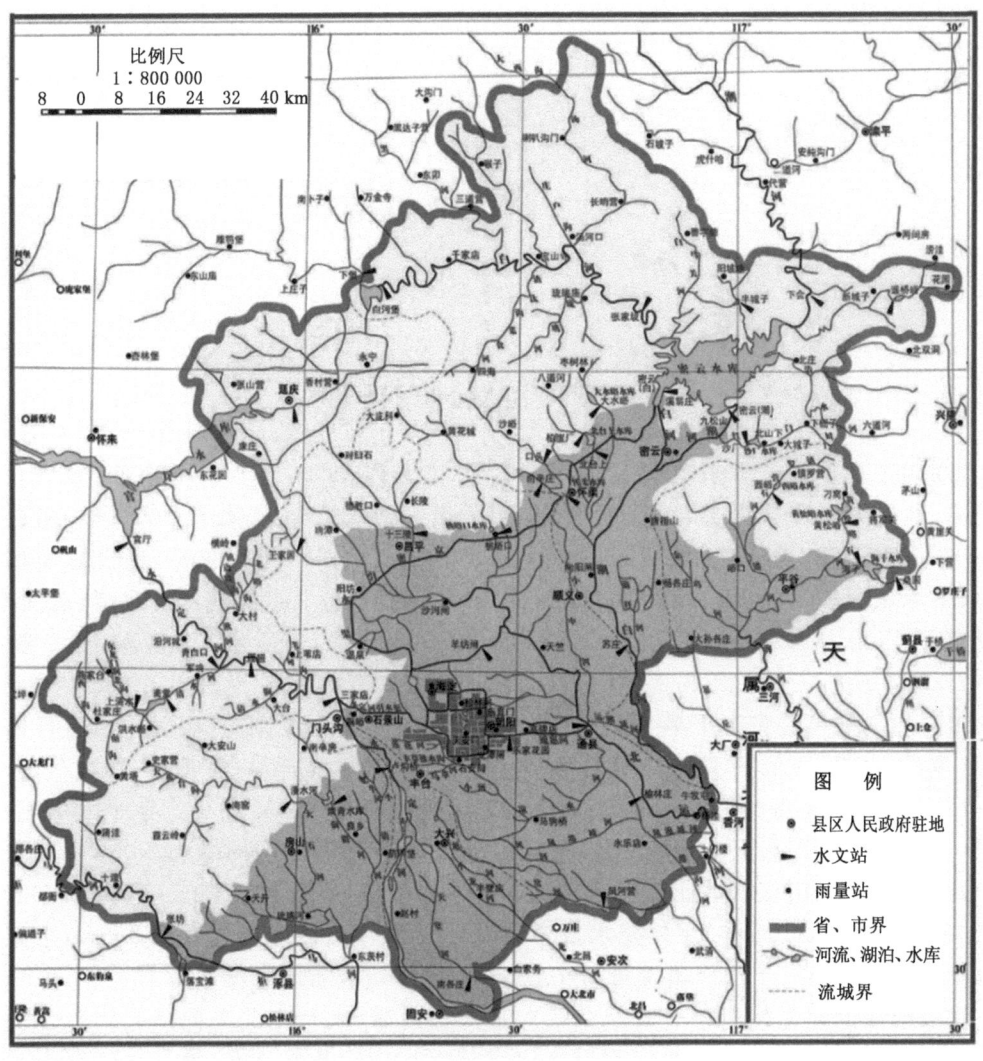

图 2-1 研究区域基本概况

第二节 社会经济条件

北京是全国政治、文化和国际交往的中心,也是著名的历史文化名城。根据《北京市2019年国民经济和社会发展统计公报》数据显示,2019年全市常住人口2 153.6万人,其中城镇人口1 865万人,占常住人口的比重为86.6%。中华人民共和国成立以来,北京在经济和社会发展各方面取得了巨大成就,由一个民生凋敝的消费型城市正在逐步发展成为百业振兴、富有生机和活力的国际化大都市。2019年北京地区生产总值为35 371.3亿元,其中第一产业增加值为113.7亿元,第二产业增加值为5 715.1亿元,第三产业增加值为29 542.5亿元。按常住人口计算,全市人均地区生产总值为16.4万元。

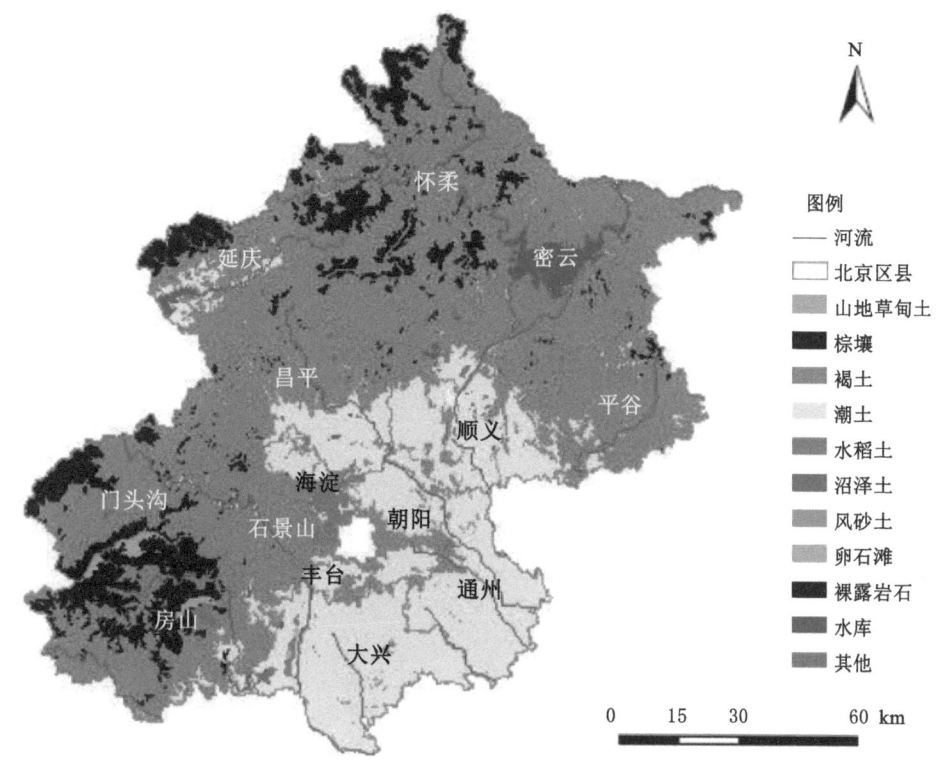

图 2-2 北京市土壤类型图

第三节 水资源条件

北京隶属海河流域,从东到西分布有蓟运河、潮白河、北运河、永定河、大清河五大水系,如图 2-3 所示。除北运河发源于本市外,其他四条水系均发源于境外的河北、山西和内蒙古。五条水系下游均汇入永定河新河和海河,经天津市入海。

(一)永定河水系

永定河在怀来县幽州村以南进入北京地区,官厅水库至三家店区间称官厅山峡,在三家店附近进入平原,经过丰台、大兴、房山入河北省,北京地区境内流域面积 3 168 km²。永定河上游为黄土高原,含沙量大,流经山峡山高坡陡,水流湍急,出山后,坡度骤然变缓,泥沙大量沉积,形成地上河流,故历史上该河经常泛滥。官厅水库建成后基本上控制了永定河上游洪水,但官厅山峡洪水尚未完全控制。

(二)潮白河水系

潮白河有两大支流,其中白河发源于河北省张家口地区沽源境内,潮河发源于河北省承德地区丰宁境内,入北京市后又有黑河、汤河、白马关河、琉璃庙河、安道木河、清水河、洪门川沟等支流汇入。在密云区城南河槽村两河相汇,始称潮白河。往下又有怀河等支流汇入,经顺义、通州入河北省。苏庄以上流域面积 17 627 km²,其中 90% 以上皆为山区,每逢雨季山洪暴发,平原沿河两岸受害严重。1958 年后,密云、怀柔等水库相继建成,已基本控制山区洪水。潮白河近年修建了大量的橡胶坝工程,对洪水有较大影响。

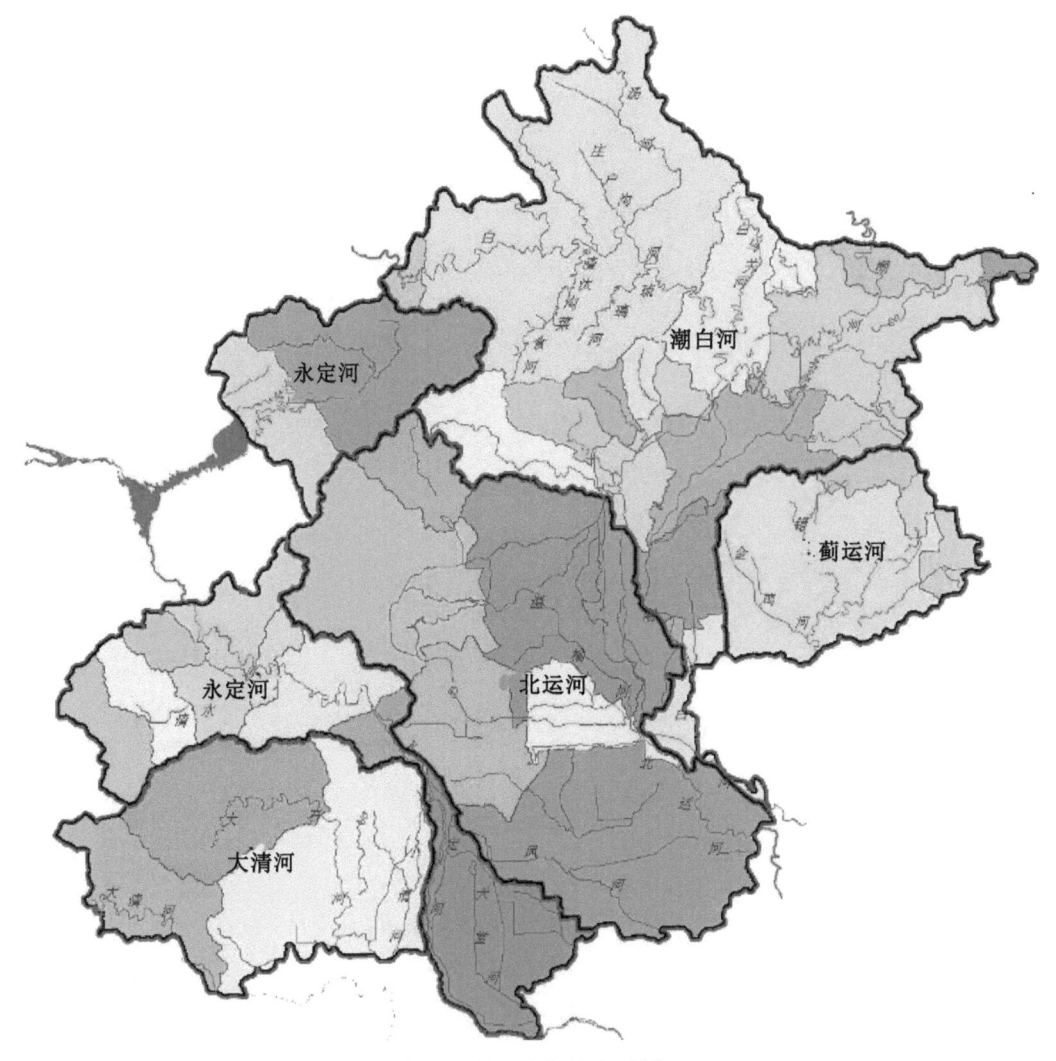

图 2-3　北京市河流水系图

（三）北运河水系

北运河发源于北京市昌平区，由东沙河、北沙河、南沙河在沙河镇汇合，以下称温榆河，至通州北关闸后称北运河，然后汇凉水河、凤港减河进入河北省。通州水文站以上流域面积 2 478 km²。该河为北京市平原地区主要排水河道。1949 年以后在上游山区修建有十三陵等中、小型水库 10 余座，而后对干支流河道进行了整治。

（四）大清河水系

大清河北支主要为拒马河，发源于河北省涞源县，流经北京市房山区南部边界。上游石门以上为来源盆地，属黄土高原边缘的土石山区。石门以下为石山区，至北京市房山区张坊镇出山。干流分为南、北支流入华北平原。张坊水文站以上流域面积 4 810 km²，洪水大，水力资源丰富。流域内尚无大型水利控制工程，有小型水库 10 余座，大石河为发源于北京市房山区境内的大清河另一支流，漫水河水文站以上流域面积 660 km²，全属石质山区，为北京市暴雨中心区之一，经常发生大洪水。该河上游山区，虽然建成几座小型水库和塘坝，但干流尚无控制性工程。

（五）蓟运河水系

蓟运河的支流泃河,发源于河北省承德地区兴隆县境内燕山南坡,流经天津市蓟州区进入北京市平谷区,有错河汇入后进入河北省三河市。流经北京市的流域面积为 1 377 km²,亦为北京市暴雨中心之一,经常发生大洪水,中华人民共和国成立后陆续建有海子、西峪、黄松峪等水库。

根据《北京城市总体规划(2004 年—2020 年)》,北京中心城区范围包括东城和西城及朝阳、丰台、海淀、石景山区的大部分地域,面积为 1 085 km²。市区内有通惠河、凉水河、清河、坝河等四条主要排水河道及 30 多条较大支流,大部分由西向东汇入北运河,如图 2-4 所示。通惠河水系位于市中心区,包括护城河系、内城河系、金河、长河、南旱河等,流域面积258 km²,是西山地区、城区及东郊的主要排水河道;凉水河位于市区南部,上游有新开渠、莲花河等,为城西及南郊主要排水河道,通过右安门分洪道,还担负南护城河的分洪任务,流域面积 624 km²;清河位于市区北部,主要支流有万泉河、小月河及西北土城沟,为城西、北郊的主要排水河道,流域面积 217 km²;坝河位于市区东北部,主要有北小河、东北土城沟及亮马河,为城东北郊的主要排水河道,同时通过坝河分洪道承担北护城河的分洪任务,流域面积 156 km²。

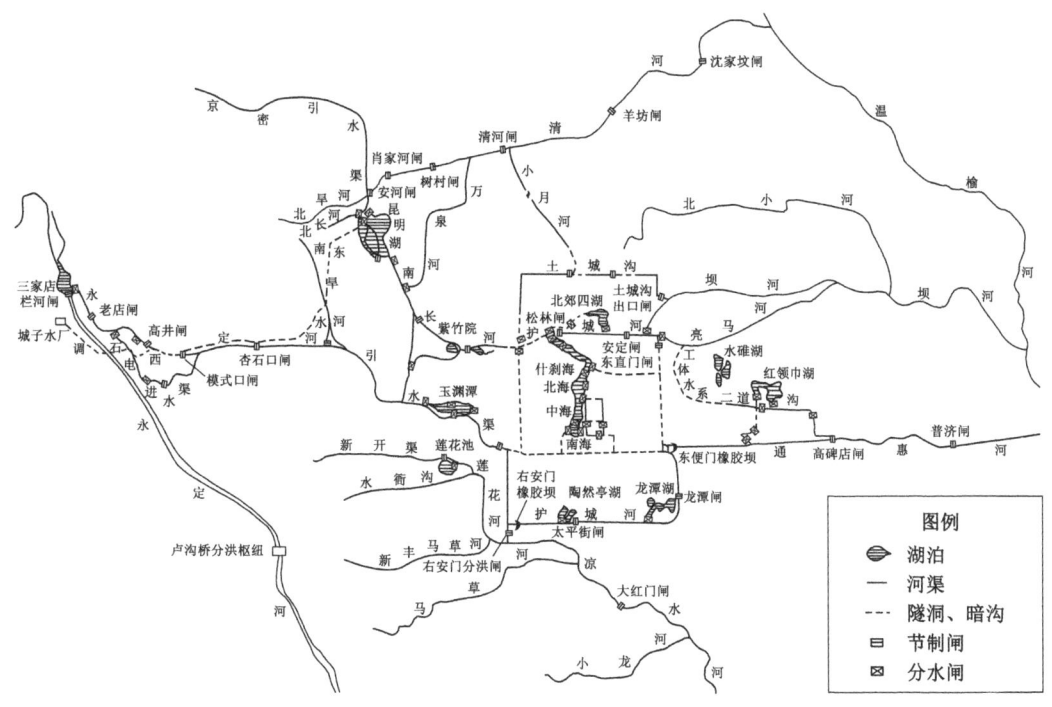

图 2-4 北京市城近郊河湖水系示意图

北京市多年(1956—2000 年)平均降水量为 585 mm,地表水资源量为 17.7 亿 m³,地下水资源量为 25.6 亿 m³(扣除地表地下水重复量后地下水资源量为 19.7 亿 m³),水资源总量为 37.4 亿 m³。多年平均地表水入境水量为 21.1 亿 m³,出境水量为 19.5 亿 m³。1999—2010 年年均降水量为 475 mm,地表水资源量为 7.3 亿 m³,地下水资源量为 13.9 亿

m³,水资源总量为 21.2 亿 m³。1999—2010 年年均地表水入境水量为 4.7 亿 m³,出境水量为 8.5 亿 m³。2011—2019 年年均降水量为 572 mm,地表水资源量为 11.3 亿 m³,地下水资源量为 17.9 亿 m³,水资源总量为 29.2 亿 m³。2011—2019 年年均地表水入境水量为 4.7 亿 m³。自 2008 年起,南水北调入境总水量为 57.8 亿 m³,2008—2019 年年均入境量为 4.8 亿 m³。2019 年全年水资源总量达 24.6 亿 m³,全年用水总量为 41.5 亿 m³,其中生活用水 15.6 亿 m³,生态环境用水 14.5 亿 m³,工业用水 2.8 亿 m³,农业用水 3.7 亿 m³。

第四节　暴雨洪涝灾害

据史料记载,元明清时期,北京地区平均 2 年发生一次水灾,历史上北京市的潮白河、拒马河、北运河、永定河经常洪涝成灾。中华人民共和国成立后,由于治理得力,这些河流再无泛滥成灾的情况。近年来,北京市快速发展,由于湿地减少、不透水路面增多、城市规划建设不科学、人为堵塞河道、地下排水管线淤积等原因,主城区经常出现渍涝灾害,导致大面积路段、立交桥积水,交通阻滞,房屋损坏,地下商场、人防设施等浸水,甚至出现人员伤亡的重大损失。据齐瑜[165]研究结果显示,北京市近年来平均每年因自然灾害造成的直接经济损失在 5 亿元,加上各类因自然灾害所造成的间接损失可能达到 15 亿元以上,其中气象灾害所造成的损失占所有自然灾害的 70% 以上,气象灾害中又以强降水灾害为主,故以此估算北京市水灾的直接经济损失每年大约为 3.5 亿元,间接损失大约为 10.5 亿元。Zhao 等[166]分析了北京城区(六环以内)的洪涝灾害空间分布特征,指出 1981—2011 年间北京市城区的洪涝灾害随着城市建成区面积的增加呈现显著增加的趋势。

根据北京市发改委发布的"十一五"(2005—2010 年)期间水灾损失统计显示,全市因水灾造成的直接经济损失年平均值约为 3.6 亿元,受灾人口年平均约为 30.43 万人。同样,根据北京市水务局发布的 2006—2011 年水资源通报信息统计,发生在城区的强降雨天气有 22 次(2006 年发生 7 次,2007 年发生 3 次,2008 年发生 2 次,2009 年发生 1 次,2011 年发生 9 次)。根据北京市发改委发布的水灾损失统计显示,中华人民共和国成立后,北京市中心城区逐步形成西蓄、东排、南北分洪的防洪格局,但洪涝灾害仍频繁发生,每逢大雨,市区即出现积水倒灌、交通中断、房屋倒塌和地面塌陷等问题,较严重的洪涝灾害主要发生在 1956 年、1963 年、1991 年、1994 年、2004 年、2010 年、2012 年、2016 年等。

2012 年 7 月 21 日,北京及周边地区遭遇 61 年来最强暴雨及洪涝灾害,此次暴雨造成 79 人死亡,160.2 万人受灾,经济损失 116.4 亿元。本次暴雨的主要特点有:一是降雨总量之多历史罕见。全市平均降雨量为 170 mm,城区平均降雨量为 215 mm,为中华人民共和国成立以来最大一次降雨过程。房山、城近郊区、平谷和顺义平均雨量均在 200 mm 以上,降雨量在 100 mm 以上的面积占北京市总面积的 86% 以上。二是强降雨历时之长历史罕见。强降雨一直持续近 16 h。三是局部雨强之大历史罕见。全市最大点房山区河北镇为 460 mm,接近五百年一遇;城区最大点石景山模式口为 328 mm,达到百年一遇;山区降雨量达到 514 mm;小时降雨超 70 mm 的站数多达 20 个。四是局部洪水之巨历史罕见。拒马河最大洪峰流量达 2 500 m³/s,北运河最大流量达 1 700 m³/s。

2016 年 7 月 20 日,北京市受黄淮气旋北上和高压信号的共同影响出现大暴雨,部分地区达特大暴雨。降雨总量大,持续时间长,降雨过程暴雨中心位于房山区南窖,主要降水历时 43 h,全市平均降雨量为 212.6 mm,城区降雨量为 274 mm。拒马河张坊站最大流量为 166 m^3/s;沟河英城站最大流量为 54.9 m^3/s;潮白河苏庄站自 2012 年 7 月 21 日暴雨后河水复流,最大流量为 29.8 m^3/s;永定河雁翅站最大流量为 114 m^3/s。受暴雨影响,北京市公共交通几乎停滞,共有 164 条公交线路采取甩站、绕行或停运等措施,多个地铁站采取临时禁止进入等措施。首都机场取消航班 200 多架次。

2019 年北京市汛期降雨呈现出总量偏少、局地雨强较大、时段较为分散的特点。全市累计降雨量超 300 mm,比 2018 年同期少 31%,总降雨日数为 54 d(大雨 4 d,中雨 6 d),整个汛期出现"7·22""7·28""8·4""8·9""9·9""9·12"等 6 场明显降雨过程,最大雨强出现在密云石城镇,为 183 mm/h(8 月 9 日)。汛期全市大中型水库拦洪效果显著,大中型水库拦洪量达到 8 129 万 m^3,其中密云水库拦洪 5 462 万 m^3。"8·9"降雨期间多座水库发挥拦洪、削峰、错峰作用,大水峪水库削峰率达 91.7%,北台上水库削峰率达 70.9%。受降雨入渗补给影响,全市地下水位稳步回升,截至 9 月末,平原区地下水平均埋深 22.81 m,比 2018 年同期回升 0.63 m,地下水储量增加 3.2 亿 m^3。受 8 月 5 日、9 日局地强降雨影响,部分地区水毁灾情较重。密云区、怀柔区多处水利工程损毁,其中堤防 190 处、护岸 120 处、供排水管线 24 处,因洪涝受灾人口达 1.9 万人,紧急转移安置人口 1 158 人,分散安置人口 1 158 人,造成直接经济损失 1.4 亿元,农作物受灾面积达 200 ha。

第三章　北京城市化进程与下垫面变化特征

城市化作为影响城市水文过程的主要因素之一,是人类改变地表最深刻、最强烈的过程。快速城市化过程导致城市规模不断扩张,改变了地表的下垫面特性,形成了不同于自然地表的"城市第二自然格局",对地表水文过程产生深刻的影响。北京市作为全球十大城市之一,是我国政治、经济、文化中心,改革开放40多年来城市化发展经历了日新月异的变化。因此,需要综合评估北京地区在过去几十年的城市化发展历程及变化特征,为后续综合评估提供基础和支撑。

第一节　城市及城市化

一般而言,城市是相对于乡村而言的相对永久性的大型复杂聚落系统,由于其复杂性,几乎不可能给出一个综合完整且被各方面所接受的城市定义,但从各专业或各学科的角度给出反映城市某个或某些侧面特征的定义很多[60,167],如从社会发生学观点认为城市是社会生产力发展到一定阶段的产物;从城市功能方面来看,城市是政治、经济、行政、社会、文化等人类活动的场所,该场所提供承受上述各类活动所需的物质条件;从城市聚集的定义来看,城市的本质特征是聚集,城市是人口十分密集的场所,也是产业、资金、技术、文化和建筑物密集的场所;从景观角度来看,城市是以人造景观为特征的聚落类型,具有复杂多样的特性,包括土地利用多样化、建筑物的多样化和空间利用的多样化;从系统论的观点来看,现代城市是一个复杂的自然-社会-经济复合系统,各组成部分在城市空间内形成相互联系、相互制约的有机体[104]。为此,结合上述诸多观点,钱学森曾给出城市的定义:城市是一个以人为主体,以空间利用和自然环境利用为特点,以聚集经济效益、社会效益为目的,集约人口、经济、技术和文化的空间地域大系统。

城市化是人类社会重要的经济、社会和文化变迁过程,一般认为是指农业人口向非农业人口转化并向城市集中的过程,但不同学科对城市化的具体理解存在差异。经济学家通常从经济与城市的关系出发,强调城市化是从乡村经济向城市经济的转化;地理学家强调城乡经济和人文关系的变化,认为城市化是由于社会生产力的发展而引起的农业人口向城镇人口、农村居民点向城镇居民点转化的过程;人口学家则主要观察城市人口数量的变化过程,强调城市人口在总人口中的比重,认为城市化是城市人口规模的增加及城市规模的发展过程;社会学家则侧重于社会结构方式的转变,强调人类社会的整体发展水平以及国民经济增长模式、国民生活形态和意识的重大转变过程。我国《城市规划基本术语标准》中定义,城市化为人类生产和生活方式由乡村型向城市型转化的历史过程,表现为乡村人口向城市人口转化以及城市不断发展和完善的过程[168]。

第二节　城市化进程

一、城市化评价指标

由上所述可知,城市化现象涉及范围广泛,对城市化水平进行综合测度并非易事。舆论上认为,单一的城市化评价指标往往无法反映丰富的城市化特点。因此,结合城市化过程中对水文过程的主要影响因素,本研究试图从城市发展和空间变化两个方面来阐述城市化过程及城市化水平。为此,本研究从城市人口比重、城市用地比重和土地利用结构变化三个方面分析北京地区城市化进程。

城市人口比重,是某一地区的城市人口占总人口的比重,其实质是反映人口在城乡之间的空间分布,在城市化水平测度方面较为常用。城市化发展最为显著的特征之一即为城市人口的增加,城市人口比例的逐渐增长。一般认为,城市化发展往往经历缓慢发展、加速发展和稳定发展三个不同阶段,即城市化S形曲线演进规律,同时城市化发展模式也经历城市中心化、城市规模化、城市郊区化以及都市圈发展,如图3-1所示。但城市人口比重指标也存在一定缺陷,主要是由于行政区划的变迁以及社会政治因素的影响,会导致城市人口突变,造成城市化水平的不连续性。

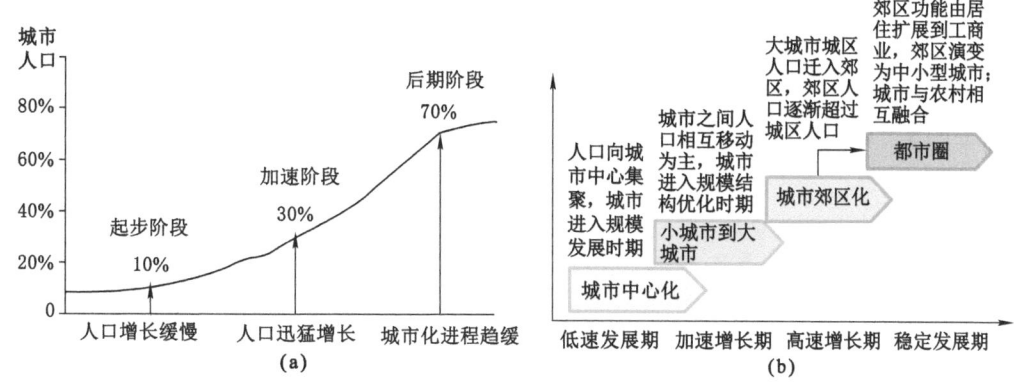

图 3-1　城市化发展基本规律及阶段划分

城市用地比重,是某一区域内的城市建成区面积占区域总面积的比重,来反映当地城市化水平。城市建成区是指城市行政辖区范围内实际已建设发展起来的现状城市建设用地相对集中分布的地区,包括市区集中连片部分以及在郊区但与市区关系密切的城镇建设用地。《城市规划基本术语标准》中规定,城市建成区是指城市行政区内实际已成片开发建设、市政公用设施和公共设施基本具备的地区。

土地利用结构变化,多采用卫星遥感数据定量描述土地利用和覆被变化格局与过程演变。对区域土地利用结构的幅度、速度等方面进行分析,有助于把握区域土地利用动态演变的趋势与特点。城市扩展过程就是土地利用中的城镇建设用地的动态变化过程,这一过程中因为建设用地的增加而使城市建成区扩大,并导致其周边其他土地利用类型的变化,发现这些变化并确定变化中的不同土地利用类型之间的转换方式、转换数量以及转换的空间差异等,是城市扩展遥感监测的主要内容。

二、世界城市化进程

根据联合国人居署 2014 年发布的《世界城市化前景:2014 年》中的数据显示,全球城市人口占总人口的 54%,其预计 2050 年将增长到 66%,主要增长人口来源于亚洲和非洲,且以印度、中国和尼日利亚为主。根据对特大城市的定义,将超过 1 000 万人口的城市定义为特大城市。目前全球有 28 个特大城市,其中亚洲有 16 个,拉丁美洲有 4 个,非洲和欧洲各有 3 个,北美洲有 2 个。根据报告显示,中国北京和上海作为特大城市,人口均超过 2 000 万。城市化过程存在明显的阶段性特征,如表 3-1 所示。一般认为,城市化水平低于 30% 为初期阶段,30%—70% 为中期阶段,70% 以上为后期阶段。

表 3-1　城市化各阶段的主要特征差异概况表

	初期	中期	后期
发展速度的变化	因科技不发达,第一产业提供的生活资料不够丰富,第二产业发展所需的社会资本短缺,城市化发展速度缓慢	科技进步迅速,农业生产率大大提高,释放出大量剩余劳动力,工业规模扩大,创造更多就业机会,促进城市化高速发展	可转移农村剩余劳动力已基本吸收,城市发展主要靠自身增长,城市化速度回落,趋于平稳
产业结构、就业结构的变化	农村自然经济占主要比重,第一产业就业比重在 50% 以上,第二、三产业就业比重约各占 20%	农村经济退居次席,城市经济全面崛起,第一产业就业比重下降,第二、三产业就业比重相继上升	城市产业结构发生革命性变化,第三产业升至 50% 以上,第二产业稳定在 30% 左右,第一产业降至 20% 以下
动力机制的变化	工业化是城市化的基本动力,工业的扩大再生产吸引着人口、资本的不断聚集,表现为城市的外延扩大,城市规模膨胀,数量增加	新兴工业相继登台,工业化仍为城市化的重要动力,第三产业迅速发展,显露出对城市化的拉力作用,城市化由外延扩大进入内涵式发展	城市职能复杂化、多样化,成为整个社会的经济、文化、科技、贸易和信息中心,第三产业成为城市化重要的后续动力,城市化主要表现为内涵提高,即城市的现代化
空间形态的变化	城市规模小,数量少,功能单一,彼此间横向联系少,呈零星的点状结构	城市数量急剧增加,大、特大型城市发展尤为迅速,发达地区城市发展快,欠发达地区城市发展缓慢,布局不均衡;发达地区城市由点状向面、带状发展,形成大都市区和超级城市	大、中、小城市形成体系,城市间交流日趋频繁,由面、带状向交叉渗透的网状发展,城乡界限日益模糊,一体化趋势大大增强

三、中国城市化进程

与世界发达国家相比,我国城市化起步相对较晚。1970 年我国城市化率为 17.38%,经过改革开放 40 多年的努力,我国城市化水平快速推进,2011 年中国城市化率首次达到 50%。根据国家统计局 2019 年统计结果显示,中国城市化率已突破 60%,未来仍然处于快速上升阶段。总体而言,我国区域城市化发展与国家宏观经济政策和产业布局紧密相关,先后经历了以下五个阶段:1949—1960 年的城市化起步阶段、1961—1979 年的城市化初期发展阶段、1980—1995 年的城市化快速发展阶段、1996—2011 年的城市化高速发展阶段和2011 年之后进入全面城市化发展阶段,如图 3-2 所示。

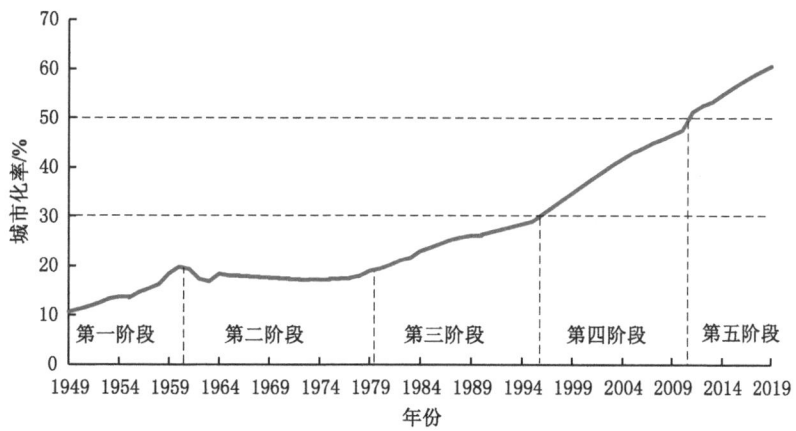

图 3-2　中国城市化特征及阶段划分

(数据来源:《新中国 60 年统计资料汇编》以及历年中国统计年鉴)

四、北京市城市化进程

下面主要从城市人口比重指标以及城市用地比重指标(即城市建成区面积)分析北京地区的城市化发展历程。

（一）城市人口变化

根据《新中国 60 年统计资料汇编》以及中国经济与社会发展统计数据库的北京统计年鉴(1978—2020)可得出,北京的城市人口变化情况如图 3-3 所示。总体而言,北京作为我国的首都,城市化发展水平一直处于我国城市化发展前列,远高于我国同期城市化率的平均水平。中华人民共和国成立初期,北京市非农业人口不及总人口的 50%,自 1954 年开始北京城市化人口比重达到 50%。中华人民共和国成立初期,北京实行的是以重化工业为主的工业化、城市化道路,城市化的推进与工业的发展密切相关。随着北京逐步建立起来的门类齐全的工业体系,以各类企业为中心,逐步形成许多大小不等的新市镇和居民点,也带动了城市化进程的发展。在这一时期,北京市城市职工人数大增,几十万农民进城务工,城市化快速发展。1959 年开始三年困难时期以及城市化进程的问题凸显,几十万进城的农民被动员返乡,城市化进程有所倒退。20 世纪 60 年代末至 70 年代中期,由于上山下乡等因素影响,使得城市化进程停滞。直至 70 年代末开始的改革开放,北京市城市化进程进入了快速发展阶段。进入 90 年代以后,由于社会科技水平的发展,一些高新技术园区等陆续兴建,引起新一轮的城市化进程,使得北京城市化人口占总人口的比重增加到 70% 以上。进入 21 世纪以来,北京城市化人口继续保持较快的发展势头,城市化人口比重逐步提高到 80% 以上。图 3-4 显示了自 1990 年以来北京地区人口密度的变化情况,由图可知,近 30 年北京地区人口密度急剧增大,2010 年最大人口密度为 1990 年的 10.2 倍,最小人口密度增加 20%,人口主要集中在城市地区,间接验证了北京城市化的快速发展。

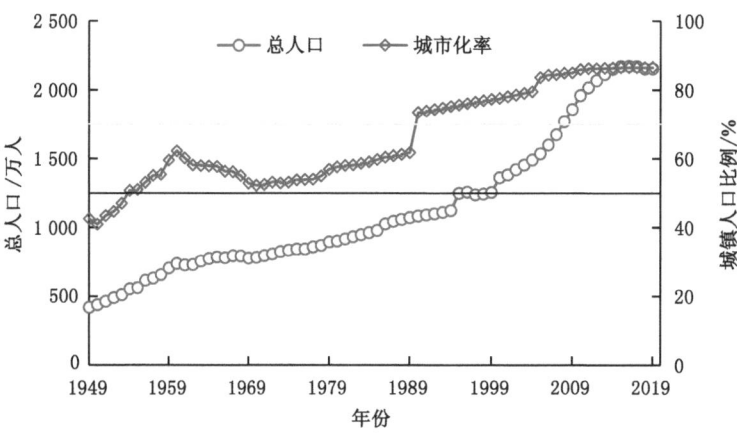

图 3-3　北京地区城镇人口变化

[数据来源:《新中国 60 年统计资料汇编》以及北京统计年鉴(1978—2020)]

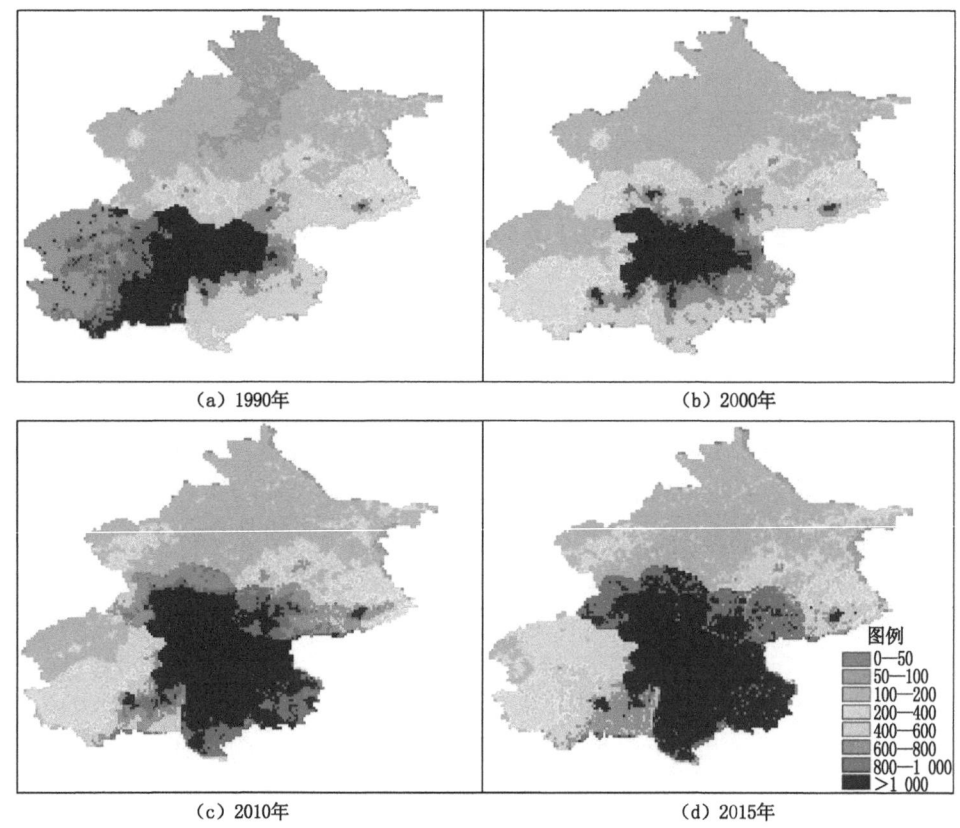

（a）1990年　　　　　　　　　　（b）2000年

（c）2010年　　　　　　　　　　（d）2015年

图 3-4　北京地区人口密度空间分布变化(人/km²)

（数据来源:中国人口空间分布公里网格数据集,中国科学院资源环境科学与数据中心)

（二）城市建成区面积变化

1949 年,北京建成区面积约 100 km²,比清末增长了 38 km²,城市扩张速度约为 1.26 km²/a[169]。此后的 30 a 间(1949—1980 年),虽说建成区面积在逐年增加,但主要集中在现在的二环范围内,在此期间北京市区面积年均扩张速度约为 $7.2~km^2$[170]。从 1980 年开始,城市化进程逐渐加快:1984 年三环路通车,1990 年四环路建成,2003 年五环路全线通车[171],2009 年六环路全线贯通。1980—2019 年间城市建成区面积变化也经历了两个阶段,如图 3-5(a)所示。第一阶段为 1980—2000 年间,年均增长约 $8.45~km^2$,第二阶段为 2000—2019 年,年均增长约 $51.52~km^2$,特别是 2000—2003 期间,北京市开始大范围地加快城市建设,使得建成区面积出现跳跃式增长,从图中可以看出,建成区面积由 2000 年的不足 $500~km^2$ 扩展到 2003 年的 $1~180~km^2$,增长约 1.4 倍。此外,根据牟凤云等[172]对 1973—2005 年的北京建成区面积分析[图 3-5(b)],以及利用中国科学院资源环境科学数据中心(http://www.resdc.cn)提供的 1980、1990、2000、2010 和 2018 年土地利用数据(分辨率 $1~km \times 1~km$)提取城市建成区扩展结果,基本印证了城市化发展过程及城市的空间扩展。

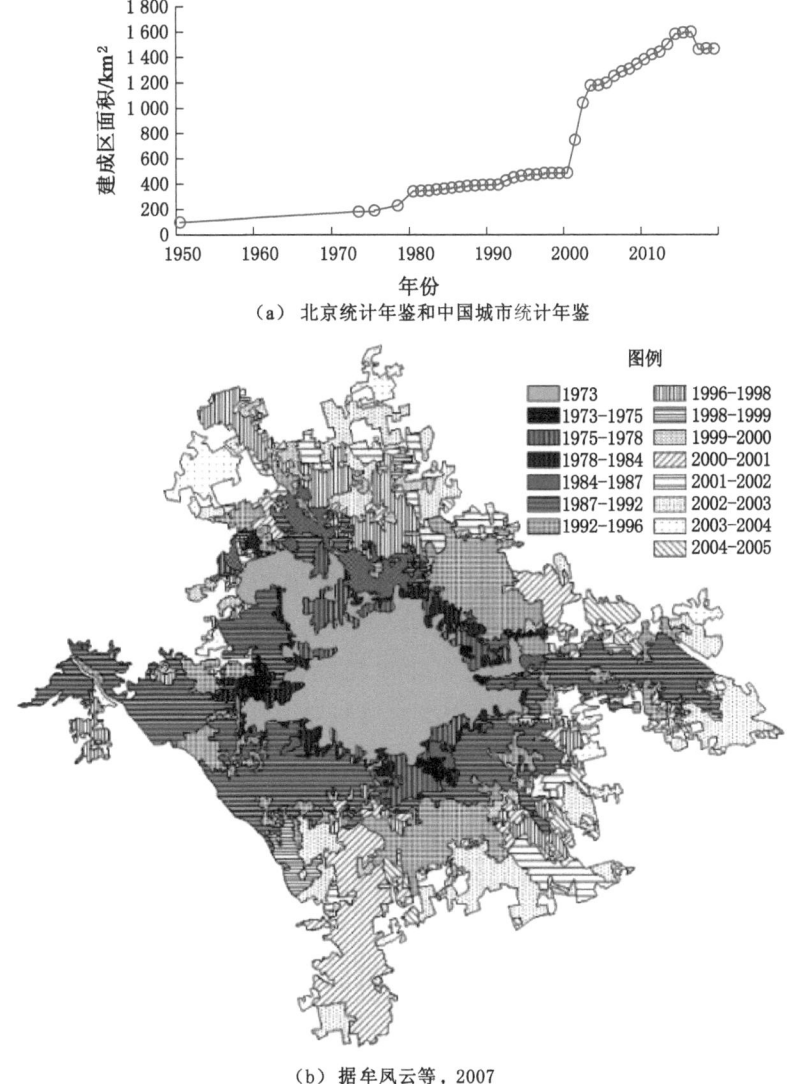

（a）北京统计年鉴和中国城市统计年鉴

图例

1973	1996-1998
1973-1975	1998-1999
1975-1978	1999-2000
1978-1984	2000-2001
1984-1987	2001-2002
1987-1992	2002-2003
1992-1996	2003-2004
	2004-2005

（b）据牟凤云等,2007

图 3-5　北京市建成区面积变化

（数据来源:中国科学院资源环境科学数据中心,分辨率 $1~km \times 1~km$）

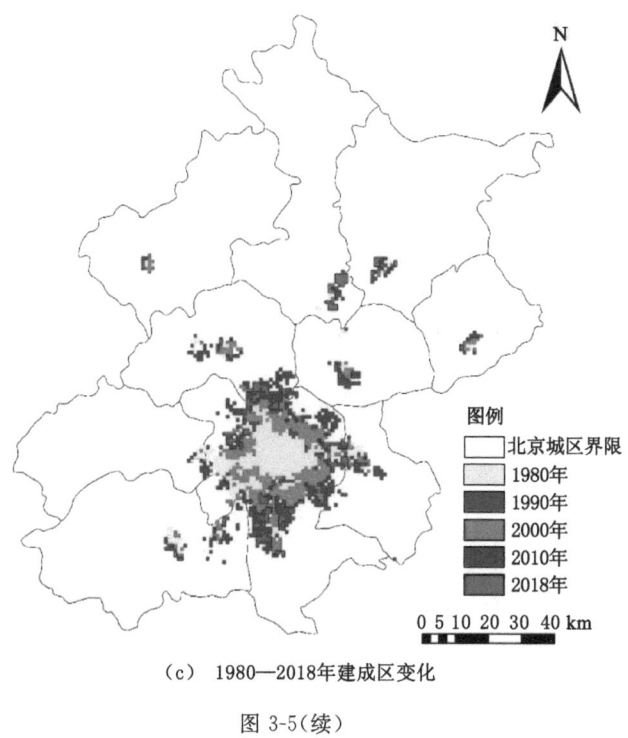

（c）1980—2018年建成区变化

图 3-5（续）

综上可知，北京市建成区的扩展基本上呈现出以旧城区为中心向四周逐步扩展的方式，但在不同时期扩展速度差异非常明显。城市化发展初期（20 世纪 80 年代以前），北京市建成区主要以旧城区和沿二环外侧的建成区为主[172]。改革开放初期，城市扩展有所加速，但仍然延续此前的平稳发展态势，随着社会经济不断发展以及生产活动不断加强，城市建设的动力逐渐显现，而且受人口增加影响，城市用地需求加强，城市扩展的速度逐步加快，建成区向四周不断扩展。90 年代开始，由于社会经济发展需要以及城市人口膨胀式发展，使得城市建设进入了快速发展期，虽然统计年鉴的有关数据并未呈现明显增加趋势，但诸多遥感监测数据显示，该时期建成区面积扩展迅速。2000 年后城市扩展进入高速发展期，是一种跳跃式的发展模式。但 2005 年后城市建成区扩张速度略有回落，处于一个稳定发展阶段。

综合以上两个指标（城市人口和城市建成区面积），可以得出近 60 a 来北京市经历了快速的城市化发展阶段，城市基础设施建设日益完善，城市人口急剧增加，初步形成了以北京市为中心的京津冀都市圈，但快速的城市化发展也带来了一系列的挑战和问题，如交通压力、环境问题日益凸显，未来城市的可持续发展面临着诸多压力。

第三节　下垫面变化特征

一、数据源的选取

近些年，我国社会经济的膨胀发展，城市化和工商业快速发展进程也随之加快，同时土地利用类型也发生了较大的变化。可由北京市的经济发展规律判断其城市化进程，20 世纪

90年代北京经济进入快速发展阶段,2000年以后进入高速发展阶段,因此分别选择90年代(1990年)和2000年后(2000年、2010年和2015年)4期的土地利用类型数据(分辨率30 m×30 m)进行下垫面特征变化分析。根据中国土地利用数据分类,把北京市土地利用数据重分类成5类:林地、草地、耕地、水体及湿地和建设用地,具体分类结果如图3-6所示。

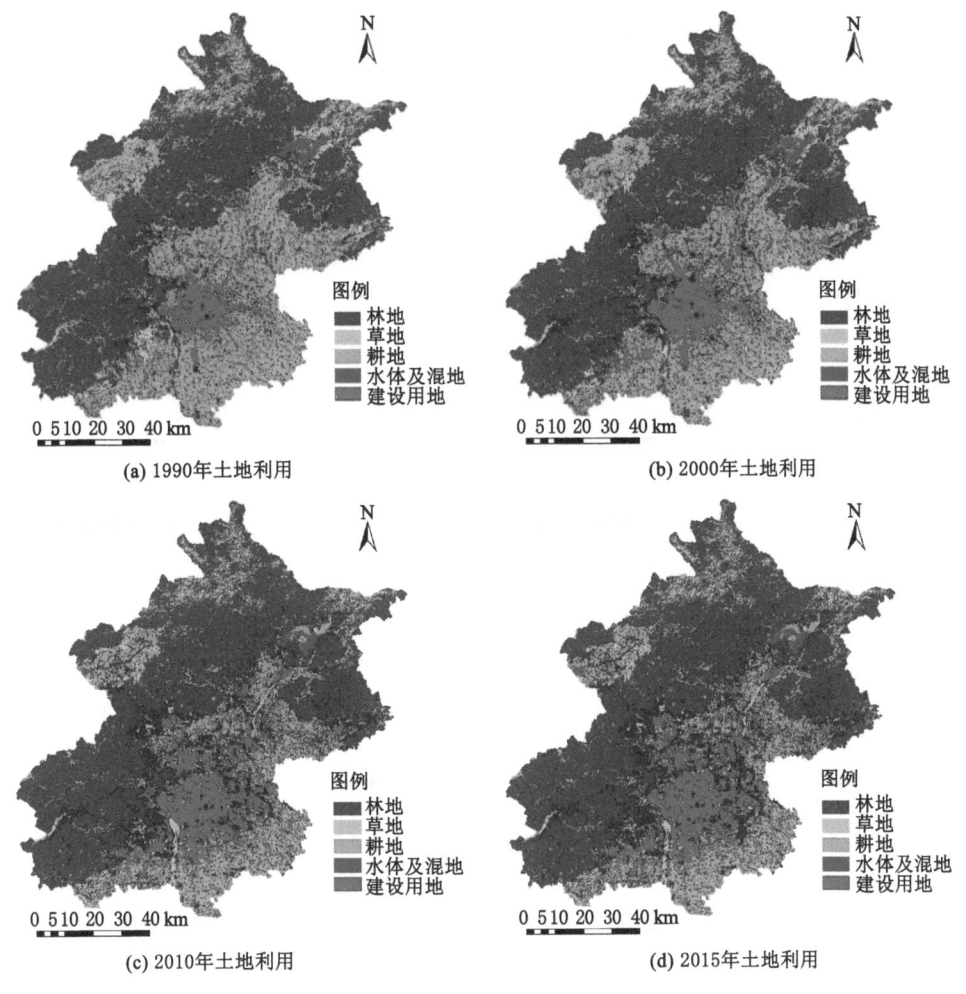

图3-6　北京市土地利用变化图

(数据来源:中国科学院遥感与数字地球研究所)

二、不同年代下垫面特性

根据1990—2015年北京地区土地利用类型数据(表3-2)可以得出:北京市土地利用类型中耕地和水体及湿地呈现显著的下降趋势,而建设用地和林地等出现不同幅度的增加趋势,草地基本稳定。上述结果表明,城市化进程的加进,北京经济迅猛发展,大量耕地减少,湿地等被开发,居民点及工矿用地、交通用地增加;林地面积的增加则源于北京市开展大规模的植树造林。

表 3-2 北京地区不同时期土地利用类型数据

土地利用类型		1990 年	2000 年	2010 年	2015 年
林地	面积/km²	8 387.60	8 558.92	9 282.07	9 436.53
	比重/%	51.11	52.16	56.56	57.50
草地	面积/km²	1 032.37	910.29	1 055.95	1 052.23
	比重/%	6.29	5.55	6.43	6.41
耕地	面积/km²	4 787.40	4 293.91	2 815.16	2 585.81
	比重/%	29.17	26.17	17.15	15.76
水体及湿地	面积/km²	479.19	474.10	286.95	311.72
	比重/%	2.92	2.89	1.75	1.90
建设用地	面积/km²	1 723.68	2 167.10	2 964.20	3 023.96
	比重/%	10.50	13.21	18.06	18.43

从图 3-6 和表 3-2 可知,北京土地利用变化表现为:① 建设用地面积和比重大幅增加。1990—2015 年,建设用地面积由 1 723.68 km² 增加到 3 023.96 km²,增加了 1 300.28 km²;占总用地的比重由 1990 年的 10.50% 增加至 2015 年的 18.43%,建设用地的变化幅度约为 52 km²/a。总体上 2010—2015 年间的变化幅度相对较小,1990—2000 年和 2000—2010 年间的年变化幅度的数值较大。② 耕地面积萎缩严重,所占比重大幅度下降。1990—2015 年,耕地面积从 4 787.40 km² 减少到 2 585.81 km²,减少了 2 201.59 km²;在总用地中的比重由 1990 年的 29.17% 下降到 2015 年的 15.76%。③ 草地面积有所增加,但增加量较小,比重略有上升。1990—2015 年,草地面积从 1 032.37 km² 增加到 1 052.23 km²,增加了 19.86 km²;在总用地中的比重由 1990 年的 6.29% 上升到 2015 年的 6.41%,基本稳定。④ 林地面积增加较多,比重略有上升。从 1990 年的 8 387.60 km² 增加到 2015 年的 9 436.53 km²,增加了 1 048.93 km²;在总用地中的比重由 1990 年的 51.11% 增加到 2015 年的 57.50%,林地面积基本稳定在较低的面积扩张水平上。⑤ 水体及湿地面积略有减少,比重下降。从 1990 年的 479.19 km² 减少到 2015 年的 311.72 km²,在 2010—2015 年间水体及湿地面积略有回升,增加了 24.77 km²。

归纳总结可知,北京市土地利用变化表现出以下特征:① 从空间分布来看,耕地主要位于东南部平原区,开发历史悠久,生产能力强,城市建设用地也主要分布在此区,是北京社会经济发展的核心地带,林地和草地主要分布在山区。② 城市化过程明显,具有典型的大城市及郊区用地的特点。从土地利用结构上看,北京市土地利用类型、利用方式复杂多样。③ 各类型土地面积净变化量最大的为林地、耕地和建设用地,建设用地是面积增加最多的土地利用类型,耕地是面积减少最多的土地利用类型,水域面积减少较少。

如上所示,北京地区土地覆盖类型在数量上发生了显著的变化,为了更好地体现土地利用类型的空间变化特征,采用常用的转移矩阵对相近时段的土地覆盖分类结果进行变化分析。该方法源于系统分析中对系统状态及状态转移的定量描述,对于分析土地利用类型之间的流向具有重要作用,不仅可以定量说明土地利用类型之间的相互转化状况,而且可以表示不同类型之间的转移速率,从而更好地反映土地覆被的时空演变过程。其数学形式为:

$$D = \begin{pmatrix} d_{11} & d_{12} & \cdots & d_{1n} \\ d_{21} & d_{22} & \cdots & d_{2n} \\ \vdots & \vdots & & \vdots \\ d_{n1} & d_{n2} & \cdots & d_{nn} \end{pmatrix} \qquad (3\text{-}1)$$

式中,d_{ij} 代表面积变化(本研究采用百分比表示);n 代表土地利用类型分类个数;i、j 分别代表研究初期和末期的土地利用类型。具体各期计算结果见表 3-3。从转移矩阵中可得出,北京的土地利用类型转换总体上以耕地、草地的转出和城镇建设用地的转入为主,其他各类土地利用类型有些变化,但不同时段转出转入有所差异。如 2000—2010 年间,林地与耕地之间的互转占据较大的比重,同时也发现城镇建设用地向其他几类用地存在转换情况,这在一定程度上也说明了城镇建设用地与其他类型之间存在一定的混淆,因为一般情况来看,城镇建设用地不会转移到其他类型上。

表 3-3 1990—2015 年北京地区土地利用类型转移矩阵

1990/2000	林地	草地	耕地	水体	建设用地	转入量
林地	8 258.14	46.28	235.56	9.63	9.31	300.78
草地	25.30	815.55	52.76	8.87	7.81	94.74
耕地	53.20	60.83	4 064.69	39.67	75.53	229.22
水体	6.51	13.26	49.86	397.14	7.41	77.03
建设用地	41.42	96.09	382.81	23.78	1 623.00	544.10
转出量	126.43	216.45	720.99	81.95	100.06	
2000/2010	林地	草地	耕地	水体	建设用地	转入量
林地	8 380.26	134.32	704.71	41.56	21.21	901.80
草地	39.63	689.27	220.28	69.87	36.89	366.67
耕地	61.69	20.95	2 655.80	65.44	11.27	159.36
水体	3.67	2.53	25.81	253.63	1.32	33.32
建设用地	73.66	63.21	687.33	43.60	2 096.41	867.79
转出量	178.65	221.01	1 638.11	220.48	70.69	
2010/2015	林地	草地	耕地	水体	建设用地	转入量
林地	9 237.34	10.21	169.72	0.59	15.26	195.78
草地	2.30	1 019.98	4.45	0.76	24.37	31.87
耕地	13.28	0.99	2 568.75	0.03	1.82	16.12
水体	3.94	11.51	8.30	282.60	5.25	29.01
建设用地	25.21	13.26	63.93	2.97	2 917.50	105.37
转出量	44.73	35.97	246.41	4.35	46.70	
1990/2015	林地	草地	耕地	水体	建设用地	转入量
林地	8 229.83	176.35	948.72	54.36	27.26	1 206.69
草地	31.68	677.30	248.15	57.59	37.51	374.94
耕地	27.99	21.92	2 440.79	64.13	30.97	145.02

表3-3(续)

1990/2000	林地	草地	耕地	水体	建设用地	转入量
水体	4.90	8.59	49.34	243.77	5.12	67.95
建设用地	93.20	148.21	1 100.40	59.34	1 622.81	1 401.15
转出量	157.76	355.08	2 346.61	235.42	100.87	

对比不同时间段的土地利用转移变化可以看出,前两个时段城镇建设用地的转入变化相对其他各种类型的变化差异显著,特别是2000年之后,其他类型用地向城镇建设用地的转移变化逐渐显著,说明城镇建设用地扩张日益显著,这与前面城市建成区面积变化趋势相吻合。2000年之后由于北京市申奥成功,大力推进城市化建设,因此城镇建设用地急剧增加。然而2010—2015年间,其他类型用地向城镇建设用地的转移变化差异较小,城市化进程趋于稳定。

三、主城区下垫面变化特征

城市化发展条件下区域土地利用变化表现最为显著的是城区及近郊区,对于北京而言,为了更确切地分析北京城市化发展条件下的下垫面变化特征,我们选择北京市六环路为边界,重点分析北京市六环范围内的土地利用变化特征以及不透水面积比例和水面率等指标的变化情况。在前文分析的北京地区不同时期的土地利用基础上,我们提取了六环范围内的土地利用情况,如图3-7所示。

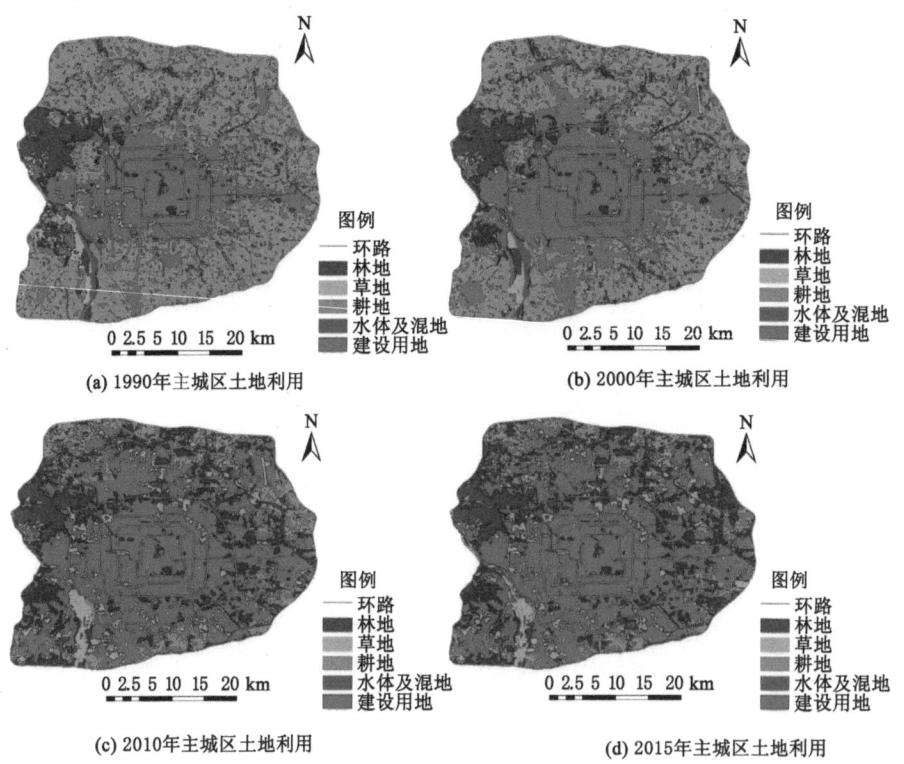

图 3-7 北京城区六环范围内土地利用类型变化图

从图中可知,与整体变化特征相类似,北京城区的土地利用变化依然是呈现建设用地面积的急剧上升,由 1990 年的 683.8 km² 增加到 2015 年的 1 185.63 km²,耕地面积急剧减小,从 1990 年的 881.16 km² 减少到 2015 年的 126.49 km²,草地和林地面积则小幅度增加,而水域面积则出现先减小再上升的趋势。根据 GIS 统计结果显示,水域面积在 1990 年为 88.47 km²,而到了 2010 年则下降到 41.33 km²,之后则有所回升,增加到 2015 年的 46.35 km²。根据水域面积与区域总面积的比例可以得出,北京六环内水面率基本维持在 2%—4.8%之间。从上述统计结果可以得出,在 2000 年之前,由于城市化发展的影响,城市水系受到一定的影响,河道湖泊被填埋或改为暗河等。根据统计[173],从中华人民共和国成立初期至 1998 年综合整治前,因各种原因被填埋或改为暗河的河道有 10 余条,长度为 28.7 km,被完全填埋或部分填埋的湖泊 10 余个,面积为 0.7 km²。而 2000 年之后,由于奥运建设等需要以及开展的诸多河道治理等工程,在一定程度上使得区域水域面积有所回升。

四、主城区不透水面变化

对于区域不透水面的分布,根据武晓峰[174]对 1992 年、2000 年、2006 年和 2010 年的北京城市不透水面分布研究结果可知,不透水面比率较高的区域主要集中在道路、机场、广场以及城市扩展区和商业区,分量数值达到 90%以上,其次是旧建筑为主的老城区,数值也在 85%以上。城乡接合部、主城区外围的不透水面比率较小,在 40%—50%之间。植被主要覆盖在北京主城的西北部山区和农田地区,部分镶嵌在道路两旁和公园以及居民绿化区域。以 2010 年的不透水面分布图(图 3-8)可以得出,不透水面分布的区域与北京建成区的轮廓较为吻合,可充分说明城市土地扩张是形成不透水面的关键驱动力,而城市不透水面扩展是城市土地扩张的主要体现,二者相辅相成。根据各个环线的不透水面统计情况可知,北京市二环内以及二环、三环之间的不透水面比率最高,约为 84%,三环与四环之间不透水面

图 3-8 2010 年北京市六环内不透水面分布图

(数据来源:文献[174]中图 4-1)

比率约为 64%,五环与六环之间不透水面比率最小,仅为 36%。这说明三环范围内由于城市建筑密度最高,道路也最为密集,使得区域不透水面比率较大,而四环以外,由于城市建筑密度有所下降,植被有所增加,且存在部分耕地、林地以及草地等,使得区域不透水面比率有所下降。

为更好地了解北京市主城区的不透水面变化情况,利用清华大学宫鹏教授团队发布的 1978—2017 年中国城市不透水表面数据(http://data.ess.tsinghua.edu.cn,数据分辨率为 30 m×30 m),分析过去 40 年间北京主城区(六环内)的不透水面变化特征,如图 3-9 和图 3-10 所示。

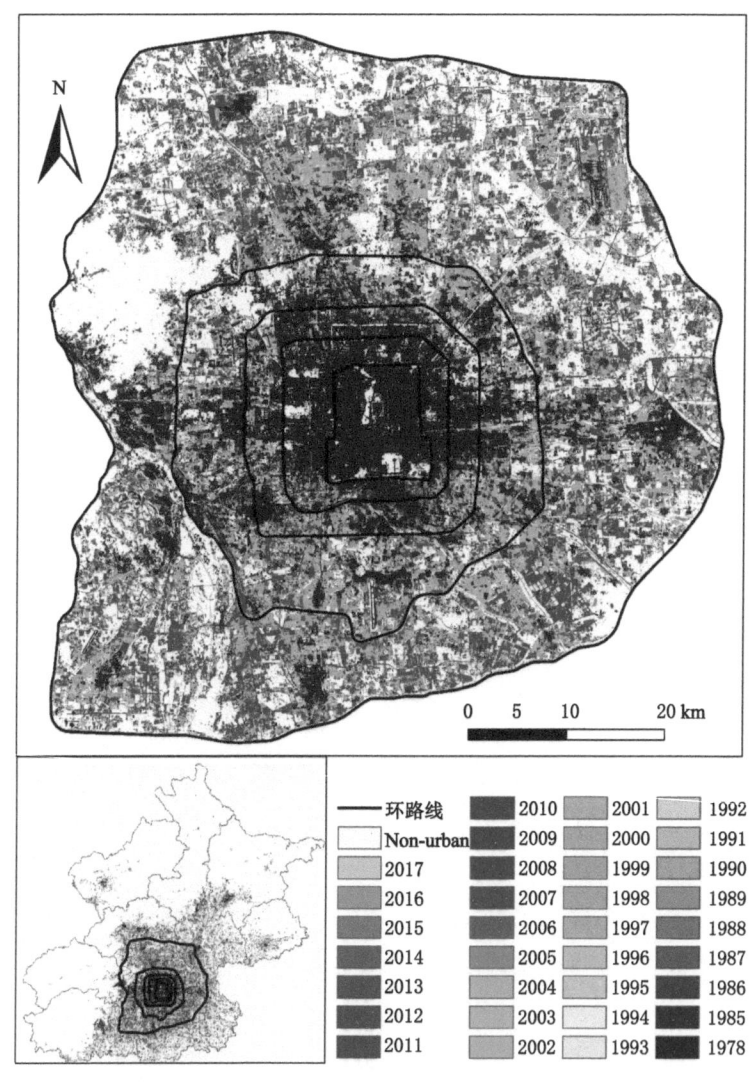

图 3-9　北京市六环内不透水面变化图(1978—2017 年)

近 40 年北京六环范围内不透水面积持续增长,由 1978 年的 378.14 km² 增长到 2017 年 1 928.65 km²,增加了约 4.1 倍,相应的不透水面积占比已从 1978 年的 12.76% 增加到 2017 年的 65.09%。又根据典型年份的不透水面分布来看(图 3-11),北京市的主城区是经

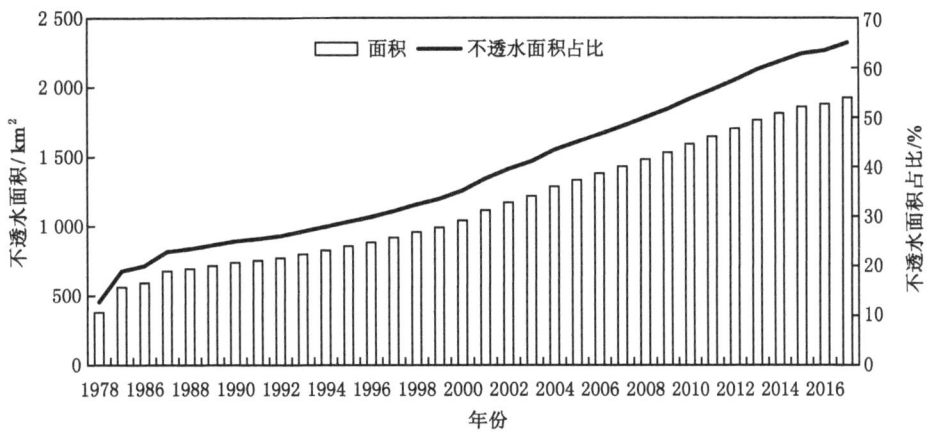

图 3-10　北京市六环内不透水面积及其占比变化(1978—2017 年)

济、交通、人口的主要聚集地,1978 年不透水面主要集中在三环以内,特别是二环内不透水面占比较高,随着经济发展,不透水面持续向四周扩张,2010 年四环内不透水面比率高达 50%。整体上,城市不透水面分布的区域与北京建成区的轮廓较为吻合,可充分说明城市土地扩张是形成不透水面的关键驱动力,而城市不透水面扩展是城市土地扩张的主要体现,二者相辅相成。

本研究通过分析主城区的不透水面积变化率和变化强度,进一步分析不同时段北京市六环内不透水面的变化特征,具体计算公式如下:

$$v = \frac{A_i - A_j}{T} \tag{3-2}$$

式中,v 为 T 时段内的不透水面积变化速度,km^2/a;A_i 和 A_j 分别为 T 时段的初、末期研究区的不透水面积,km^2;T 为该时段长度。

$$N = \frac{v}{W} \times 100 \% \tag{3-3}$$

式中,N 为 T 时段研究区不透水面积年均增长率,%;W 为 T 时段初期研究区的不透水总面积,km^2。

表 3-4 给出了不同时期北京市六环内不透水面扩展情况,由数据可知,2000 年以前六环内范围不透水面积扩展较为平缓,年均扩展面积在 20—30 km^2,而在 2000 年后,随着社会发展加快以及城市化进程加快,城市不透水面扩展迅速,年均扩张面积在 50 km^2 以上。根据扩张强度可知,在 1990 年前与 2000—2005 年间扩展强度较大,其他年份则相对平缓。究其原因,则是 1990 年前总体不透水面相对较少导致,而 2000—2005 年则主要归于申奥成功之后,北京加快城市建设所致,使得扩展强度较为明显。

表 3-4　1978—2017 年不透水面积扩展统计

年份	扩张面积/km²	变化速度/(km²/a)	变化强度/%
1978—1985	184.49	26.36	6.97
1985—1990	177.74	35.55	6.32

表3-4(续)

年份	扩张面积/km²	变化速度/(km²/a)	变化强度/%
1990—1995	116.93	23.39	3.16
1995—2000	185.69	37.14	4.33
2000—2005	290.28	58.06	5.57
2005—2010	258.59	51.72	3.88
2010—2017	336.81	48.12	3.02

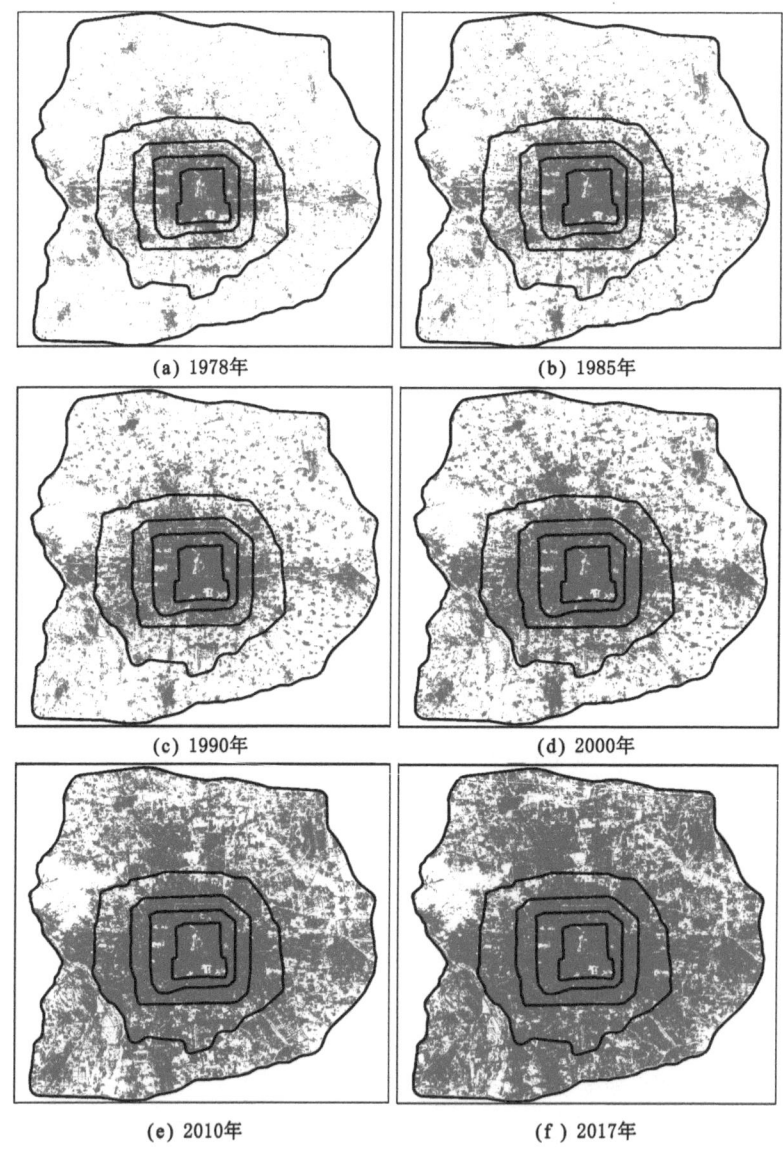

(a) 1978年   (b) 1985年

(c) 1990年   (d) 2000年

(e) 2010年   (f) 2017年

图 3-11 不同时期北京市六环内不透水面分布图

第四节 本章小结

北京地区在城市化发展过程中,随着城市规模的不断扩张,下垫面特性发生了巨大变化。本章从城市人口比重、城市建成区面积及土地利用类型变化三个方面,借助相关部门的统计数据以及不同时期的卫星遥感影像解译数据,系统分析了北京地区的城市化进程及下垫面变化特征,主要得到以下结论:① 从城市人口占比分析,城市化进程表现为显著的阶段性,北京地区经历了缓慢发展、高速推进和成熟完善发展阶段,城市化人口比率从中华人民共和国成立初期的不足 50% 增加到 2019 年 86.6%;② 从城市建成区面积角度分析,北京建成区的扩展基本上呈现出以旧城区为中心向四周逐步扩展的方式,但在不同时期扩展速度差异非常明显;③ 从土地利用变化角度,北京地区具有典型的大城市及郊区用地的特点,在城市化发展过程中,城镇建设用地急剧增加,耕地等下降明显,其他土地利用类型变化相对较小,特别是城近郊区的土地利用变化特征最为明显;④ 从不透水面角度分析,北京地区整体上不透水面的空间分布与建成区分布基本一致,即中心城区的不透水率相对较高,2017年六环内不透水面积占比则达到 65% 以上,其中不透水率从中心城区向外环逐渐减小,五环至六环之间的不透水率则最小。

第四章　北京市降雨演变特征及驱动因素

降雨是地表水文过程的基本驱动要素,受气象、地理等多种因素及其相互作用的影响,降雨具有复杂的时空变异性,深刻影响着地表水量的运移过程。北京地区城市化进程中下垫面性质和格局发生巨大变化,城市能量平衡和水分平衡发生改变,城市热岛效应日趋显著,土地利用/覆被变化致使该地区水循环过程发生了较大改变。本章将重点探讨北京地区城市化发展对降雨的影响,利用该地区长系列降雨资料,结合该地区各个时期不同区域城市化的发展变化,探讨城市化对年降雨、汛期降雨以及不同等级降雨的影响情况,以便探讨北京城市化发展对降雨的影响特点与规律和极端降雨的变化特征及其影响因素。

第一节　资料与站点的选择

本章以北京地区为例,选择气象部门的气象站点以及水文部门的雨量站点数据,研究该区域的降雨时空演变规律。对于气象站点,选择北京气象站作为典型代表,根据已有的气象资料成果,北京气象站的降雨数据可以扩展至 1724 年。20 世纪 70 年代中期,我国气象学者根据故宫《晴雨录》中的降雨时数记录换算整理了北京 1724—1904 年共 180 年的降雨量资料。在此基础上又与 1841—1973 年有仪器观测的现代降雨资料进行衔接,整编得到了北京市 250 年(1724—1973 年)降雨数据,保证了数据的可靠性。另外,从中国气象局气象科学数据共享服务网(http://cdc.cma.gov.cn)可下载北京气象站(站码:54511)1951—2012 年逐日实测降雨资料。因此,采用 1724—2012 年的北京气象站的降雨资料,其资料可靠性及序列的一致性都得到了国内相关研究人员的证实[175],因此就不做进一步论述。

在水文雨量站点方面,考虑到降雨资料序列的长度及可用性,主要选择北京市水文总站整理完成的北京地区 1950—2012 年的逐月平均降雨量以及 45 个雨量站(图 4-1)的降雨序列资料(降雨摘录数据、逐日平均雨量)。其中,北京地区 1950—2012 年间的逐月平均降雨量资料是由北京市水文总站根据 16 个典型站点[松林闸、通州、房山(非汛期用良乡)、张坊、三家店、斋堂、昌平(非汛期用十三陵)、顺义、延庆、四海、黄村、密云(非汛期用密云水库)、下会、平谷、怀柔(非汛期用怀柔水库)、汤河口]的降雨资料算术平均而得。在后续的计算过程中,主要采用 45 个雨量站点的降雨摘录数据和逐日平均雨量,分析不同时间尺度下降雨特征演变规律。

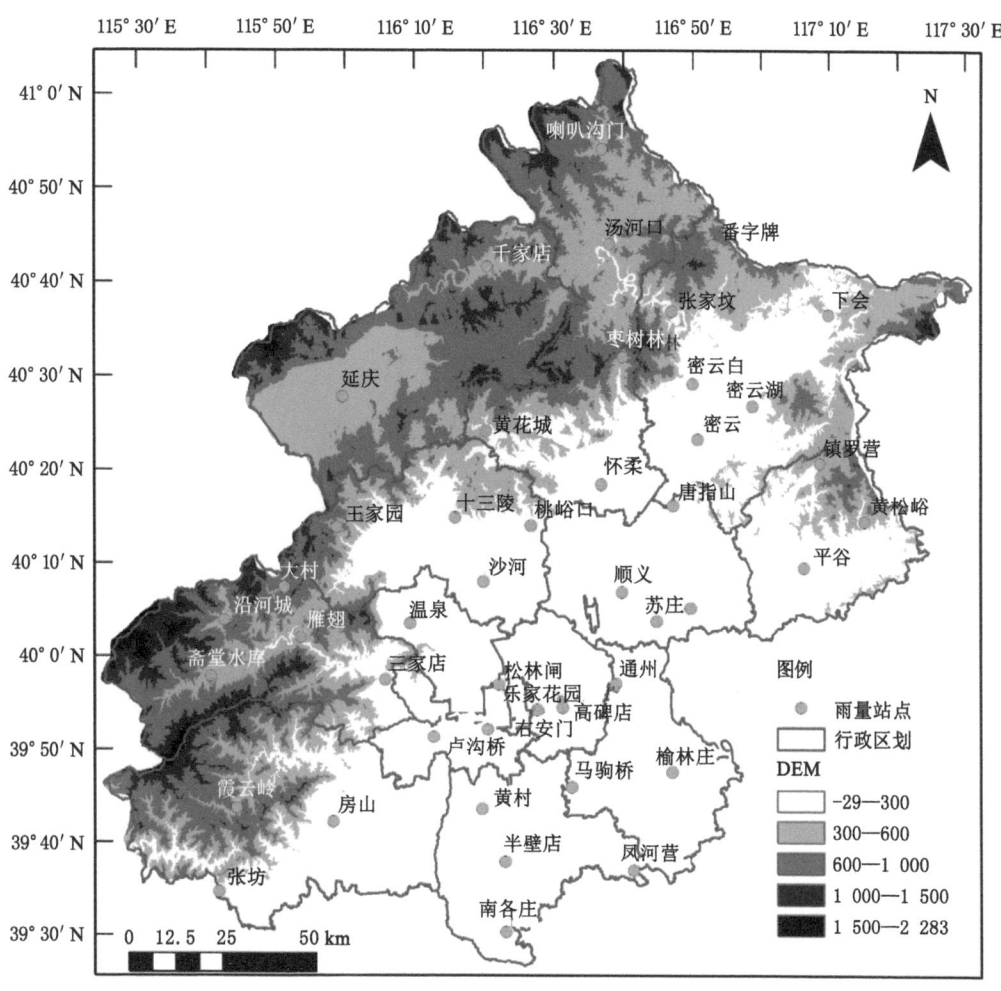

图 4-1 北京地区 45 个雨量站点空间分布

第二节 研 究 方 法

一、趋势性诊断分析

采用线性回归、滑动平均法和非参数的 Mann-Kendall 趋势检验分析方法,具体方法可参见有关文献。本章简单介绍了基于秩的 Mann-Kendall 趋势检验方法以下(以下简称 MK 检验法)。

假设 $X_i(i=1,2,\cdots,n)$ 为一时间序列,则计算检验统计量 S 为:

$$S = \sum_{i=1}^{n-1} \sum_{j=i+1}^{n} \text{sgn}(X_j - X_i) \tag{4-1}$$

其中

$$sgn(\theta) = \begin{cases} 1 & \theta > 0 \\ 0 & \theta = 0 \\ -1 & \theta < 0 \end{cases} \quad (4\text{-}2)$$

计算得到的 S 如果为正值,则代表序列 X_i 有增加趋势,如果 S 为负值,则代表序列 X_i 有减少趋势。对于 $n > 10$ 的情况,Mann(1945)和 Kendall(1975)证明了 S 为正态分布,均值 $E(S) = 0$ 和方差 $Var(S) = n(n-1)(2n+5)/18$,归一化后的正态分布检验统计量 Z 为[176]:

$$Z = \begin{cases} \dfrac{(S-1)}{\sqrt{Var(S)}} & S > 0 \\ 0 & S = 0 \\ \dfrac{(S+1)}{\sqrt{Var(S)}} & S < 0 \end{cases} \quad (4\text{-}3)$$

利用 Z 值进行趋势统计的显著性检验,Z 为正,表明有增加趋势;反之,则为减少趋势。原假设该序列无趋势,采用双边趋势检验,在给定的显著性水平 α 条件下,通过查询正态分布表中的临界值 $Z_{\alpha/2}$ 确定,若 $|Z| > Z_{\alpha/2}$,则在显著性水平 α 上拒绝无趋势假设,即原时间序列具有该水平上的显著性;反之,则接受原假设。

二、突变性诊断方法

对具有 n 个样本量的时间序列 $X_i(i=1,2,\cdots,n)$,构造一秩序列:

$$S_k = \sum_{i=1}^{k} r_i \quad (4\text{-}4)$$

式中

$$r_i = \begin{cases} 1 & x_i > x_j \\ 0 & x_i \leqslant x_j \end{cases} \quad (4\text{-}5)$$

可知秩序列 S_k 是第 i 时刻数值大于第 j 时刻数值个数的累计数,在时间序列随机独立的假定下,定义统计量为:

$$UF_k = \frac{S_k - E(S_k)}{\sqrt{Var(S_k)}} \quad k = 1,2,\cdots,n \quad (4\text{-}6)$$

其中,$UF_1 = 0$,$E(S_k)$ 和 $Var(S_k)$ 为累计数 S_k 的均值和方程,在 $x_1,x_2,\cdots,x_n$ 相互独立同分布条件下,可由下式计算:

$$E(S_k) = \frac{n(n+1)}{4} \quad (4\text{-}7)$$

$$Var(S_k) = \frac{n(n-1)(2n+5)}{72} \quad (4\text{-}8)$$

根据标准正态分布表,当实际序列的统计值 $|UF_i| > U_\alpha$ 时,则表明序列存在明显的趋势变化。按照原先时间序列的逆序列 $x_n, x_{n-1}, \cdots, x_1$,再重复上述过程,同时使 $UB_k = -UF_k(k = n, n-1, \cdots, 1)$,则 $UB_1 = 0$,则可以得到逆序列的统计量 UB_k。先后绘制 UF 和 UB 曲线,若 UF 的值大于 0,则表明序列为增加趋势,反之则为减少趋势。当它越过给定置信水平的临界线时,表明趋势增加或减少显著。超过临界线的范围确定为出现突变的时间

区域,若 UF 和 UB 在临界线之间有交点,则该交点即为突变点。

三、周期性诊断方法

水文序列一般存在较明显的周期性波动特征,目前针对水文序列的周期性分析多采用小波分析。小波分析具有强大的多尺度分辨功能,能识别出水文序列各种高低不同的频率成分。小波函数 $\Psi(t)$ 指的是具有震荡特性、能够迅速衰减到零的一类函数,定义为:

$$\int_{-\infty}^{+\infty} \Psi(t)\mathrm{d}t = 0 \tag{4-9}$$

$\Psi(t)$ 通过伸缩和平移构成一簇函数系: $\Psi_{a,b}(t) = |a|^{-1/2}\Psi\left[\dfrac{t-b}{a}\right], b \in R, a \in R, a \neq 0$。称 $\Psi_{a,b}(t)$ 为子小波; a 为尺度因子或频率因子,反映了小波的周期长度; b 为时间因子,反映了小波在时间上的平移。

小波函数是小波分析的关键,目前有许多小波函数可选用,这里采用 Morlet 小波:

$$\Psi(t) = \mathrm{e}^{ict}\,\mathrm{e}^{-t^2/2} \tag{4-10}$$

式中, c 为常数,取 $c=6.2$; i 表示虚数。

Morlet 小波伸缩尺度 a 与周期 T 有如下关系[21]:

$$T = \left[\frac{4\pi}{c + \sqrt{2 + c^2}}\right] \times a \tag{4-11}$$

若 $\Psi_{a,b}(t)$ 是式(4-9)给出的子小波,对于时间序列 $f(t) \in L^2(R)$,其连续小波变换为:

$$W_f(a,b) = |a|^{-1/2}\int_{-\infty}^{+\infty} f(t)\overline{\Psi}\left[\frac{t-b}{a}\right]\mathrm{d}t \tag{4-12}$$

式中, $\overline{\Psi}(t)$ 为 $\Psi(t)$ 的复共轭函数; $W_f(a,b)$ 称小波变换系数。

实际工作中,时间序列常常是离散的,如 $f(k\Delta t)(k=1,2,\cdots,N; \Delta t$ 为取样时间间隔),则式(4-12)的离散形式为:

$$W_f(a,b) = |a|^{-1/2}\Delta t \sum_{k=1}^{N} f(k\Delta t)\overline{\Psi}\left[\frac{k\Delta t - b}{a}\right] \tag{4-13}$$

从式(4-10)或式(4-11)知,小波变换同时反映了 $f(t)$ 的时域和频域特性。当 a 较小时,对频域的分辨率低,对时域的分辨率高;当 a 增大时,对频域的分辨率高,对时域的分辨率低。因此,小波变换能实现窗口大小固定、形状可变的时域局部化。

$W_f(a,b)$ 随参数 a 和 b 变化,可做出以 b 为横坐标、 a 为纵坐标的关于 $W_f(a,b)$ 的二维等值线图,通过此图可得到关于时间序列变化的小波特征。每一种周期小波随时间变化通过水平截取来考察。不同时间尺度下的小波系数可以反映系统在该时间尺度(周期)下变化特征:正负小波系数转折点对应着突变点;小波系数绝对值越大,表明该时间尺度变化越显著。

小波方差由下式表示:

$$\mathrm{Var}(a) = \int_{-\infty}^{+\infty} \left|W_f(a,b)\right|^2 \mathrm{d}b \tag{4-14}$$

四、极端降雨分析方法

极端降雨变化的空间模式相当复杂,而且全球各区域的差异也非常显著。一方面是因为极端降雨事件变化趋势检测的复杂性、变异性以及内在的一些困难,另一方面在于不同的研究角度以及不同的研究方法可能得到不一致甚至相反的结论。整体上,对于极端降雨的研究主要集中在以下三种方法上:第一种方法是国内比较常用的方法,即采用固定阈值法,比如中国气象局采用不同降雨等级的分类方法,第二种方法是标准偏差法,第三种方法也是国际比较通用的,即基于百分位阈值的方法。考虑到实际可操作性,下面采用年最大值和百分位阈值两种方法,分析北京地区极端降雨的演变特征。对于年最大值法,采用北京暴雨图集中的有关统计结果,给出北京地区不同历时条件下极端降水的空间分布特征。百分位阈值是目前确定极端降雨事件的最常用方法,采用两种不同百分位阈值条件下极端降雨的变化特征,即95%和99%阈值。

第三节　降雨时空变化规律

一、单站长序列变化特征

根据北京气象站近290年长序列降雨资料,分析年降雨和四季降雨统计特征,如表4-1所示。北京气象站多年(1724—2012年)平均降雨量为599.3 mm,其中春季降雨量多年平均值为57.5 mm,夏季的为445.2 mm,秋季的为84.6 mm,冬季的为11.3 mm,分别占全年平均降雨量的9.7%、74.3%、14.1%和1.9%。不同年代的降雨统计结果表明,北京气象站年降雨序列呈现出明显的旱涝交替的年代际变化。例如,在1724—1753年期间,北京气象站年均降雨较多年(1724—2012年)平均偏少约100 mm,属于严重枯水年份,同样在1994—2012年期间,年均降雨量为516.9 mm,比多年平均值减少了约14%;而在1784—1813年和1874—1903年的两个阶段,年均降雨量超过多年平均值85—95 mm,属于多水年份;此外,1934—1963年期间,降雨相对较为丰富,也属于降雨偏多年份。

表 4-1　北京气象站年降雨统计特征

年份		1724—1753	1754—1783	1784—1813	1814—1843	1844—1873	1874—1903	1904—1933	1934—1963	1964—1993	1994—2012
春季	均值/mm	47.2	46.6	61	55.8	60.2	54.2	54.2	66.4	64.5	69.7
	标准差	23.1	21.4	29.9	23.7	34.8	30.4	32.4	41.6	47.6	29.9
	C_s	1.5	0.65	0.52	−0.23	0.83	0.59	1.17	1.12	1.5	0.42
	C_v	0.49	0.46	0.49	0.42	0.58	0.56	0.6	0.63	0.74	0.43
夏季	均值/mm	365.5	419.5	518.2	428.8	437.9	532.1	466.2	475.9	427.6	343.6
	标准差	130.1	141.1	173.7	128.7	152.8	217	177.1	214.3	127.9	154
	C_s	1	0.53	0.53	0.23	0.55	0.6	0.78	1.43	−0.22	0.88
	C_v	0.36	0.34	0.34	0.3	0.35	0.41	0.38	0.45	0.3	0.45

表4-1(续)

年份		1724—1753	1754—1783	1784—1813	1814—1843	1844—1873	1874—1903	1904—1933	1934—1963	1964—1993	1994—2012
秋季	均值/mm	68.6	80.3	99.4	82.2	88.3	89.3	77	94.8	76.6	92.9
	标准差	16.8	22.8	33.7	25.3	70.1	45.2	45.6	53.1	38.1	50.1
	C_s	1.45	0.54	0.92	0.66	2.31	0.76	1.1	0.35	0.2	0.56
	C_v	0.24	0.28	0.34	0.31	0.79	0.51	0.59	0.56	0.5	0.54
冬季	均值/mm	11.7	10.9	13.8	11	10.9	9.5	12.7	12	10.9	10.8
	标准差	5.4	5.3	7.2	6.4	10	5.9	13.1	9.1	8	6.9
	C_s	0.38	0.56	0.17	1.2	1.6	0.46	1.92	0.93	0.94	0.53
	C_v	0.46	0.49	0.52	0.58	0.92	0.62	1.03	0.76	0.78	0.64
全年	均值/mm	493	557	694.4	577.8	599.2	685.1	610.1	651	578.8	516.9
	标准差	131	154.6	185.7	137.8	174.9	241.3	188.6	238.3	155.4	162.4
	C_s	1.07	0.53	0.63	0.02	0.91	0.63	0.21	1.31	0.02	0.33
	C_v	0.27	0.28	0.27	0.24	0.29	0.35	0.31	0.37	0.27	0.31

根据降雨距平的线性趋势和滑动平均分析结果(图4-2)可以看出,冬季降雨基本不变,减小的趋势非常有限,大概为0.01 mm/10 a,但在1910年和1930年附近略有增加;秋季降雨量在1849—1853年以及1871年有个明显的增加趋势外,基本保持了稳定的降雨,增加速率为0.05 mm/10 a;春季和夏季在大尺度的范围内降雨变化也并不很明显,增加速率为0.2 mm/10 a;而北京地区年降雨量有缓慢增大的趋势,增速在1.4 mm/10 a,1940—1960年增速变快,1959年降雨量达到顶峰,其后回落基本保持稳定。总体而言,除冬季外,其他季节以及全年的降雨量都有增加趋势。此外,根据Mann-Kendall检验结果(图4-3)可知,除了冬季之外,春、夏、秋和全年的降雨趋势呈现增加趋势,尤其是夏季和全年的降雨趋势非常明显。突变年份秋季最早,夏季和全年居中,春季稍晚,开始显著升高的年份集中在1780—1810年,这个时间段降雨随着年份的增加显著增加,降雨增加趋势突破了显著性$\alpha=0.05$的临界值(1.96)。而冬季降雨比较特殊,1780年之前降雨减少,1780—1840年降雨增多,趋势并不明显,在1846年发生突变,降雨趋势开始下降,趋势不明显,大部分年份没有突破显著性$\alpha=0.05$的临界值(-1.96)。

以全年的数据进行周期性分析,为了将序列1年的自然周期滤去,在进行小波变换前,要通过距平的方法对资料进行预处理。在计算过程中,采用原资料系列的距平系列为研究序列。采用Morlet小波变换,得到变换系数的实部时频分布,如图4-4所示。若实部大于或等于0,则表示为正位相,反之则为负位相。图4-4清晰地显示了小波变换系数的实部波动特征,体现了该站降雨多少交替变化的特性。从图中可知,20 a、30 a和70 a尺度波动十分明显,正负位相交替出现,可观察到计算时域内降雨偏多、偏少的波动变化。为了进一步分析北京气象站年降雨量交替变化的波动特性,图4-5给出了小波变换系数的方差变化。

以小波方差 Var 值为纵坐标,时间尺度 a 为横坐标绘制小波方差图。小波方差反映了波动的能量随尺度的分布,通过小波方差图可以确定降雨量序列存在的主要时间尺度,即主周期。由图 4-5 可以看出,小波方差的主要峰值(图中标注部分)分别出现在尺度 $a=18\ a$、$30\ a$、$72\ a$ 处,最高峰值为尺度 $a=72\ a$ 所对应的小波方差,说明 $72\ a$ 左右的周期振荡最强,为第一主周期,第二、第三主周期分别为 $30\ a$ 和 $18\ a$。

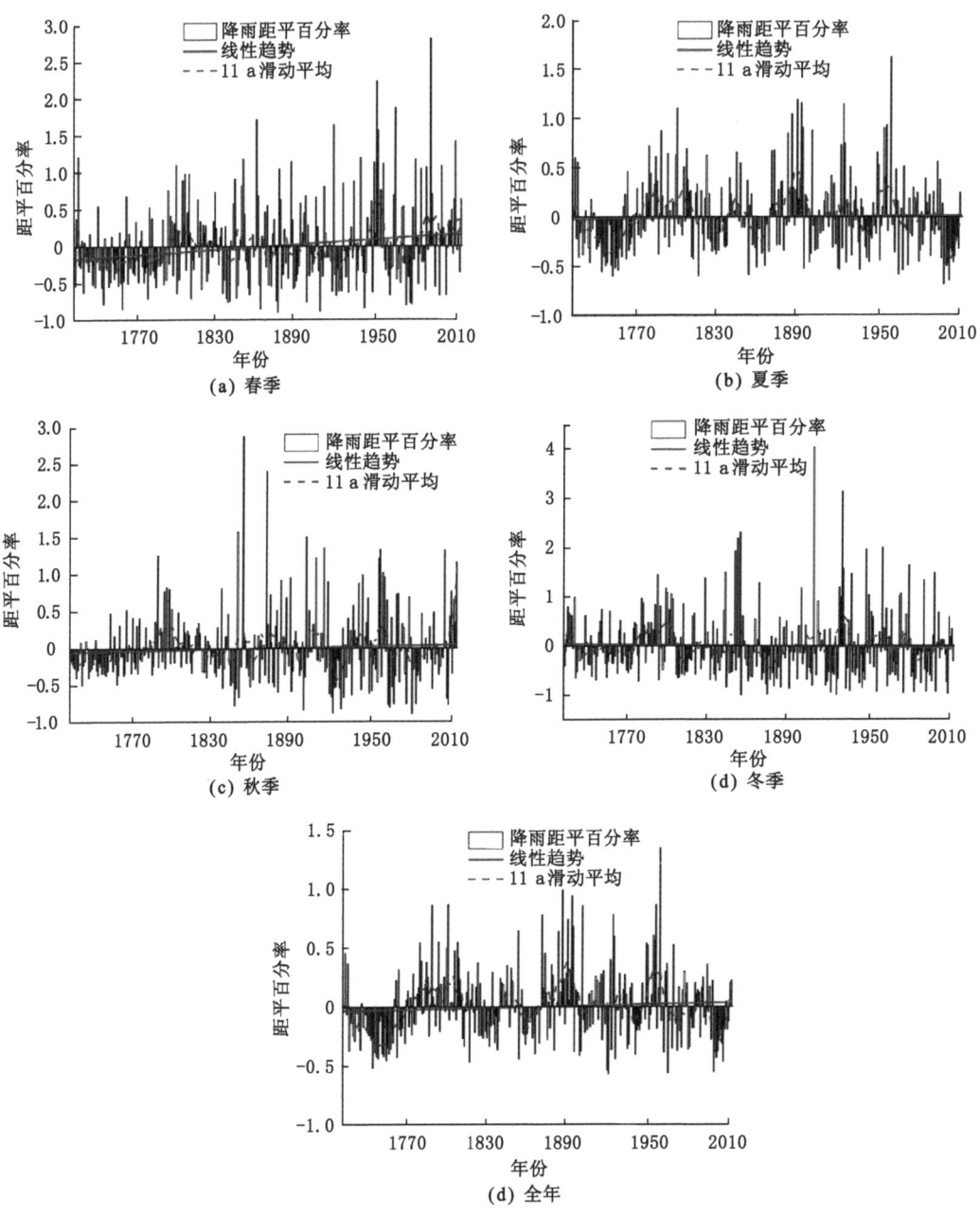

图 4-2　北京气象站年降雨与各季节降雨距平百分率和趋势分析图

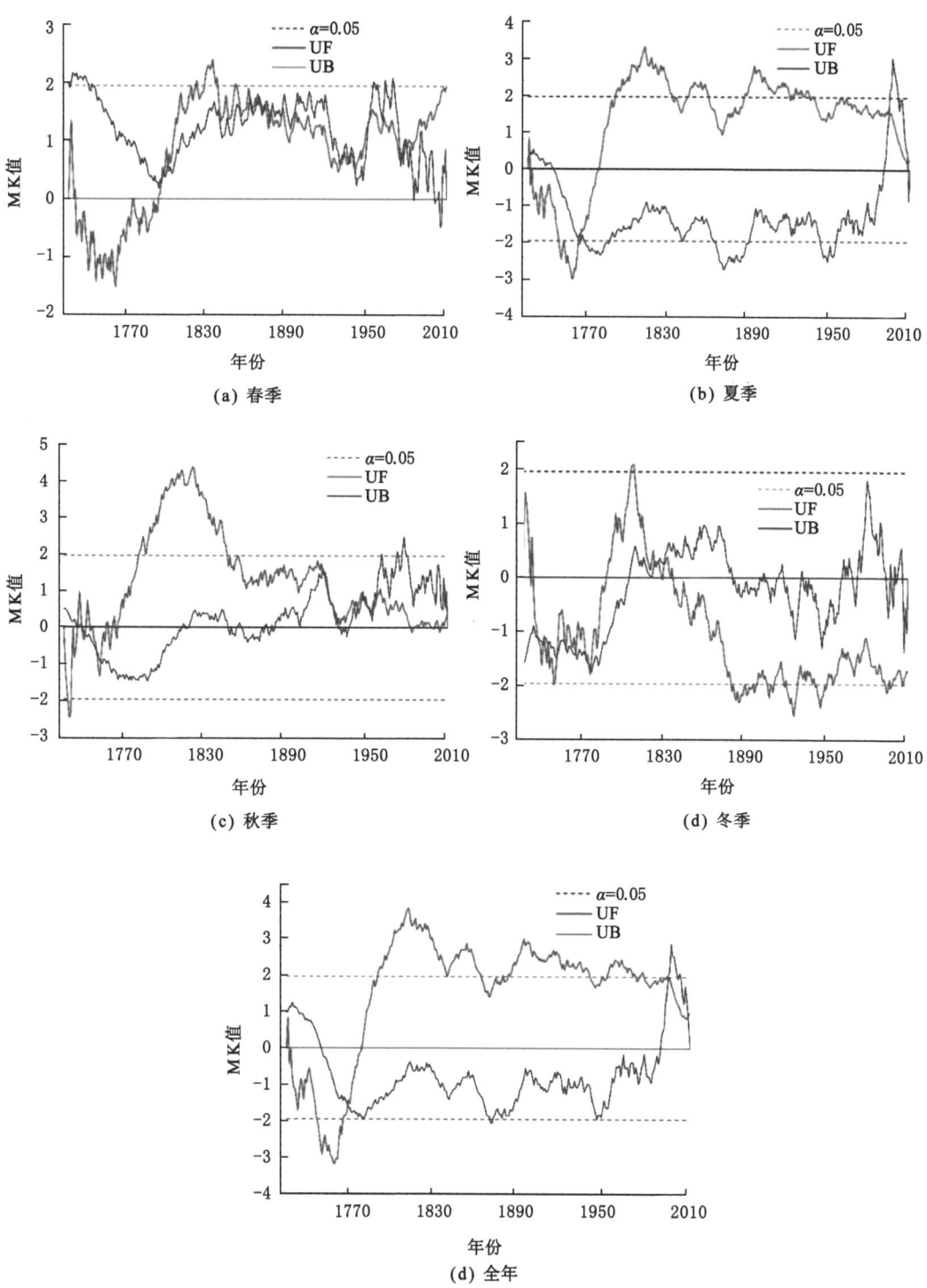

图 4-3　北京气象站降雨序列 MK 检验图

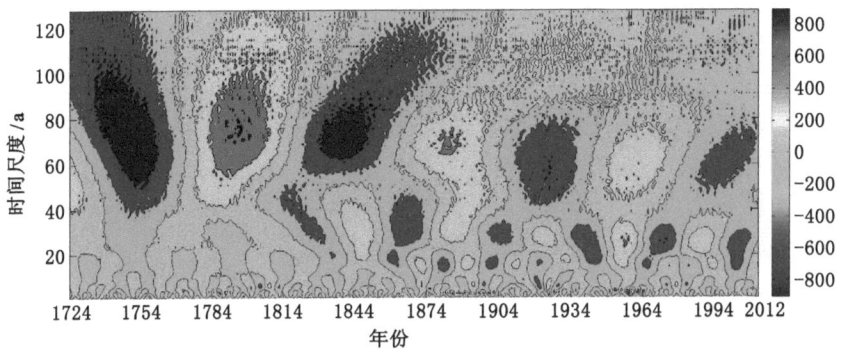

图 4-4　北京气象站全年降雨距平系列 Morlet 小波变换尺度特征

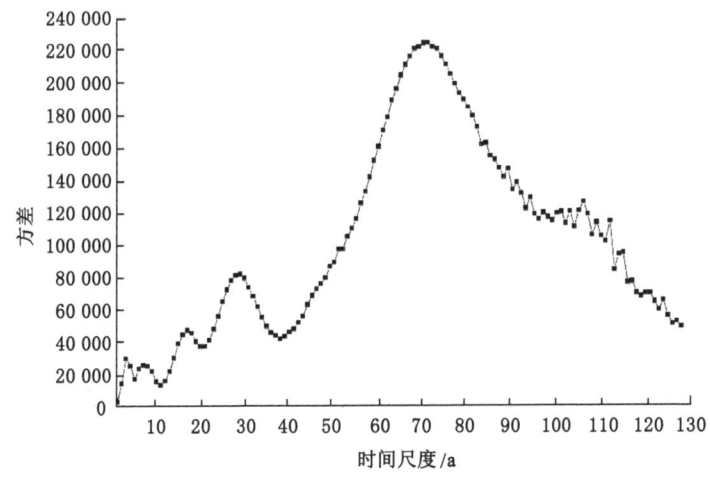

图 4-5　北京气象站全年降雨距平系列 Morlet 小波变换系数方差变化

为此,分析在上述三个主周期时间尺度上小波变换系数实部随时间的变化过程线与年降雨距平时间序列的关系,如图 4-6 所示。可以看到,在不同时间周期尺度上,某些年份对应的相位不同,在一定程度上说明不同时间周期尺度上得到的降雨量偏多或偏少存在一定的差异。由降雨量距平序列小波变换各主周期的实部过程线可清晰地辨出降雨量动态变化及其突变点:18 a 时间尺度,振幅在 1724—1860 年逐渐变大,到 1860—1970 年趋于稳定;30 a 时间尺度,1724—1820 年振幅较小,在 1820 年之后显著增强并保持稳定;72 a 时间尺度,1724—1860 年振幅较大,在此之后有所趋缓。对于降雨量偏多、偏少变化,以 72 a 时间尺度为例,在 1773—1816 年、1861—1902 年和 1944—1984 年时段内小波实部为正位相,表示降雨量偏多;在 1729—1772 年、1819—1861 年、1905—1943 年和 1985—2012 年小波实部为负位相,表示降雨量偏少;这样北京地区整个时间序列上的年降雨量呈现出少—多—少—多—少—多—少的循环交替特征,可以推测 2012 年之后降雨量在 72 a 时间尺度上处于少降雨期。但是从小时间尺度来看(如 18 a),北京气象站的降雨在 2011 年之后属于正位相,即属于小尺度上的多水年。

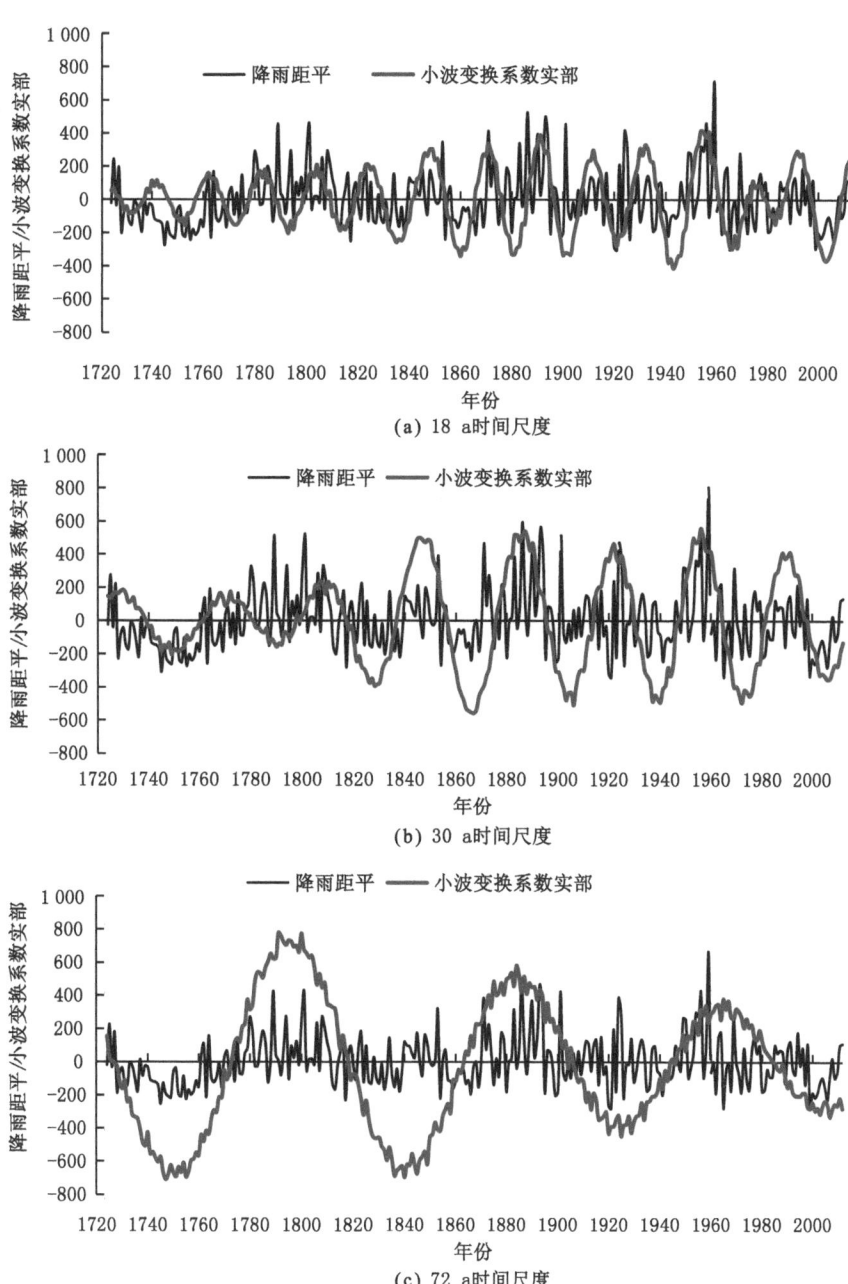

图 4-6　北京气象站年降雨距平与小波变化系数实部变化过程

二、区域平均降雨量变化特征

北京地区降雨年际与年代际变异较大,然而与长时间(1724—2012 年)序列的降雨变化趋势不同,近 60 a 来其降雨的总体趋势是递减的(图 4-7),但这一结果与长序列中相同年份(1950—2012 年)的降雨序列变化趋势保持一致(北京气象站年降雨在 1950—2012 年间表现为下降趋势,下降速率为 3.6 mm/a)。根据北京市 1950—2012 年均降雨量序列可知,北京地区降雨量年际变化悬殊,1950—2012 年间降雨均值为 585 mm,其中最大年均降雨量为 1954 年的 1 006 mm,最小值为 1965 年的 384 mm,丰枯差距约 2.6 倍。从图中可知,北京 地区年均降雨系列整体上呈现下降趋势,降雨量年均减少约 2.85 mm。特别是 1999—2011 年连续 13 a 的长期干旱,使得北京地区水资源危机日趋显著。对不同季节的降雨序列而 言,春季和秋季降雨呈现微弱的上升趋势,而夏季和汛期降雨则表现为较明显的下降趋势 (3.28 mm/a 和 2.97 mm/a),冬季降雨上下波动较为明显且整体表现为下降趋势。

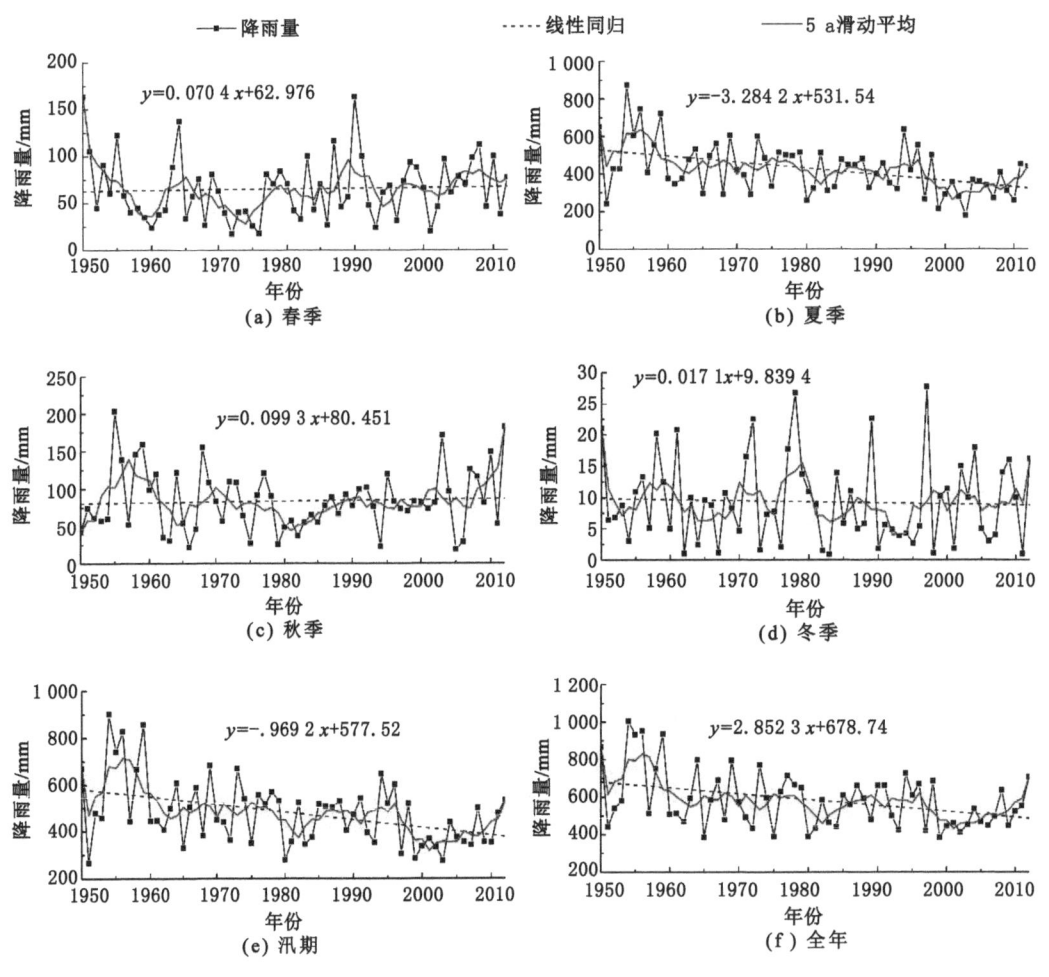

图 4-7　北京地区年均降雨与各季降雨变化图

北京降雨年代变化较大,总体趋势是递减的,特别是 2000 年以后降雨减少比较明显。 从表 4-2 中可看出,降雨的丰水期主要表现在 20 世纪 50 年代,60 年代和 70 年代以及 90 年 代降雨处于多年平均水平,而 80 年代相对处于少雨期。然而 2010 年以后,降雨有所增加, 2010—2012 年的平均降雨已达到多年平均水平;且北京地区降雨年内分配非常不均匀(表 4-3),汛期(6~9 月)雨量约占全年降雨量的 80% 以上,其中 7 月和 8 月的降雨约占全年降 雨量的 60%;而汛期降雨又常集中在 7 月下旬和 8 月上旬的几场大暴雨,极易形成大洪水 和洪涝灾害。

表 4-2　北京地区不同年代的降雨统计特征

时间	春季/mm	夏季/mm	秋季/mm	冬季/mm	汛期/mm	年均/mm
1950—1959 年	76.5	565.8	99.4	10.8	630.1	752.5
1960—1969 年	60.2	434.6	79.0	7.8	488.6	581.6
1970—1979 年	47.9	454.5	77.7	12.1	497.8	592.2
1980—1989 年	60.3	390.4	64.2	8.6	434.0	523.5
1990—1999 年	75.0	410.8	80.8	6.8	464.4	573.4
2000—2009 年	69.5	315.5	87.4	9.8	368.0	482.2
2010—2012 年	71.7	383.0	128.0	9.1	454.7	591.8
多年平均	65.9	422.1	88.1	9.3	476.8	585.6

表 4-3　北京地区 1950—2012 年不同月份降雨情况

月份	1 月	2 月	3 月	4 月	5 月	6 月	7 月	8 月	9 月	10 月	11 月	12 月
多年平均/mm	2.2	5	8.7	19.5	31.4	77.4	196.7	161.9	52.3	21.3	6.4	1.9
百分比/%	0.4	0.9	1.5	3.3	5.4	13.2	33.6	27.7	8.9	3.6	1.1	0.3

　　利用 M-K 检验方法,分析不同月份和不同季节的降雨变化趋势,如图 4-8 所示。可以得到,2 月、7 月和 8 月的降雨序列表现出显著的下降趋势,而其他月份均呈现显著的变化趋势,由此导致了夏季降雨的显著下降,由于夏季降雨占全年降雨的比重较大,进而使得年降雨序列也表现为显著的下降趋势。这与前面的线性趋势分析结果保持一致。

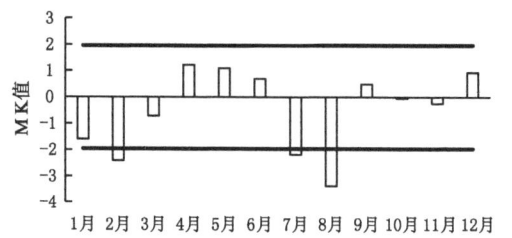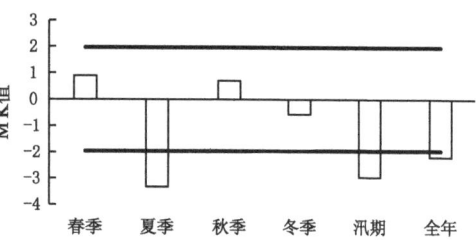

图 4-8　北京地区不同月份和不同季节降雨变化 MK 检验趋势

　　对于降雨演变的周期性过程,同样采用 Morlet 小波变化分析,以年均降雨系列为例,小波变换系数的实部时频分布及方差如图 4-9 所示。若实部大于或等于 0,则表示为正位相,反之则为负位相。图 4-9 清晰地显示了小波变换系数的实部波动特征,体现了北京气象站降雨多少交替变化的特性。从图中可知,正负位相交替出现,可观察到计算时域内降雨偏多偏少的波动变化。小波方差反映了波动的能量随尺度的分布,通过小波方差图可以确定降雨量序列存在的主要时间尺度,即主周期。小波方差的主要峰值分别出现在尺度 $a=4\ a$、$8\ a$、$15\ a$ 处,最高峰值为尺度 $a=15\ a$ 所对应的小波方差,说明 15 a 左右的周期振荡最强,为第一主周期,第二、第三主周期分别为 4 a 和 8 a。

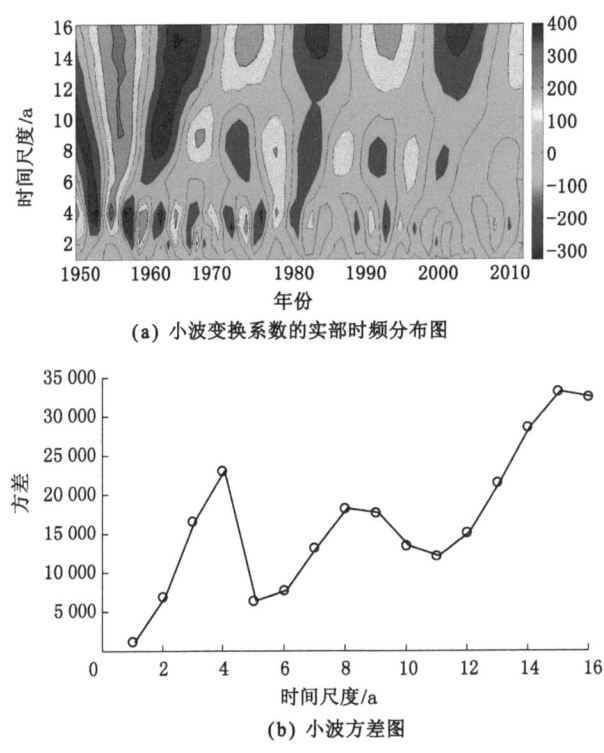

(a) 小波变换系数的实部时频分布图

(b) 小波方差图

图 4-9 小波变换系数的实部及其方差变化

三、汛期降雨时空变化

考虑到北京地区降雨的年内分配比例,汛期(6—9 月)降雨约占全年降雨的 80%以上,且由于部分站点为汛期站,因此在降雨空间分布分析中,采用汛期降雨变化规律作为重点分析对象。将北京地区划分为以下 6 个研究子区:城区、南部近郊区、北部近郊区、北部远郊区、西北山区和西南山区。本研究中的 45 个站点(见图 4-1)主要包括城区 7 个站点(温泉、卢沟桥、右安门、松林闸、高碑店、乐家花园和通州),南部近郊区 7 个站点(黄村、马驹桥、榆林庄、凤河营、南各庄、房山和半壁店),北部近郊区 7 个站点(顺义、苏庄、大孙各庄、唐指山、十三陵、沙河和桃峪口),北部远郊区 8 个站点(怀柔水库、密云、密云白、密云潮、下会、镇罗营、黄松峪和平谷),西北山区 8 个站点(喇叭沟门、汤河口、张家坟、枣树林、千家店、番字牌、延庆和黄花城),西南山区 8 个站点(王家园、三家店、雁翅、沿河城、斋堂水库、大村、霞云岭和张坊)。

采用 5 年滑动平均、线性回归以及 Mann-Kendall 检验方法,得到各区域汛期降雨的变化趋势,如图 4-10 和图 4-11 所示。整体上,从线性趋势方面分析,各区域的汛期降雨量在 1960—2012 年期间均呈现下降趋势,其中南部近郊区的降雨量下降较为明显,下降速率为 20.9 mm/10 a,而城区范围内下降速度较为缓慢,为 8.2 mm/10 a,其他四个区域的下降速率则在 12.3—18.7 mm/10 a 之间。这也可以说明,城市化对降雨的影响在一定程度上使得城市范围的降雨减少量有所降低,也间接地说明了城市化的雨岛效应问题。根据 5 a 滑动平均的趋势结果分析,各区域汛期降雨呈现丰、枯交替的变化,且表现出较为明显的年代际变化。如 20 世纪 60 年代中后期及 70 年代以及 90 年代中期属于降雨较多时期,而 80 年代和 21 世纪初期降雨偏少,特别是 1999 年之后历经 10 余年之久的少雨年,使得北京地区汛期降雨量下降至 400 mm 左右。从 Mann-Kendall 检验结果分析,各区域汛期降雨呈现先增后降的变化趋势,但均未达到 $\alpha=0.05$ 的显著水平,但各区域的转变时间略有差异,如城区 1980 年之前表现为增加趋势,80 年代和 90 年代初期呈现增加和降低的交替变化,而 90 年代中后期为增加趋势,2000 年后则表现为下降趋势;而南部近郊区汛期降雨则在 60 年代初期和中期表现为上升趋势,随后至 70 年代末保持交替变化趋势,而 80 年代以后则处于持续下降趋势,特别是在 2004—2010 年间呈现显著的下降趋势。

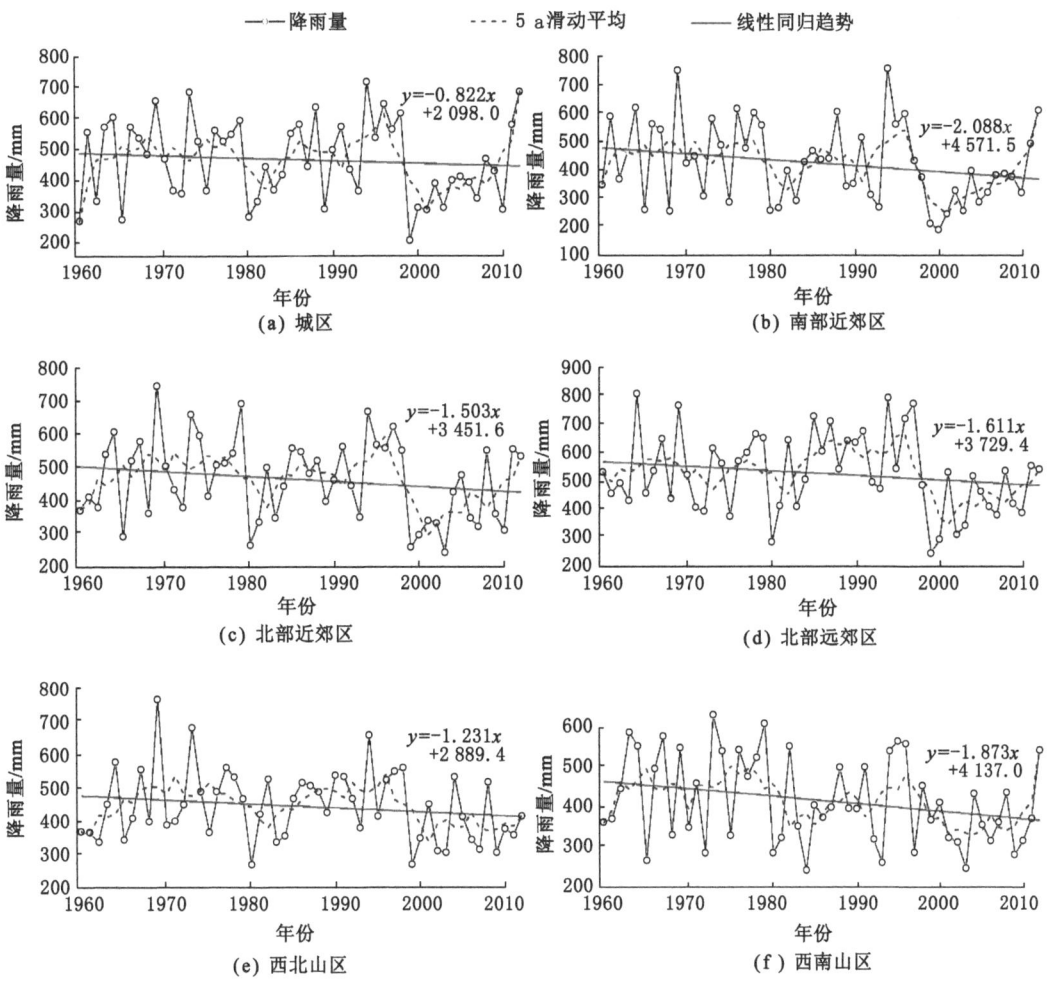

图 4-10　北京不同区域汛期降雨变化趋势图

为了进一步分析各区域各站点的降雨统计特征,图 4-12 给出了各站点汛期降雨统计箱形图。从图中可以清晰地对比得出各区域不同站点之前的汛期降雨量变化情况,如城区各站点汛期降雨量基本在 200—800 mm 之间,均值也在 480—520 mm 之间,而南部近郊区整体上平均汛期降雨量比城区的小,约为 400 mm,北部近郊区则与城区范围的汛期降雨量较为接近。对比城区和近郊区的汛期降雨差异,可以说明由于城市化发展的影响,城市区域及

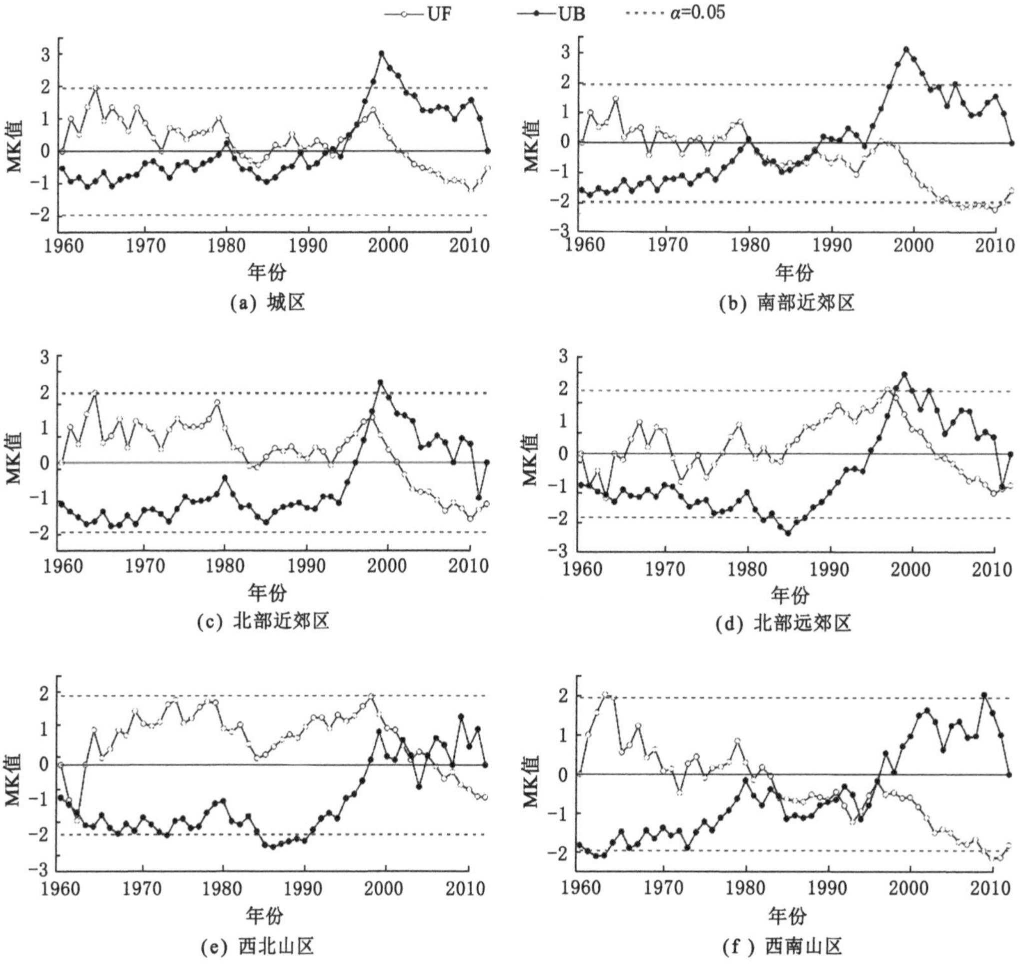

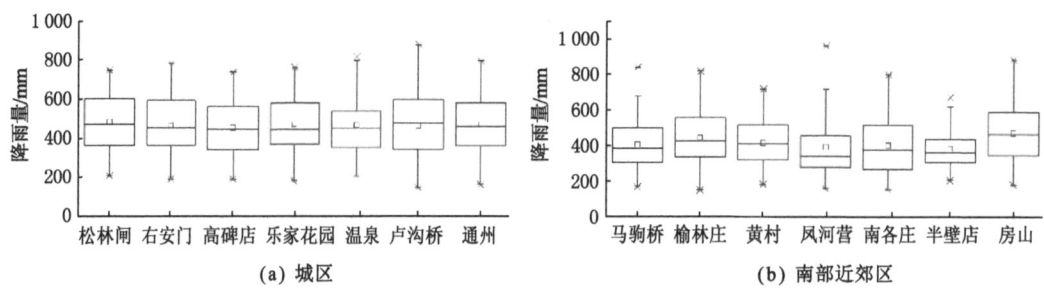

图 4-11 北京不同区域汛期降雨的 MK 检验结果图

图 4-12 北京不同区域各站点汛期降雨量统计箱形图

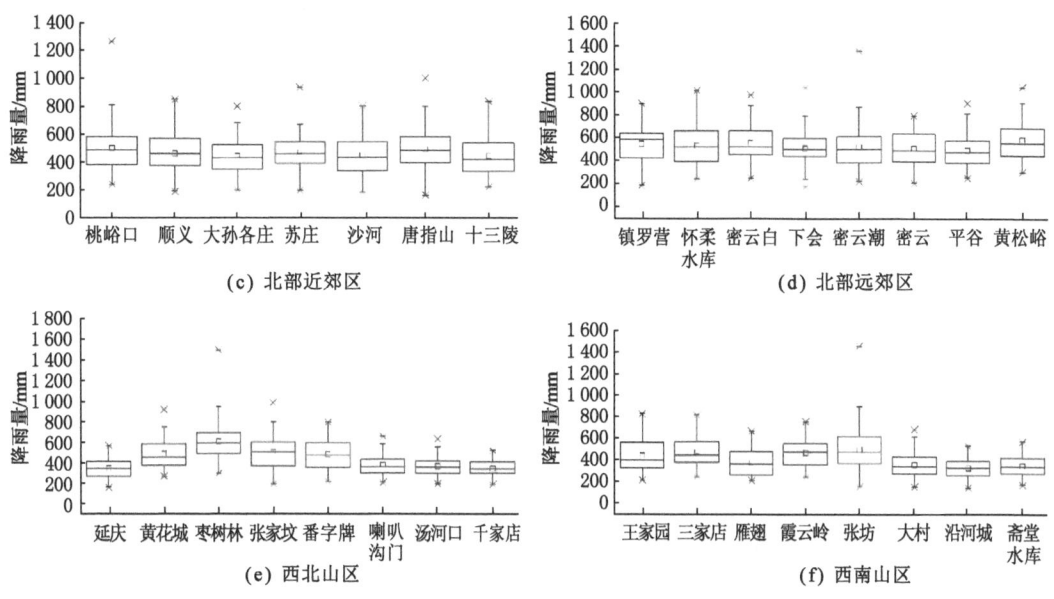

图 4-12（续）

其下风向的区域较易形成雨水降落区。由于北京地区降雨主要受东南和西南的季风气流影响，使得水汽输送过程中在城区及其城市北部近郊区降雨相对较多。同时，由于北京市及其北部近郊区与西北山区也存在衔接地区，形成地形的缓冲地带。相对于城区和近郊区，远郊区的降雨量相对较多，特别是在怀柔和密云水库附近形成了区域降水中心，该区域各站点平均汛期降雨量在 500 mm 以上，且该区域年际变化幅度也较大，从最低年份的 200 mm 到最高年份的 1 400 mm 左右，相差约 6 倍。对比分析两个山区可以得出西南山区整体上相差不大，各站点均值在 500 mm 左右，而西北山区的平均汛期降雨量差异较为显著，如延庆站点在 340 mm 左右，而枣树林站点汛期平均降雨量则可达到 600 mm。此外，图 4-13 给出了各站点 Mann-Kendall 检验结果，其中 16 个站点出现了不同显著水平的下降趋势（11 个站点出现 95% 水平的显著下降趋势和 5 个站点出现 90% 水平的显著下降），显著下降的站点多位于山区及近郊区，仅有 2 个站点出现了不显著的上升趋势，其余站点降雨则表现为不显著的下降趋势。

根据各区域降雨的时间变化特征，结合第二章中的城市化发展的阶段特征，将研究序列分为三个不同阶段（1960—1979 年，1980—1999 年和 2000—2012 年，在时间变化上可以看出三个阶段平均降雨量呈现下降的趋势），分别讨论三个不同时期和全部研究期内北京汛期降雨量的空间分布特征，如图 4-14 和表 4-4 所示。

整体上我们可以看出，各时期北京地区的降雨空间分布呈现较好的一致性，表现为从东向西逐渐减小的趋势。从图中我们可以得到，各时期北京的主要降雨中心落在枣树林、密云水库和怀柔水库这一区域范围内，该区域也是山前平原缓冲地带，受地形作用影响，使得该区域成为北京地区的主要降雨中心。同样，在西南山区出现了小范围的区域次降雨中心。与前述结果相一致，城市区域与周边临近区域存在一定的降雨差异，从表 4-4 中可知城市化

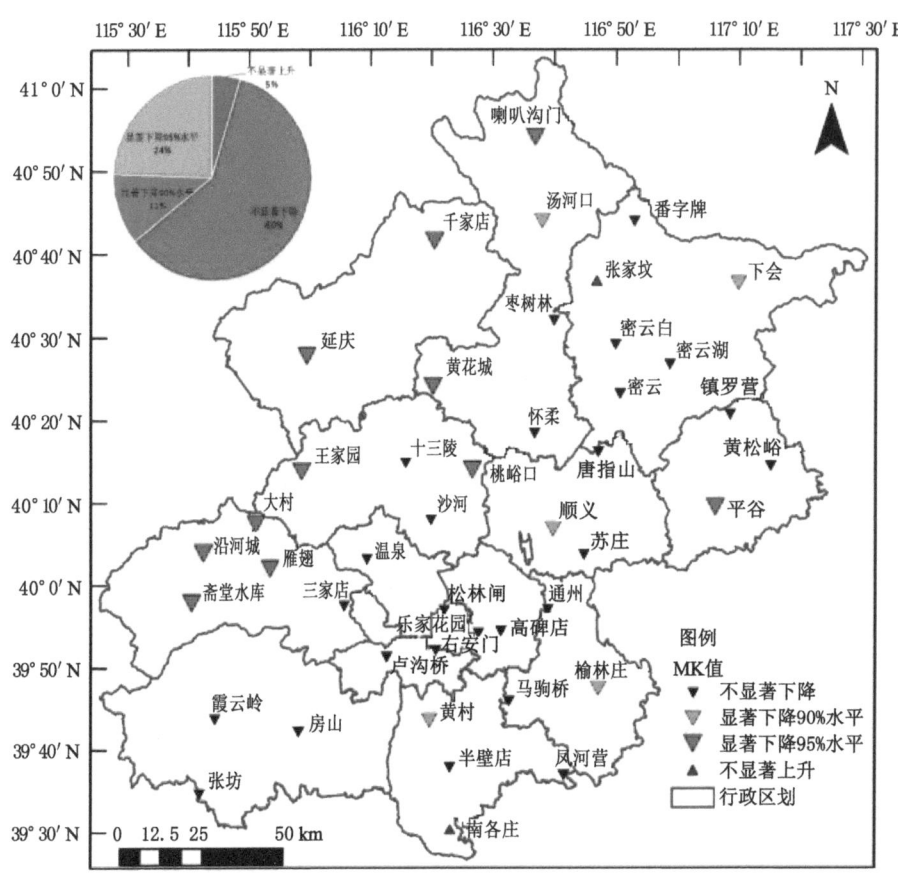

图 4-13　北京各站点汛期降雨量 Mann-Kendall 检验结果

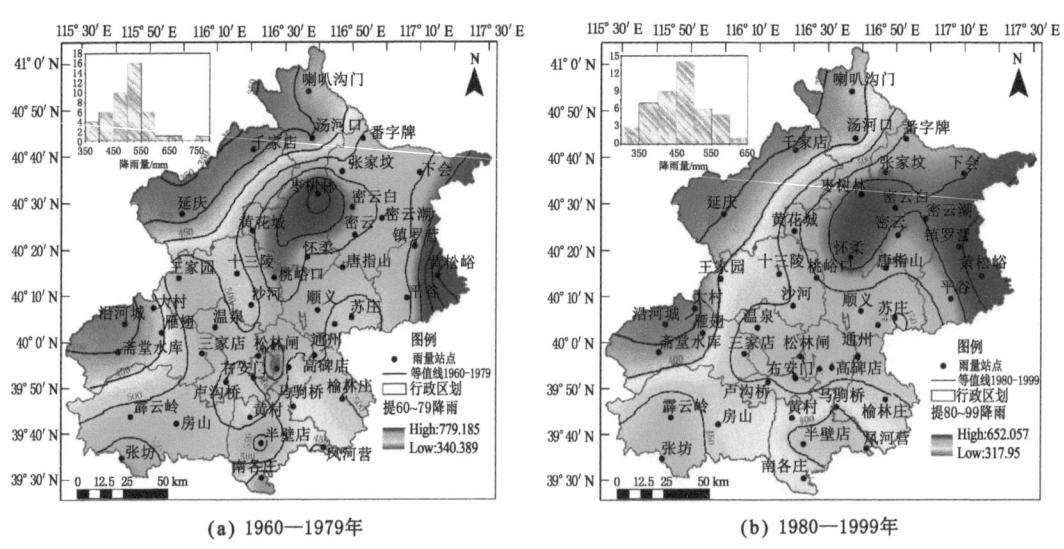

图 4-14　北京地区不同时期各站点汛期降雨量空间分布特征

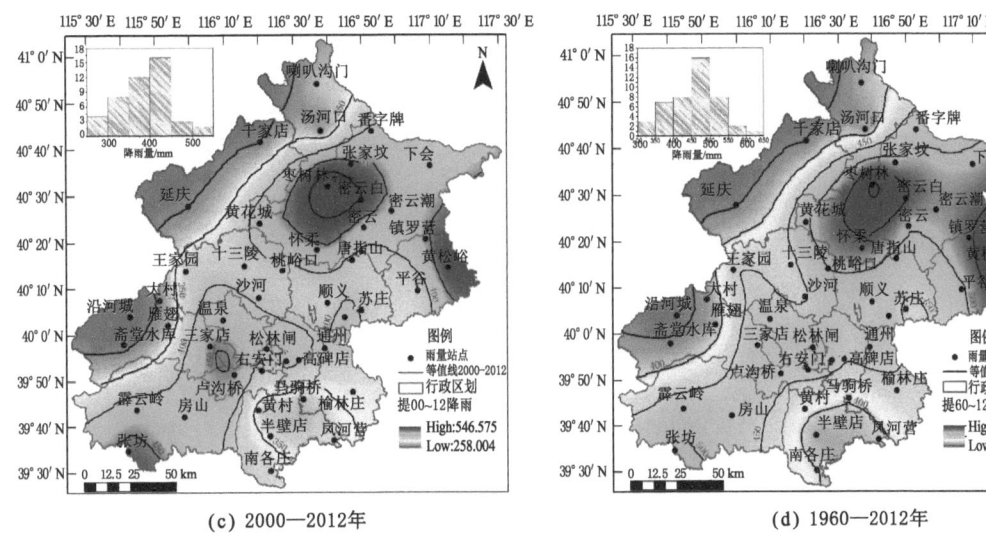

(c) 2000—2012年　　　　　　　　(d) 1960—2012年

图 4-14(续)

发展使得城区与郊区降雨差异逐渐明显(从 0 到 9.1%),且城区与南部近郊区的差异尤为显著(从 2.8% 到 15%)。对于北部近郊区,在 1960—1979 年阶段,区域平均降雨略高于北京城区,而在 1980—1999 年阶段,随着城市化发展的影响,城区增雨效应使得两者之间出现反差,此后城市化进一步加剧了城区与北部近郊区降雨的差异,使得城区降雨效应明显。

表 4-4　北京地区不同时期城市化发展对汛期降雨的影响

时期	城区/mm	近郊/mm	北部近郊/mm	南部近郊/mm	增雨系数		
					城区/郊区	城区/北郊	城区/南郊
1960—1979 年	491.7	491.7	505.0	478.4	1.000	0.974	1.028
1980—1999 年	474.9	445.7	474.4	416.9	1.066	1.001	1.139
2000—2012 年	408.2	374.3	393.6	355.0	1.091	1.037	1.150
1960—2012 年	464.9	445.5	466.1	424.9	1.043	0.997	1.094

四、不同等级的降雨变化特征

根据中国气象局的降雨等级划分类型,将降雨分为以下 6 个等级,即小雨(日雨量小于 10 mm)、中雨(日雨量为 10—24.9 mm)、大雨(日雨量为 25—49.9 mm)、暴雨(日雨量为 50—99.9 mm)、大暴雨(日雨量为 100—199.9 mm)和特大暴雨(日雨量大于 200 mm)。考虑到特大暴雨的降雨频次相对较小,因此本研究中将特大暴雨和大暴雨合并为一类,即大暴雨。选择研究区内 45 个雨量站,选择降雨频次和总降雨量两个指标评估北京地区汛期(6—9 月)不同等级降雨的变化特征,并探讨城市化发展对不同降雨等级的影响。根据前文的区域划分,分别计算不同区域不同等级降雨频次与降雨量,各区域不同等级降雨频次和降雨量统计结果如图 4-15 和图 4-16 所示,降雨频次和降雨量的空间分布如图 4-17 所示。

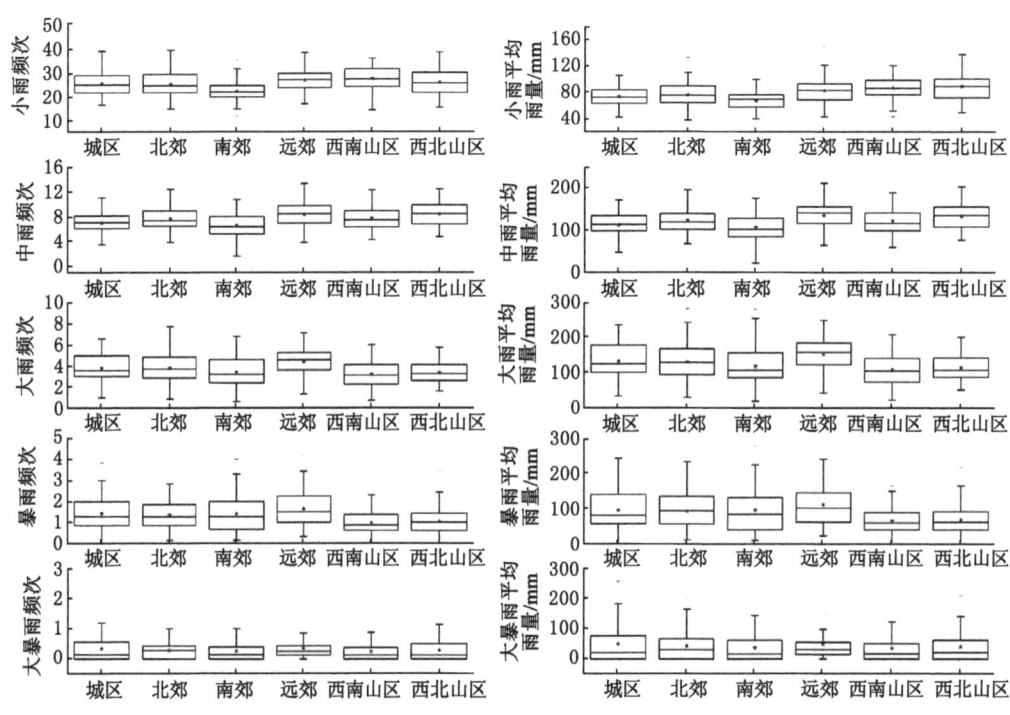

图 4-15　北京地区不同等级降雨频次和降雨量的箱形统计图

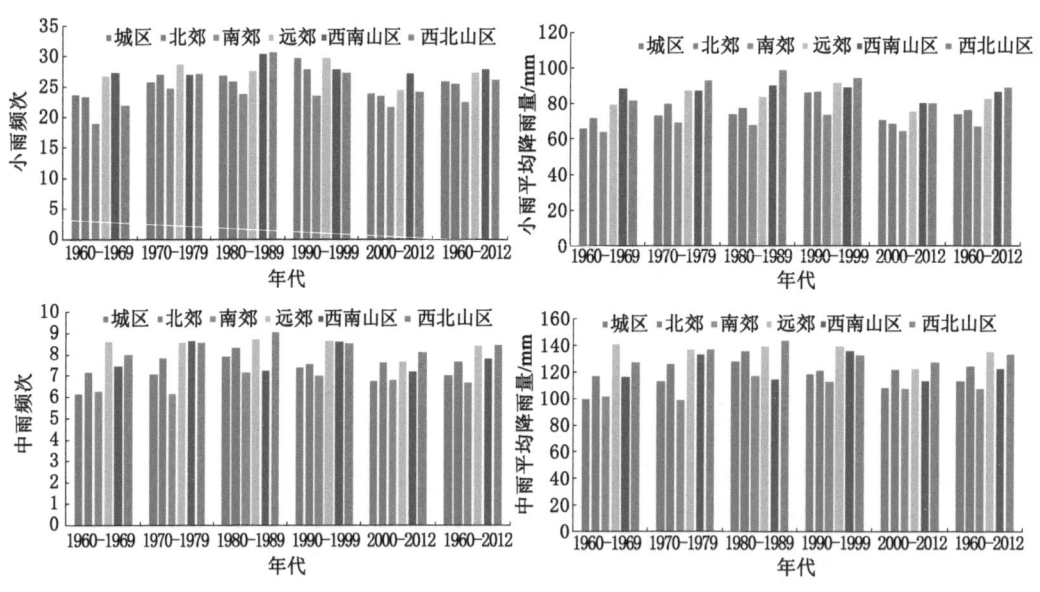

图 4-16　北京地区不同等级降雨频次与降雨量的年代统计图

图 4-16(续)

(a) 小雨频次　　(b) 小雨年均雨量

图 4-17　北京地区不同等级降雨频次和降雨量空间分布

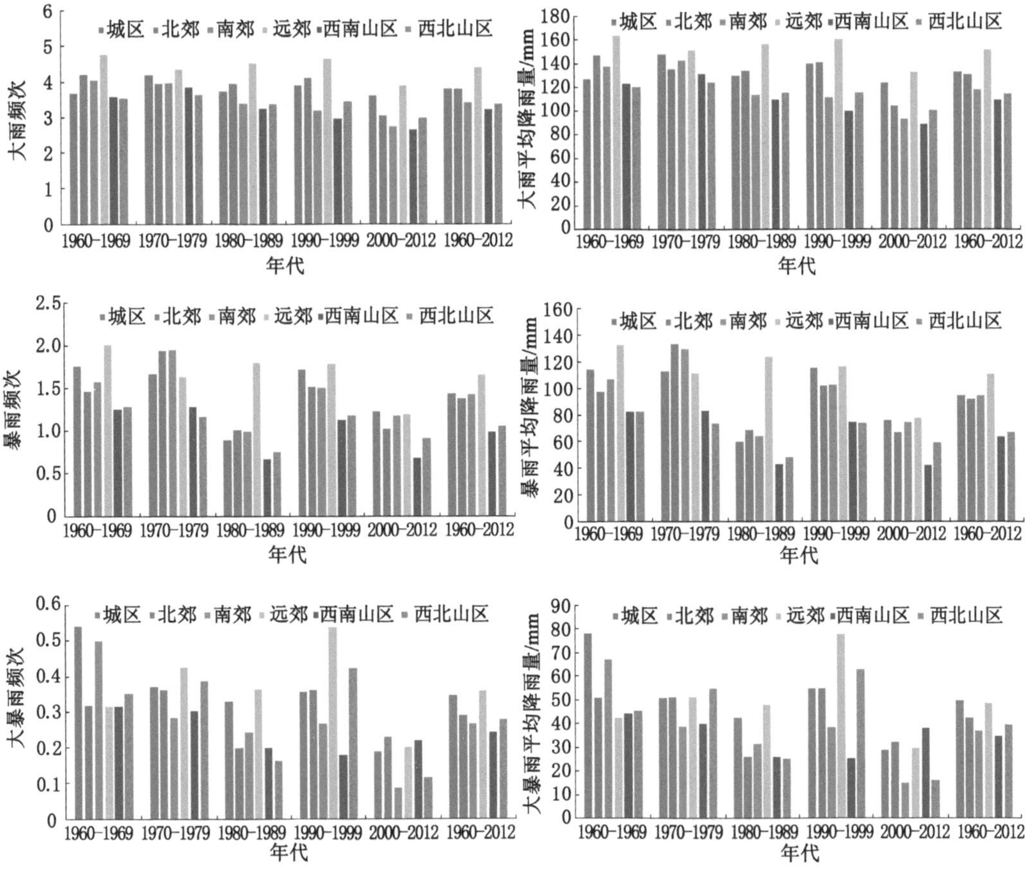

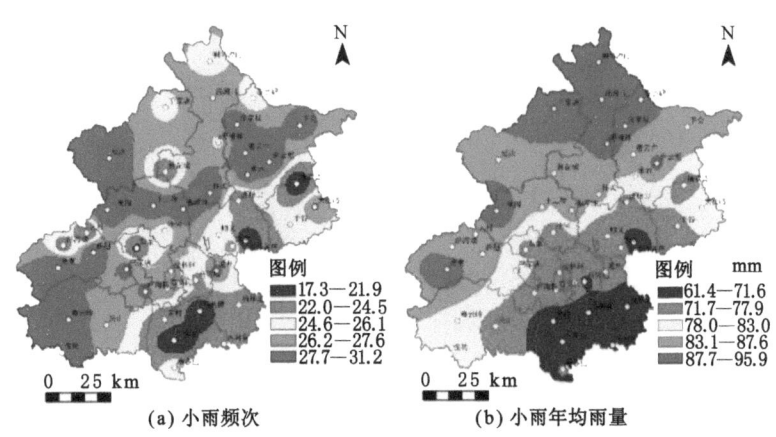

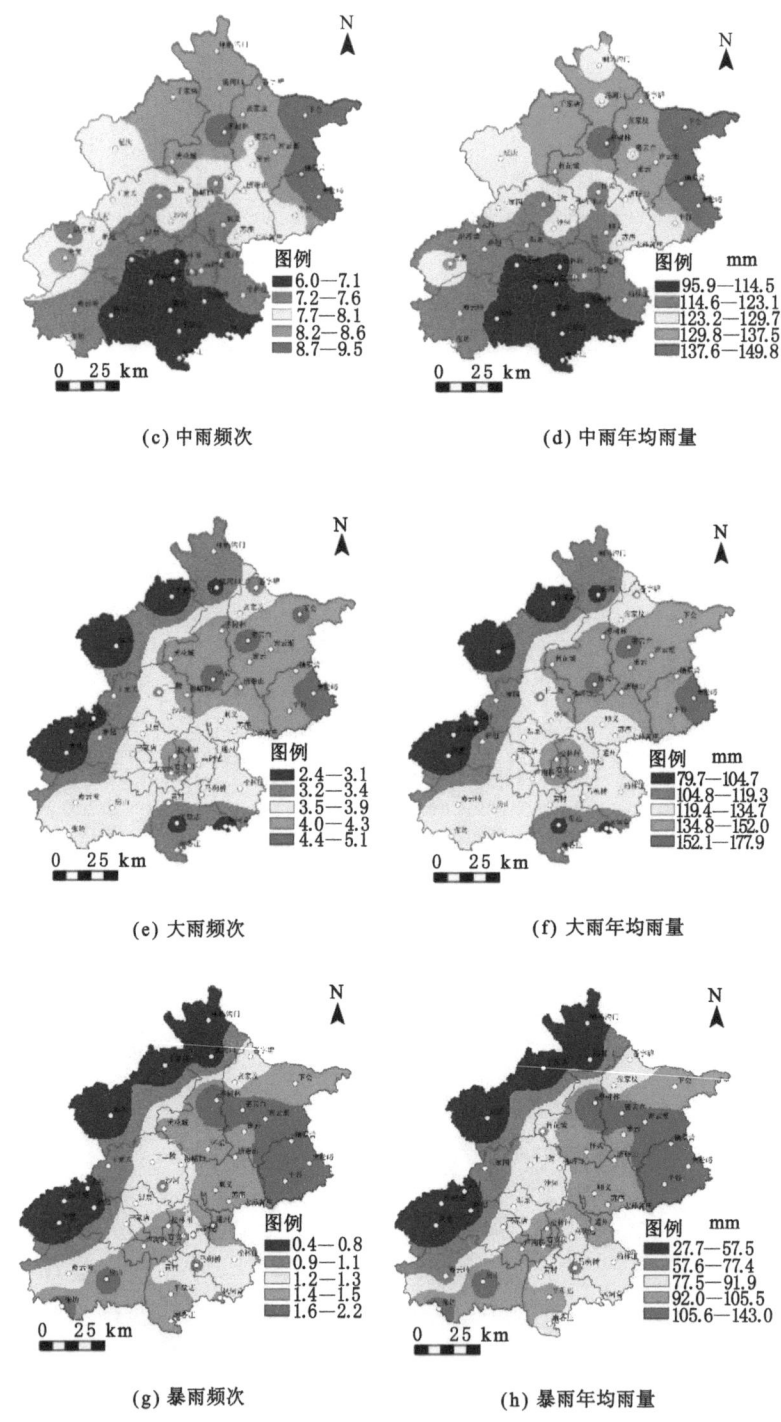

(c) 中雨频次

(d) 中雨年均雨量

(e) 大雨频次

(f) 大雨年均雨量

(g) 暴雨频次

(h) 暴雨年均雨量

图 4-17(续)

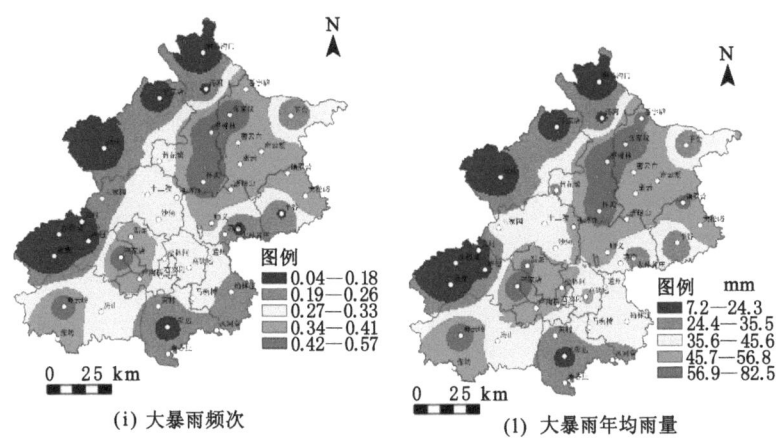

(i) 大暴雨频次　　　　　　(l) 大暴雨年均雨量

图 4-17(续)

　　整体上从年代际的变化角度分析,小雨、中雨和大雨的变化趋势并不明显,但暴雨及大暴雨的降雨频次和相应等级的年均降雨量呈现下降趋势。对于不同区域,各等级降雨频次和降雨量也存在较大差异,从图中我们可以看出远郊区的降雨频次和降雨量相对较大,这是由北京地区的地形作用决定的,远郊区的站点部分位于山前迎风坡,属于北京地区的降雨中心地带。此外,对于西南山区和西北山区在小雨和中雨频次和降雨量方面表现较为显著,整体水平较城近郊偏高,这也说明相对于平原区而言,山区更易发生中雨及小雨,而城近郊则较容易发生大雨及以上等级降雨事件。

　　对于年代际的变化情况,从图 4-16 中我们可以得出:对于中雨和小雨而言,年代际的变化差异相对较小,而暴雨和大暴雨的年代际差异非常明显,1960—1969 年、1970—1979 年和 1990—1999 年期间,暴雨的发生次数和降雨量相对较大,而 1980—1989 年和 2000—2012 年期间的暴雨及大暴雨的频次和雨量下降幅度约为 50%。这一变化也与区域的年降雨量和汛期降雨量的变化保持一致。

　　根据前文的不同城市化发展阶段划分,我们分析不同城市化发展背景下城区与郊区在不同等级降雨事件方面的差异,如表 4-5 和表 4-6 所示。从降雨频次的角度分析,城区与近郊区在不同降雨等级之间的差异表现不同,如在小雨频次和中雨频次方面,城区与近郊区的差异相对较小,而随着降雨等级的提高,城区与郊区的差异表现增大效应。在各个城市化发展阶段,一般城区与郊区差异最显著的是暴雨及大暴雨。同样,从城市化发展阶段分析,随着城市化发展水平的提高,城郊区的差异也有一定程度的增加,如 1960—1979 年阶段城区与近郊区的暴雨频次并不明显,甚至存在城区略小,而在 1980—1999 年和 2000—2012 年阶段两者差异呈现增加趋势,分别为 3.6% 和 11.2%,对于大雨事件的表现亦然如此。此外,对比城区与南部近郊和北部近郊的差异,也可以发现城区与北郊的差异不大,而与南郊的差异相对较大,这也与城市发展格局存在一定关系以及区域降雨的气象条件有关。根据北京地区的气候特征可知,北郊地区处于北京地区夏季风的下风向,同时也受地形起伏等因素影响,较容易形成降雨。

表 4-5 北京地区城市化对不同等级降雨频次的影响

年份	区域	小雨	中雨	大雨	暴雨	大暴雨
1960—1979 年	城区	24.68	6.60	3.93	1.72	0.46
	北郊	25.21	7.48	4.09	1.70	0.34
	南郊	21.91	6.20	4.01	1.77	0.39
	近郊	23.56	6.84	4.05	1.73	0.37
	城区/北郊	0.979	0.882	0.962	1.008	1.353
	城区/南郊	1.126	1.064	0.982	0.972	1.179
	城区/近郊	1.047	0.964	0.972	0.990	1.243
1980—1999 年	城区	28.31	7.66	3.83	1.30	0.34
	北郊	26.89	7.93	4.04	1.26	0.28
	南郊	23.65	7.07	3.29	1.25	0.26
	近郊	25.27	7.50	3.66	1.25	0.27
	城区/北郊	1.053	0.965	0.949	1.029	1.214
	城区/南郊	1.197	1.083	1.164	1.043	1.307
	城区/近郊	1.120	1.021	1.046	1.036	1.260
2000—2012 年	城区	23.92	6.75	3.61	1.22	0.19
	北郊	23.44	7.64	3.07	1.02	0.23
	南郊	21.58	6.80	2.74	1.17	0.09
	近郊	22.51	7.22	2.90	1.10	0.16
	城区/北郊	1.021	0.884	1.177	1.192	0.826
	城区/南郊	1.109	0.994	1.316	1.042	2.111
	城区/近郊	1.063	0.936	1.243	1.112	1.188
1960—2012 年	城区	25.86	7.04	3.81	1.44	0.35
	北郊	25.41	7.69	3.82	1.37	0.29
	南郊	22.48	6.68	3.43	1.42	0.27
	近郊	23.95	7.18	3.62	1.40	0.28
	城区/北郊	1.018	0.915	0.999	1.049	1.206
	城区/南郊	1.150	1.054	1.114	1.010	1.296
	城区/近郊	1.080	0.980	1.053	1.029	1.25

表 4-6　北京地区城市化对不同等级降雨量的影响

年份	区域	小雨	中雨	大雨	暴雨	大暴雨
1960—1979 年	城区/mm	69.5	106.1	137.8	113.7	64.4
	北郊/mm	75.8	121.2	141.5	115.6	51.0
	南郊/mm	66.6	100.0	140.4	118.4	53.1
	近郊/mm	71.2	110.6	141.0	117.0	52.0
	城区/北郊	0.917	0.875	0.974	0.984	1.264
	城区/南郊	1.044	1.060	0.982	0.961	1.214
	城区/近郊	0.976	0.959	0.978	0.972	1.238
1980—1999 年	城区/mm	80.3	123.1	135.1	87.9	48.6
	北郊/mm	82.0	128.1	138.3	85.6	40.4
	南郊/mm	70.4	114.8	113.1	83.5	35.1
	近郊/mm	76.2	121.4	125.7	84.6	37.8
	城区/北郊	0.979	0.961	0.976	1.027	1.202
	城区/南郊	1.140	1.072	1.194	1.053	1.383
	城区/近郊	1.053	1.013	1.074	1.040	1.286
2000—2012 年	城区/mm	70.6	108.0	124.3	76.3	29.1
	北郊/mm	68.9	121.3	104.5	66.8	32.1
	南郊/mm	64.1	106.9	93.9	75.1	14.9
	近郊/mm	66.5	114.1	99.2	71.0	23.5
	城区/北郊	1.025	0.890	1.190	1.141	0.906
	城区/南郊	1.101	1.010	1.324	1.015	1.951
	城区/近郊	1.061	0.946	1.253	1.074	1.237
1960—2012 年	城区/mm	73.8	112.9	133.5	94.8	49.8
	北郊/mm	76.4	123.8	131.2	92.3	42.4
	南郊/mm	67.4	107.3	118.7	94.6	36.9
	近郊/mm	71.9	115.5	125.0	93.5	39.7
	城区/北郊	0.966	0.912	1.017	1.027	1.175
	城区/南郊	1.095	1.053	1.124	1.002	1.347
	城区/近郊	1.026	0.978	1.068	1.014	1.255

　　从不同等级降雨事件的年均降雨量角度分析,在大雨及以下等级的降雨事件中,城区与郊区的差异表现不明显,甚至存在"倒挂"现象,即城区降雨量小于郊区降雨量。然而随着城市化发展水平的提高,大雨和暴雨事件中城区与郊区的倒挂现象逐渐消失。同样,与降雨频次的差异相类似,随着降雨等级的增加,城区与郊区的差异也呈现增大态势。从全部的时间序列可知,在大暴雨事件中城郊区的降雨比值为 1.175—1.347,即降雨增加幅度达到17.5%—34.7%,在其他等级的降雨事件中降雨增加幅度相对较小,为 -8.8%—12.4%。

第四节　极端降雨变化特征

作为极端事件之一的极端降雨事件对自然环境和人们生活造成严重影响,特别是持续时间长的极端降雨更容易造成大范围的严重洪涝,引发天气灾害。北京地区处于华北平原,近年来极端降雨事件频发,导致一系列的洪涝灾害事故。虽说研究近年来大尺度的极端降雨事件的变化已经很多,然而对于特定范围的研究相对较少,加之各区域的极端降雨强度和频率的变化较大,因此区域尺度的极端降雨事件的研究特别重要。如前所述,本研究采用年最大值和百分位阈值两种方法,分析北京地区极端降雨的演变趋势。

一、基于最大值的极端降雨统计规律

根据《北京市暴雨图集》的不同历时(短历时和长历时)暴雨统计特征数据,利用 GIS 工具分别绘制 10 min、30 min、1 h、6 h、1 d 和 3 d 的统计特征值空间分布,如图 4-18 所示。我们将 10 min、30 min、1 h 和 6 h 归为短历时,1 d 和 3 d 暴雨作为长历时考虑,从暴雨平均值和暴雨最大值两个方面分析北京市暴雨的主要空间分布特征。从平均值的角度分析,暴雨的空间分布特征与年降雨量的分布走势基本一致,随着暴雨历时的延长,空间差异性特征呈现明显的增强趋势,即短历时暴雨均值的空间差异不显著,如 10 min 的暴雨均值为 13—19,最大值约为最小值的 1.46 倍,而 30 min 的则为 1.85,1 h 的则达到 2,6 h 的则达到 2.25,1 d 的和 3 d 的分别为 2 和 2.15。对于短历时暴雨(除 10 min 外),暴雨均值的空间分布特征最明显的是城市区域往往成为暴雨均值中心,而长历时暴雨均值的中心往往位于平原区与山前迎风坡的接壤地带,由此也可以说明城区范围更易发生 6 h 以内的短历时强暴雨事件。从最大值的角度分析,最大暴雨空间分布也基本遵循“东南多、西北少”的整体空间布局,且在城区及其近郊区、平原区与山区迎风坡接壤地带、西南部房山地区形成了暴雨中心区,即上述区域往往成为最大暴雨的集中地带,这与年降雨量的空间分布大致相同。

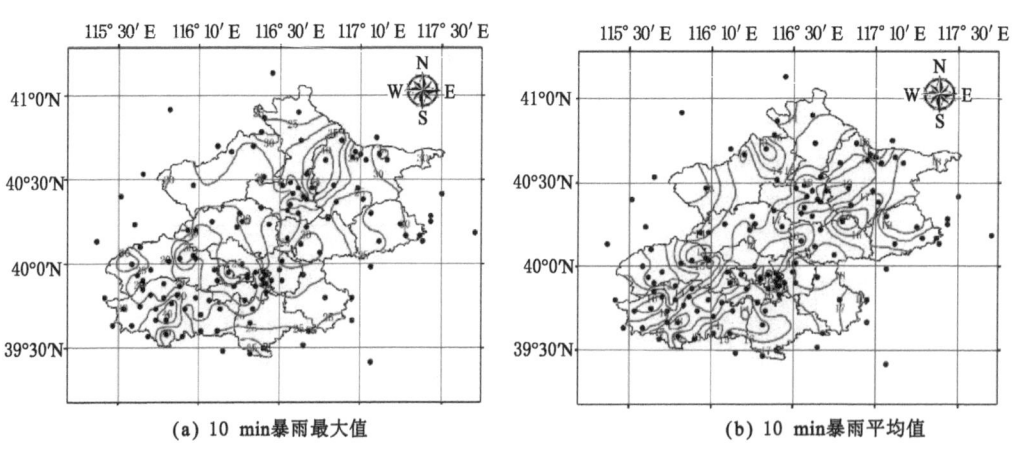

(a) 10 min暴雨最大值　　　　　　　　　(b) 10 min暴雨平均值

图 4-18　不同历时暴雨最大值与平均值的空间分布图

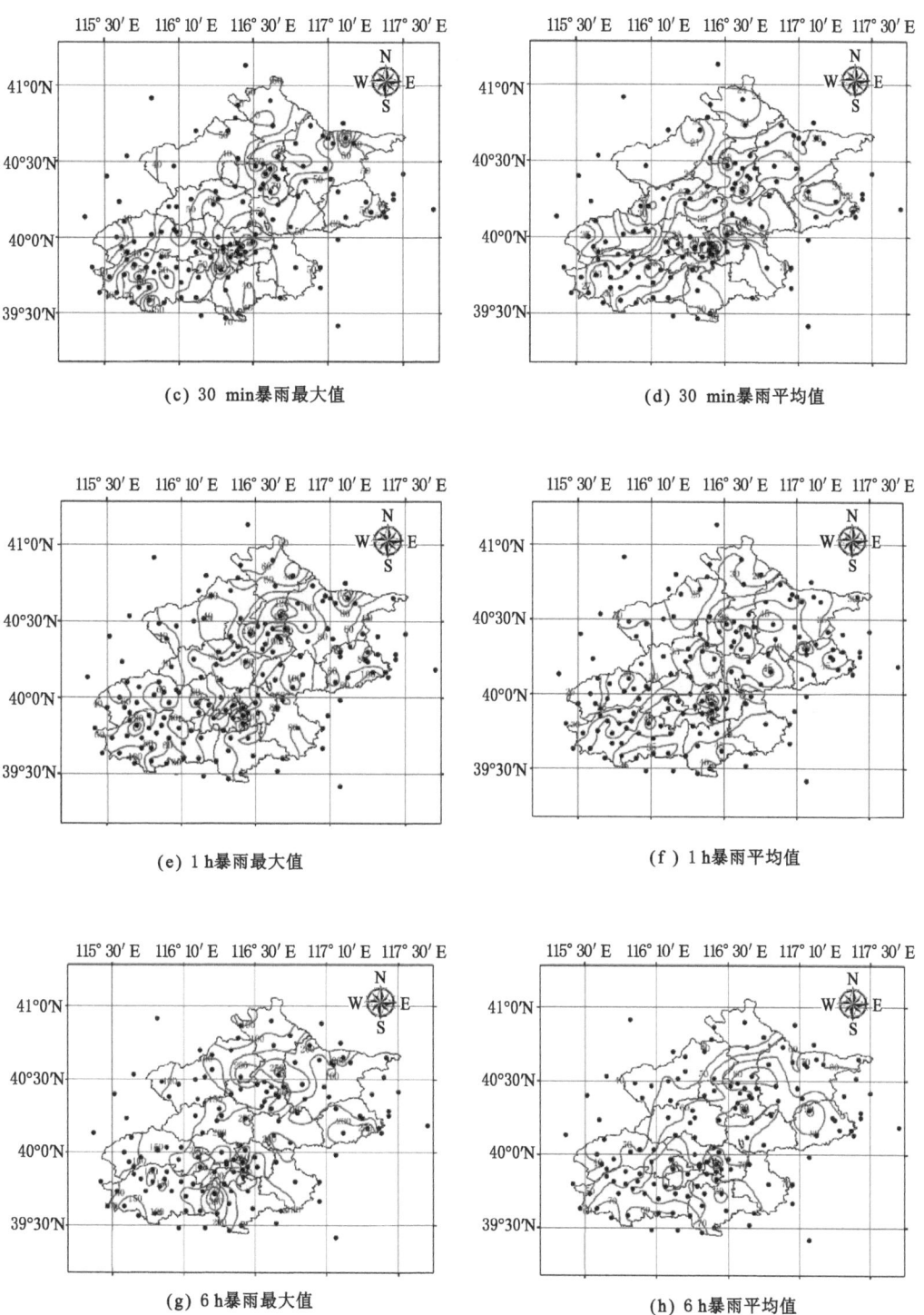

(c) 30 min暴雨最大值

(d) 30 min暴雨平均值

(e) 1 h暴雨最大值

(f) 1 h暴雨平均值

(g) 6 h暴雨最大值

(h) 6 h暴雨平均值

图 4-18(续)

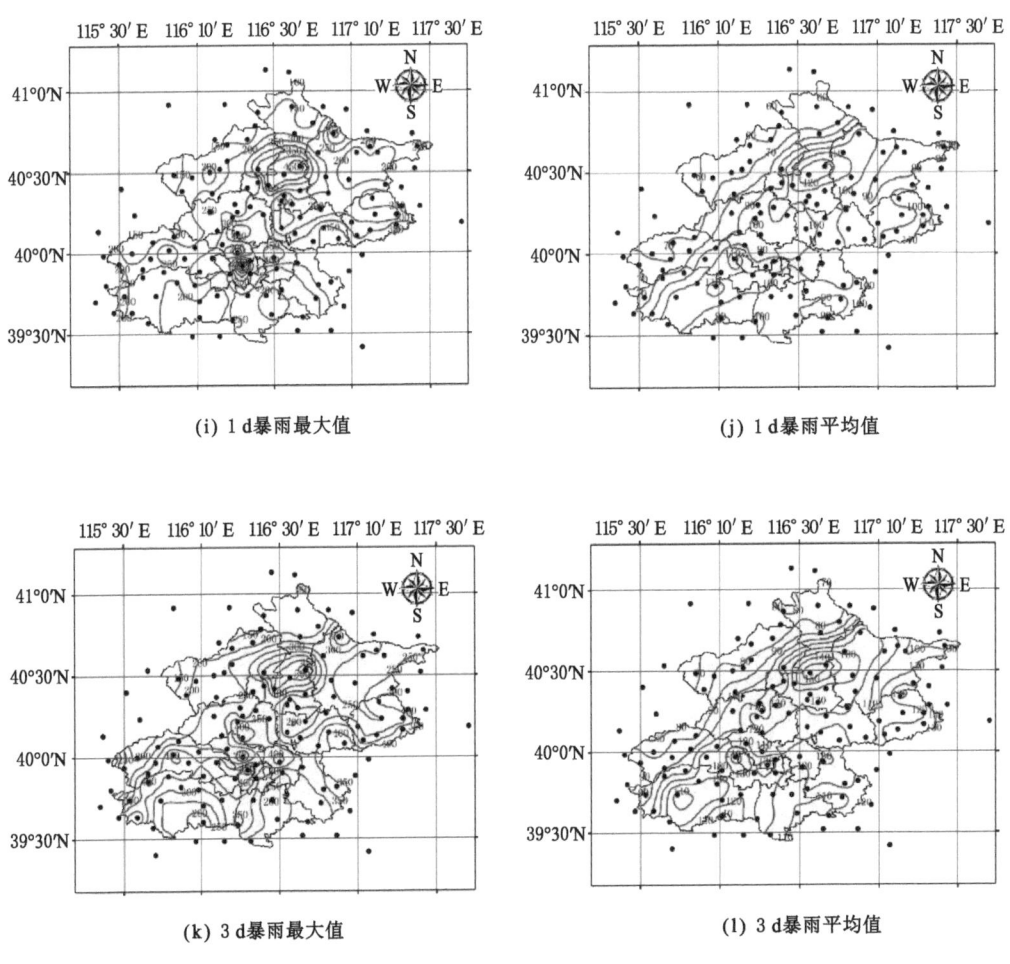

(i) 1 d暴雨最大值   (j) 1 d暴雨平均值

(k) 3 d暴雨最大值   (l) 3 d暴雨平均值

图 4-18(续)

　　根据北京市水文总站提供的 1981—2012 年的数据分析,不同区域不同短历时年极值降雨量统计情况如表 4-7 所示。城区降雨主要集中在 60 min 左右,特短历时 10 min 和 30 min 雨量,老城区各雨量站的值明显大于近郊区雨量站的值,老城区与新城区比较接近,可见城区降雨具有强度大、历时短的特点。通过计算老城区、新城区和近郊区不同历时条件下的降雨频率,可得到 10 min、30 min、1 h、2 h、6 h、12 h 和 1 d 历时条件下的各区不同重现期的设计降雨,如图 4-19 所示。从图中可知,在 10 min 到 2 h 的短历时降雨中,同频率条件下老城区和近郊区的设计降雨大于新城区的设计降雨,而 6 h 以上的较长历时条件下,则是新城区和近郊区大于老城区的设计降雨,可见较短历时降雨受城市化的影响非常显著,随着降雨历时的延长,城、郊区的降雨差异发生变化,降雨量的增加受城市化的影响变弱,而受区域天然条件的影响则有所增强。

表 4-7 城区与近郊区不同短历时极值降雨统计结果

		10 min	30 min	1 h	2 h	6 h	12 h	1 d	3 d	7 d
老城区	北京	17.1	32.2	42.3	71.4	73.5	77.7	104.2	132.3	176.0
	右安门	15.4	29.4	37.2	64.0	70.8	78.1	92.0	113.6	139.2
	海淀	15.8	30.6	39.5	62.5	67.2	70.5	82.8	100.3	134.3
	松林闸	16.2	31.0	43.6	73.4	77.0	84.3	97.9	117.7	155.2
	酒仙桥	16.5	30.9	40.7	62.9	72.6	77.4	94.3	114.7	147.7
	均值	16.2	30.8	40.7	66.8	72.2	77.6	94.2	115.7	150.5
新城区	黄村	16.7	29.6	37.6	61.1	66.3	73.7	90.9	112.7	142.4
	高碑店	16.4	29.0	38.0	70.7	78.7	83.8	92.9	108.8	135.7
	均值	16.6	29.3	37.8	65.9	72.5	78.8	91.9	110.8	139.1
近郊区	通州	17.9	33.2	40.0	70.7	75.3	81.8	101.9	126.7	163.2
	三家店	17.4	33.3	40.5	78.5	83.9	93.7	116.8	143.9	184.0
	卢沟桥	15.9	29.4	39.5	70.2	79.0	85.1	98.4	123.0	156.2
	均值	17.1	32.0	40.0	73.1	79.4	86.9	105.7	131.2	167.8

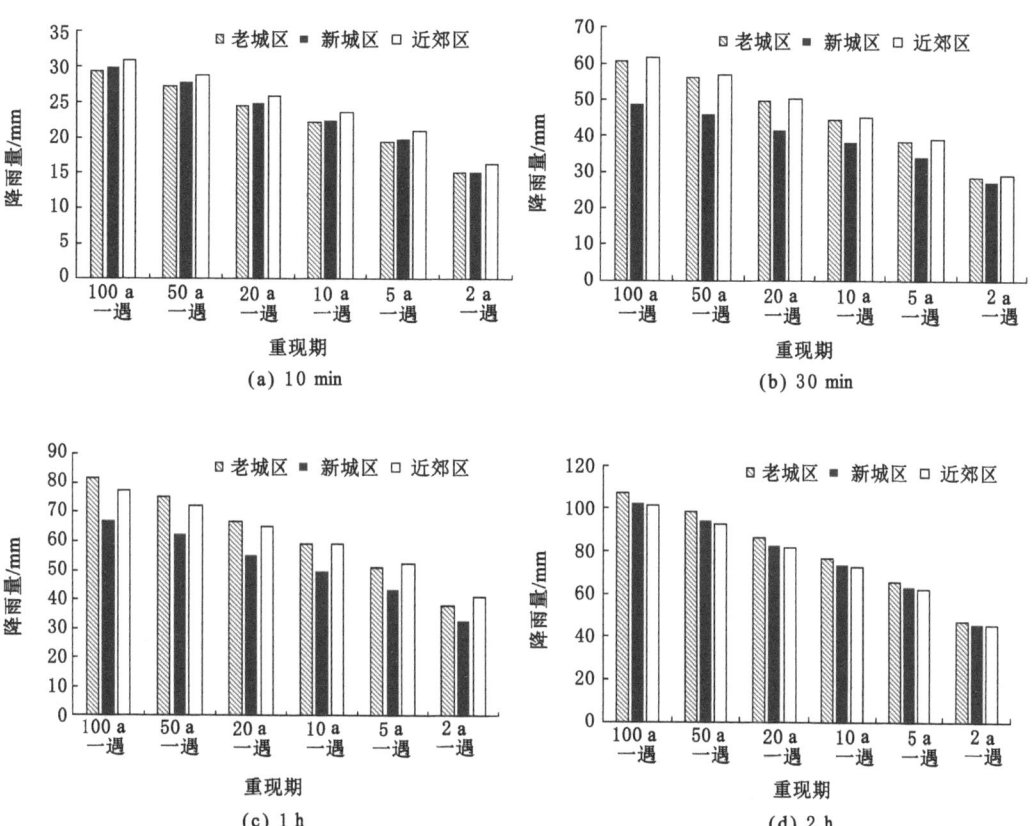

图 4-19 不同重现期下城、郊区短历时降雨设计值

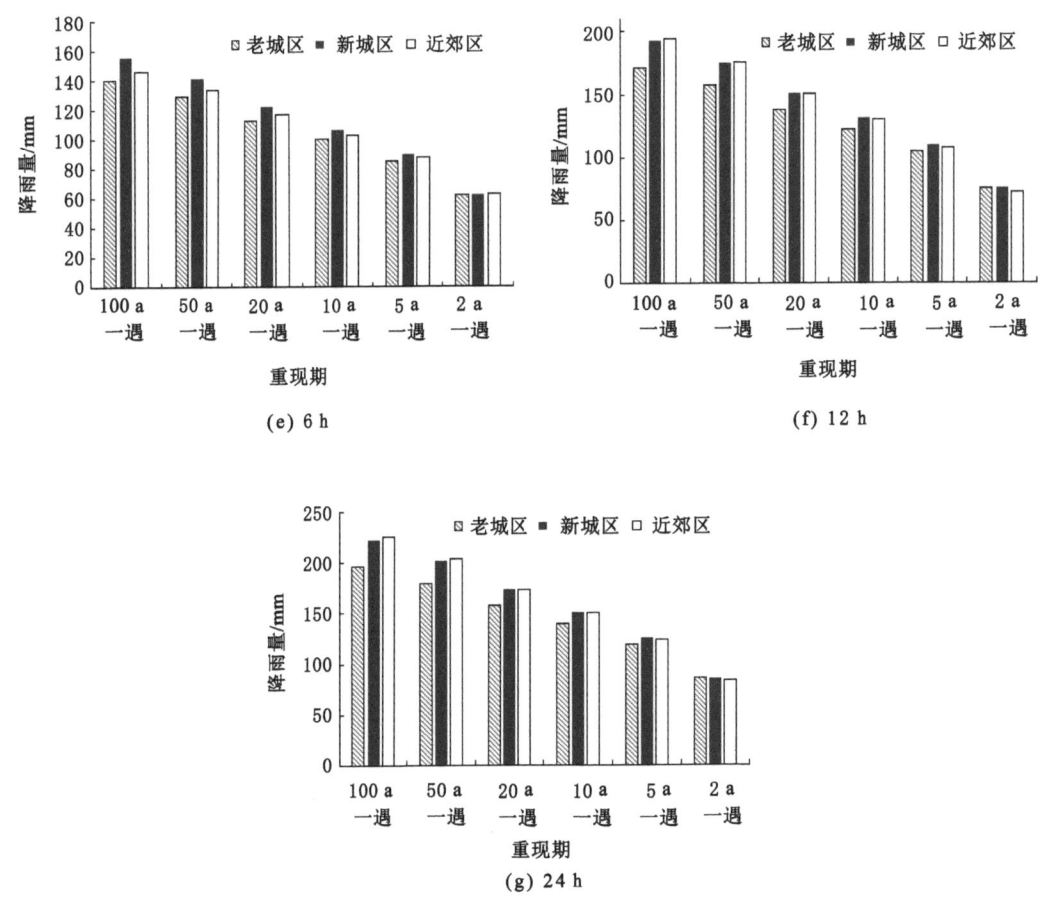

(e) 6 h

(f) 12 h

(g) 24 h

图 4-19(续)

二、基于百分阈值的极端降雨变化特征

北京地区地形复杂,气候的地域差异明显,仅用绝对阈值定义日降雨极端事件,在各个区县之间缺乏可比性。为此,我们采用国际上在气候极值变化研究中常见的百分阈值分析法,即将某个百分位值作为极端值的阈值检验方法,定义基于日降雨量的极端降雨指数,具体采用日降雨量大于 0.1 mm、按升序排列的第 95% 和 99% 的降雨量值作为该测站的极端降雨量的阈值。年极端降雨日数指一年中日降雨量超过该极端降雨阈值的日数,年极端降雨强度指超过极端降雨阈值的年极端降雨总量与年极端降雨日数的比值。

以极端降雨事件为例,95% 极端降雨阈值的计算方法为:把 n 年逐日降雨量大于 0.1 mm 的降雨量按升序排列,将第 95 个百分位值的降雨量值定义为极端降雨事件的阈值,当某站某日降雨量超过了该站的阈值时,就称该日该站出现了极端降雨事件。根据上述百分位法,将北京地区 1960—2012 年汛期的逐日降雨量按升序排序,定义 95 和 99 百分数位上的值为 53 年平均极端降雨事件阈值,当某日降水量超过该极端降雨事件阈值时,称该日出现极端降雨事件。为了更好地描述极端降雨事件的细节,建立极端降雨频数、极端降雨平均强度和极端降雨量占总降雨量比例三个极端降雨指标。再具体计算各站点平均指标时,考虑到部分站点的计算起止时间略有差异,为此先统计该站所有资料的年份,然后再统计该站极端降雨事件各项指标的总数,进而求得各站极端降雨指标的平均数,以避免因统计年份的差异导致结果的差异性影响最终结果。

根据上述诸多指标定义及相关计算方法,图 4-20 给出了两种不同阈值条件下的极端降雨阈值、极端降雨次数、年均极端降雨量及其相应的贡献率的空间分布特征。从空间分布特征分析,两种阈值的极端降雨阈值具有相似的空间分布特征,也与前文分析的汛期降雨量等指标的空间特征保持良好的一致性,即呈现从东向西逐渐减少的趋势。95%阈值为 27.9—59 mm,而 99%阈值为 47—114.3 mm,整体上分析 95%阈值条件下,大部分属于大雨范围,局部地区属于暴雨(50—99.9 mm)范围,而在 99%阈值条件下,少数地区属于大雨范围,多数属于暴雨范围,局部地区属于大暴雨(大于 100 mm)范围。由此可知,两种不同阈值下的极端降雨事件涵盖的范围较广,且考虑到不同地形等综合因素影响下的极端降雨事件的空间分布特征,可更有效地反映极端降雨的时空演变特征。对于不同极端阈值条件下极端降雨事件频率、极端降雨平均强度和极端降雨贡献率等指标均表现出类似的空间分布特征。对于极端事件频率,95%阈值条件下年均发生次数为 1.3—2.3 次,而 99%阈值条件下年均发生次数为 0.2—0.5 次。95%阈值下年均极端降雨量为 79.3—195.4 mm,99%阈值下年均极端降雨量为 22.9—72.2mm。从极端降雨贡献率角度分析,95%阈值下极端降雨贡献率为 22%—31%,99%阈值条件下极端降雨贡献率为 6%—11%。即平均而言北京地区年降雨量中 20%—30%的降雨集中在 1—2 d 内,这与近年来出现的城市暴雨内涝事件存在密切联系,是导致洪涝灾害事件的主要诱导因素之一。

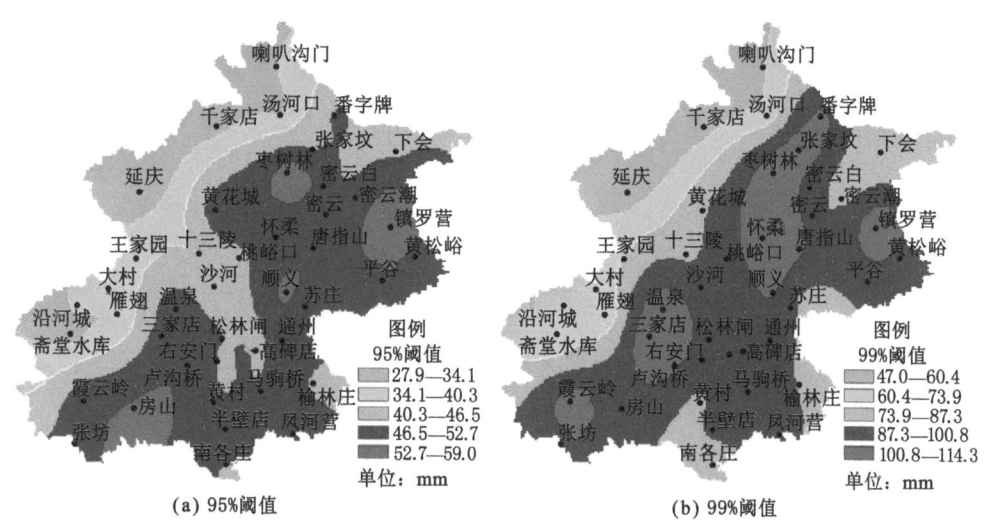

图 4-20 不同阈值条件下各类极端降雨指标的空间分布图

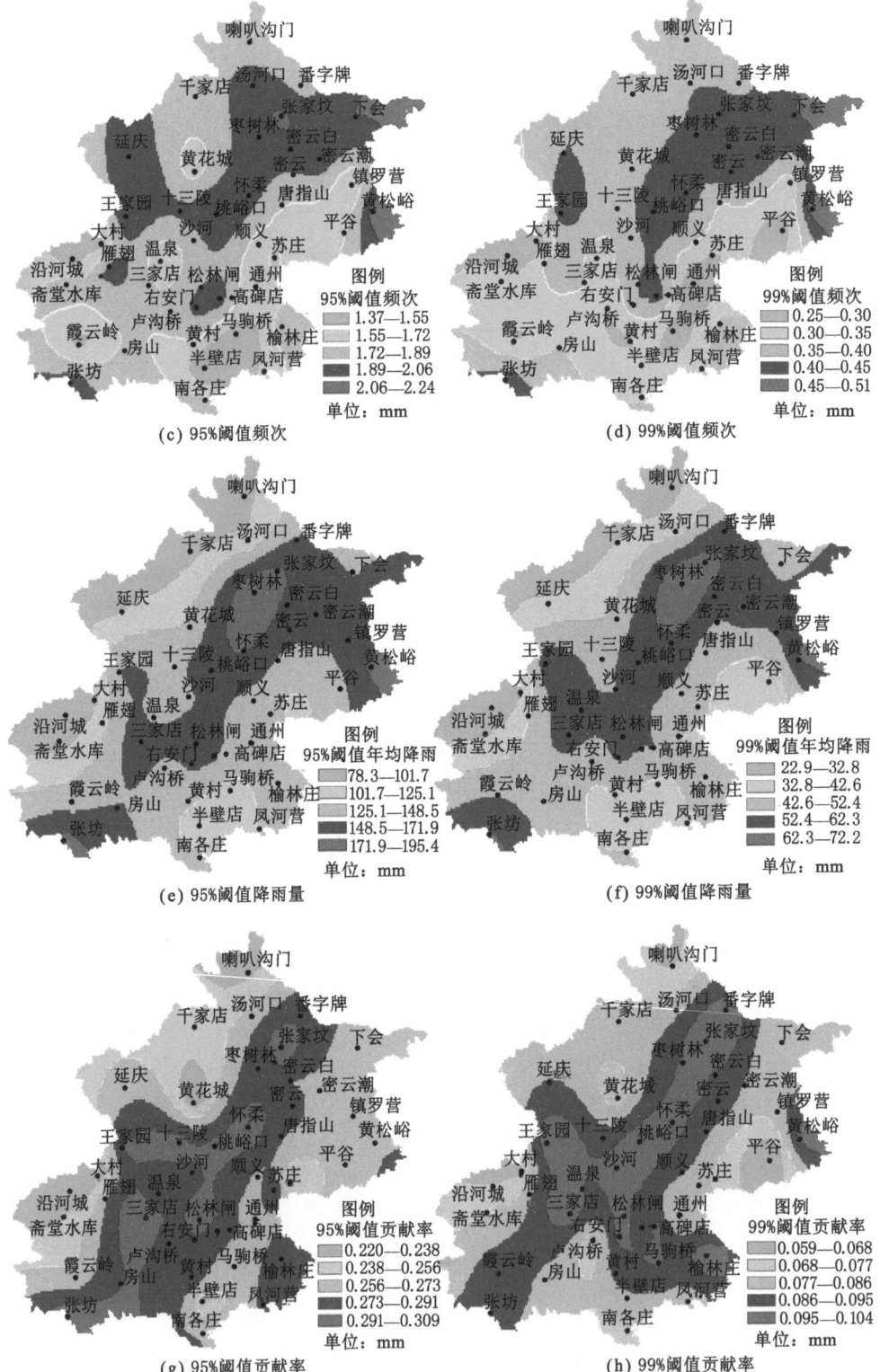

图 4-20(续)

　　根据各站的统计结果,分析区域平均极端降雨指标的时间变化特征,如图 4-21 和图 4-22 所示。从滑动平均结果和线性趋势可以看出,整体上各类指标都表现出下降的趋势。对极端降雨频率而言,95％阈值的极端降雨下降速率为 0.13 次/10 a,99％阈值的下降速率则为 0.04 次/10 a。从极端降雨量角度分析,95％阈值和 99％阈值极端降雨分别下降了 11.59 mm/10 a 和 5.28 mm/10 a。从极端降雨贡献率角度分析,95％阈值条件下极端降雨平均贡献率下降了约 10％,99％阈值条件下极端降雨贡献率平均下降了约 5％。从 Mann-Kendall 分析结果来看,各类极端降雨指标先经历了上升趋势,又经历了下降趋势。整体上,极端降雨的变化趋势也与年降雨的变化趋势存在较好的一致性,也可间接地说明极端降雨在年降雨量中占据较大的权重。

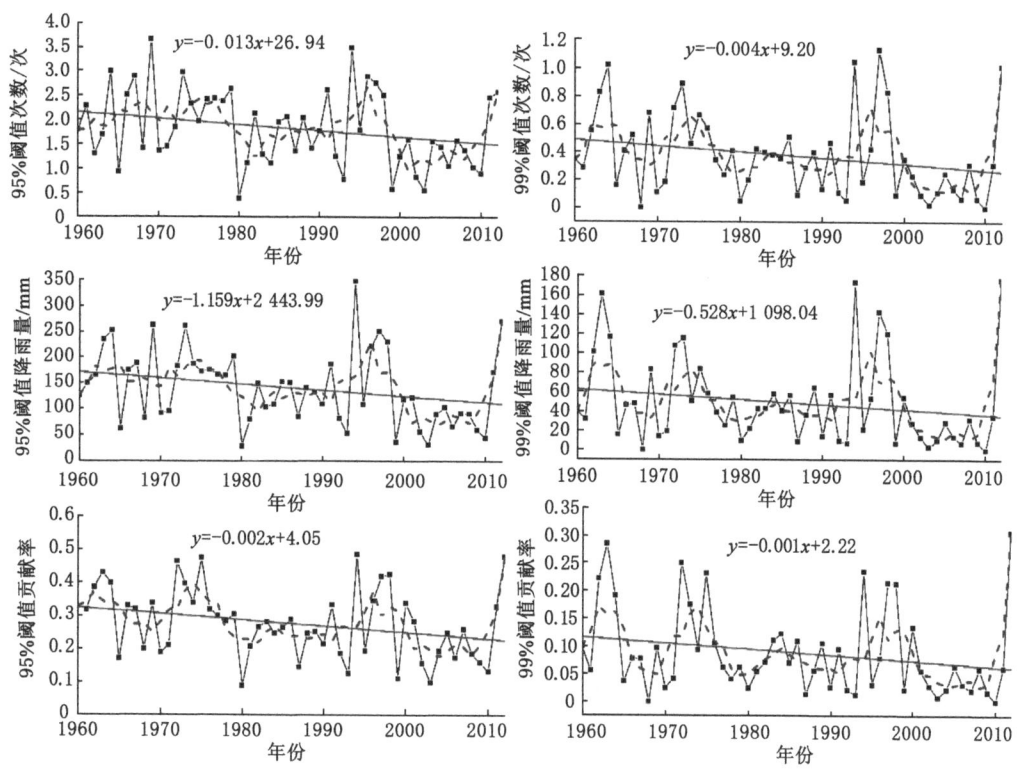

图 4-21　不同阈值条件下区域平均极端降雨指标的时间变化特征

　　为了更方便地比较不同极端阈值下极端降雨指标(极端降雨强度和极端降雨贡献率)的变化情况,需要对上述指标进行标准化处理,即根据极端阈值的降雨量和降雨贡献率与极端降雨次数进行标准化处理,得到单次极端降雨的降雨量及贡献率。根据标准化指标,对比不同年代的极端降雨指标统计情况,如图 4-23 和表 4-8 所示。从图中可知,根据上述标准化结果分析,95％阈值条件下不同年代的标准化极端降雨量均值表现出下降趋势,而 99％阈值的标准化极端降雨量年代均值出现先升后降的态势。与极端降雨量变化趋势不一致的是极端降雨量贡献率的年代均值表现出更复杂的变化特征,20 世纪 60 年代、80 年代和 2000年以后的均值相对较高,而考虑到年降雨量的变化趋势可知,由于受城市化发展及大尺度气

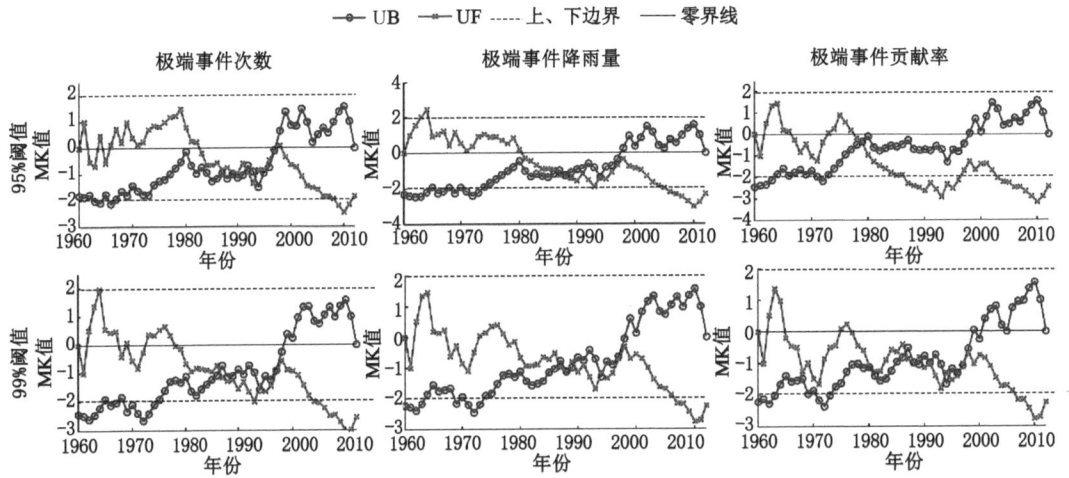

图 4-22　不同阈值条件下各类极端降雨指标的 Mann-Kendall 检验结果

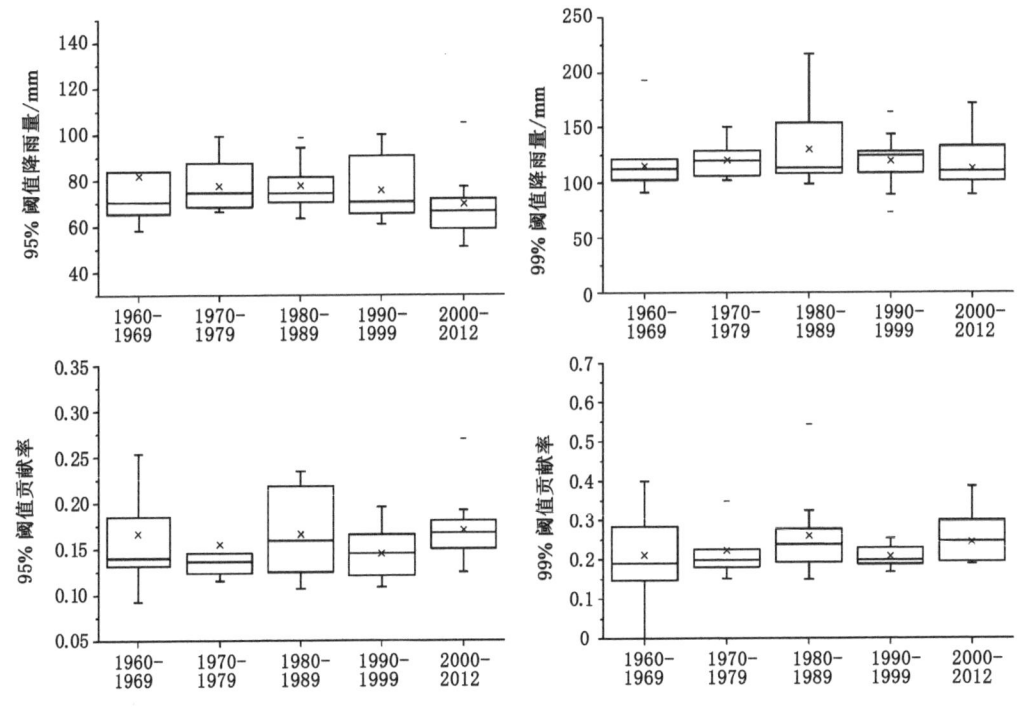

图 4-23　标准化极端降雨指标的年代际变化特征

上下横线表示最大值和最小值,中间方框的横线(自上而下)分别为 75%、50% 和 25% 分位数,叉号表示均值(数据为标准化后的数据)。

候变化的影响,使得区域发生极端降雨事件的概率增加,进而提高了极端降雨量在年降雨量中的比例。此外,从图中我们可以看出各个年代极端降雨时间的发生频率、极端降雨量以及极端降雨贡献率等存在较大的年代际变化和年内变化。如 20 世纪 60 年代的极端降雨量变异较为显著,如 95% 阈值下变幅为 58.7—137.9 mm,99% 阈值下变幅为 0—189.2 mm。另外,2000—2012 年期间降雨量的年际变化也非常明显,这也说明该段时期北京地区经历了长期干旱与短历时极端降雨事件的双重考验。与极端降雨量的变异特征不同,标准化极端降雨贡献率的变异性随着阈值的增加而增加,与未标准化前的结果比较,标准化的贡献率更能反映极端降雨量占全年平均降雨量的比率。以 99% 阈值为例,平均发生一次极端降雨事件的降雨量可以占年均降雨量的 20% 以上。

表 4-8　不同年代极端降雨指标统计结果

时间段		1960—1969 年	1970—1979 年	1980—1989 年	1990—1999 年	2000—2012 年	1960—2012 年
次数	95%	2.15	2.18	1.49	2.04	1.4	1.83
	99%	0.48	0.46	0.31	0.45	0.23	0.38
标准化前	降雨量/mm 95%	170	170.6	114.2	163.5	102.3	141.8
	降雨量/mm 99%	64.5	57	38.4	60.6	31.3	49.3
	贡献率 95%	0.322	0.328	0.229	0.284	0.234	0.277
	贡献率 99%	0.114	0.109	0.074	0.095	0.062	0.089
标准化后	降雨量/mm 95%	81.9	77.7	77.8	75.7	69.8	76.2
	降雨量/mm 99%	114.5	120.3	130.4	119.6	112.4	119
	贡献率 95%	0.167	0.155	0.167	0.145	0.17	0.161
	贡献率 99%	0.211	0.223	0.26	0.207	0.244	0.23

　　此外,从前面极端降雨的空间分析结果可知,城区和郊区的极端降雨存在一定的差异,为了量化分析两者之间的差异,我们定量统计了不同阶段城区和近郊区之间的极端降雨指标变化情况,如表 4-9 所示。为了便于分析,我们简单地将研究序列分为两个阶段(1960—1985 年和 1986—2012 年),对比分析城区、南部近郊区和北部近郊区的极端降雨变化。如前所述,南郊选择半壁店、房山、黄村、凤河营、马驹桥、南各庄和榆林庄作为观测站点,北郊则包括大孙各庄、沙河、十三陵、顺义、苏庄、唐指山和桃峪口,城区主要是高碑店、乐家花园、卢沟桥、松林闸、通州、温泉和右安门。根据表中统计结果分析,1960—1985 年城区发生极端降雨次数相较于郊区偏少,但极端降雨量及其贡献率却高于郊区,而 1986—2012 年三个指标均表现为城区高于郊区,在全部时间序列中,三个指标的表现也与 1986—2012 年的基本一致。对比前后两个阶段的变化可以看出,第二阶段整体上两种阈值下的极端降雨指标都有所降低,这与整体的区域气候背景有关,诸多结果研究显示,华北地区 20 世纪 70 年代末开始由于东亚季风的减弱,使得华北地区降雨量及暴雨发生的频率减少。从对比结果分析,相比南部近郊与城区的差异,北部近郊与城区之间的差异相对较小,主要原因在于北部近郊处于城市区域的下风向,属于城市化影响降雨过程的典型效应地带,一般认为城市化的雨岛效应最强范围在城区下风向 12—20 km 处[43]。再者,南部近郊区的城市化发展进程相对北部近郊而言偏慢,这在一定程度上也可能加强了北部近郊区的极端降雨效应,但具体的

效果仍需进一步的理论验证。

表 4-9　不同阈值条件下城区与近郊区极端降雨对比分析

时期		次数/次			降雨量/mm			贡献率		
		1960—1985 年	1986—2012 年	1960—2012 年	1960—1985 年	1986—2012 年	1960—2012 年	1960—1985 年	1986—2012 年	1960—2012 年
95 百 分 位	南郊	2.13	1.76	1.94	172.5	133	152.4	0.332	0.249	0.29
	北郊	2.11	1.88	1.99	172	146.2	158.9	0.308	0.253	0.28
	城区	2.07	2.06	2.07	179	161.3	170.3	0.327	0.252	0.289
	城区/南郊	0.972	1.17	1.067	1.038	1.213	1.117	0.985	1.012	0.997
	城区/北郊	0.981	1.096	1.04	1.041	1.103	1.072	1.062	0.996	1.032
99 百 分 位	南郊	1.03	0.53	0.74	147	120.3	134	0.127	0.064	0.095
	北郊	1.14	1.09	1.12	150.2	136.6	143.6	0.101	0.078	0.089
	城区	1.1	1.1	1.1	149.2	148.6	149	0.119	0.067	0.093
	城区/南郊	1.068	2.075	1.486	1.015	1.235	1.112	0.937	1.047	0.979
	城区/北郊	0.965	1.009	0.982	0.993	1.088	1.038	1.178	0.859	1.045

从整个研究序列分析,城市化对极端降雨次数主要表现为增大效应,对于 95％阈值的极端降雨事件增加约 6.7％(南郊)和 4％(北郊),在 99％阈值下则为 48.6％(南郊)和 −1.8％(北郊)。城市化对极端降雨量的增加效应相对比较明显,95％阈值条件下极端降雨量增加效应力 11.7％和 7.2％,99％阈值的极端降雨量增加效应约为 11.2％和 3.8％。然而与极端降雨次数和降雨量不同,在极端降雨贡献率的增加效应方面城区比南郊增加分别为 −0.3％和 −2.1％,而比北郊增加约为 3.2％和 4.5％,也间接地说明城市化对年降雨的增加效应在城区与南郊表现较为突出,从而抵消了部分极端降雨贡献率的增加效应。

三、极端降雨频率分析

为了分析极端降雨的重现期问题,采用极值理论开展极端降雨频率分析。目前用于研究极端气候事件的统计分布模型主要包括广义极值分布(GEV)、广义 Pareto 分布(GPD)、Gamma 分布和广义 Logistic 分布(GLO)以及广义正态分布(GNO)等。根据国内外相关研究成果,采用 GEV、GPD 和 GNO 进行北京地区极端降雨拟合研究,采用 L-矩法估计模型参数,通过拟合优度检验,遴选能够较好描述极端降雨分布规律的最优分布概率模型。

模型适用性检验采用 Kolmogorov-Smirnov(KS)检验法,KS 检验将理论分布和经验分布的累积频数进行比较,确定两者的最大差异值 D,D 值越小则说明越符合假定分布。本研究选择显著性水平 $\alpha = 0.05$,则 KS 检验的临界值 $D_\alpha = 0.16$。若存在多个拟合分布都满足显著性检验结果,则选择 D 值最小作为最佳拟合分布。利用不同阈值的极端降雨序列样本进行 KS 拟合效果检验,如表 4-10 所示。由表 4-10 可知,基本上三种分布均可较好地拟合极端降雨序列,但 GPD 和 GNO 的拟合效果较佳(95％阈值时 29 个站点,99％阈值时 27个站点)。

为了方便对比分析,本研究统一采用 GPD 分布模型作为最优拟合分布,分布参数见表

4-11。根据 GPD 分布模型参数分别建立不同阈值下极端降雨序列的单变量分布，进而估计不同重现期下的设计降雨量，本研究主要分析重现期为 2 a、5 a、10 a、25 a、50 a 和 100 a 的设计日雨量。基于 95％阈值和 99％阈值的设计日雨量空间分布分别如图 4-24 和图 4-25 所示。整体而言，不同重现期的设计雨量空间分布形态基本保持一致，与年降雨量的分布相类似，这显然是合理的，也说明极端降雨与年降雨量的关系密切。对于 95％阈值而言，2 a 一遇的日降雨量除了西部部分山区外，基本上都达到了暴雨等级（＞50 mm），而在 99％阈值条件下，2 a 一遇的设计日雨量均达到了暴雨及以上级别，大部分地区达到了大暴雨的级别（＞100 mm）。根据两种阈值得到的不同重现期极值空间分布基本相似，与阈值的空间分布保持一致，大致受地形、城市化等因素影响，但阈值或重现期越大的条件下，设计雨量的空间分布越复杂。从图中我们还可以发现，对于较大重现期的设计降雨值的分布受城市化的影响较大，即随着重现期的升高，城区及其周边地区的设计降雨量差值也有所增加，降雨等值线越密集。

表 4-10　不同阈值条件下极端降雨最优拟合分布的 KS 检验结果

站名	95％阈值			站名	95％阈值			站名	95％阈值		
	GEV	GPD	GNO		GEV	GPD	GNO		GEV	GPD	GNO
半壁店	0.086	**0.045**	0.072	密云	0.073	**0.046**	0.067	通州	0.061	0.046	*0.046*
大村	0.1	**0.062**	0.081	密云白	0.082	**0.043**	0.067	王家园	0.051	0.104	**0.034**
大孙各庄	0.075	**0.055**	0.064	密云潮	0.059	**0.021**	0.036	温泉	0.098	**0.081**	0.083
番字牌	0.073	**0.055**	0.06	南各庄	0.044	0.044	**0.036**	霞云岭	0.115	**0.078**	0.093
房山	0.044	0.042	**0.032**	平谷	**0.06**	0.086	0.065	下会	0.077	**0.041**	0.056
凤河营	0.075	**0.043**	0.06	千家店	0.073	**0.037**	0.049	延庆	0.063	**0.043**	0.051
高碑店	0.09	**0.052**	0.069	三家店	0.078	**0.039**	0.064	雁翅	**0.048**	0.068	0.07
怀柔	0.078	**0.038**	0.063	沙河	0.084	**0.046**	0.064	沿河城	0.067	**0.04**	0.052
黄村	0.053	0.052	**0.038**	十三陵	0.053	0.05	**0.046**	右安门	0.076	**0.056**	0.06
黄花城	0.051	0.05	**0.032**	顺义	0.034	0.058	**0.029**	榆林庄	0.046	0.055	**0.029**
黄松峪	0.081	**0.046**	0.065	松林闸	0.056	0.047	**0.036**	枣树林	0.067	**0.036**	0.04
喇叭沟门	0.057	*0.052*	0.052	苏庄	**0.037**	0.103	0.046	斋堂	0.066	0.041	0.041
乐家花园	0.058	*0.044*	0.044	汤河口	0.087	**0.052**	0.064	张坊	0.047	0.081	**0.043**
卢沟桥	0.083	**0.052**	0.064	唐指山	0.07	**0.032**	0.052	张家坟	0.104	**0.081**	0.087
马驹桥	0.074	**0.053**	0.061	桃峪口	0.073	**0.039**	0.054	镇罗营	0.053	0.048	**0.044**
站名	99％阈值			站名	99％阈值			站名	99％阈值		
	GEV	GPD	GNO		GEV	GPD	GNO		GEV	GPD	GNO
半壁店	0.142	**0.115**	0.119	密云	**0.075**	0.152	0.083	通州	0.08	**0.041**	0.066
大村	**0.044**	0.13	0.047	密云白	0.13	**0.105**	0.127	王家园	0.096	**0.055**	0.082
大孙各庄	0.11	0.078	**0.06**	密云潮	0.06	**0.037**	0.052	温泉	0.131	**0.092**	0.123
番字牌	0.117	0.549	0.158	南各庄	0.125	**0.08**	0.124	霞云岭	**0.055**	0.063	0.058
房山	**0.086**	0.168	0.122	平谷	0.129	**0.101**	0.102	下会	0.067	**0.054**	0.06

表 4-10（续）

站名	99%阈值			站名	99%阈值			站名	99%阈值		
	GEV	GPD	GNO		GEV	GPD	GNO		GEV	GPD	GNO
凤河营	0.065	**0.061**	0.063	千家店	0.11	**0.078**	0.101	延庆	0.063	0.045	**0.042**
高碑店	0.047	0.056	**0.043**	三家店	0.078	0.071	**0.068**	雁翅	0.186	**0.149**	0.16
怀柔	0.106	0.105	**0.104**	沙河	0.096	**0.063**	0.074	沿河城	0.099	**0.058**	0.09
黄村	0.162	**0.12**	0.15	十三陵	0.073	**0.065**	0.074	右安门	**0.043**	0.08	0.053
黄花城	0.076	0.117	**0.063**	顺义	0.063	0.06	**0.055**	榆林庄	0.116	**0.077**	0.099
黄松峪	0.081	**0.043**	0.059	松林闸	0.115	**0.09**	0.103	枣树林	**0.049**	0.265	0.105
喇叭沟门	0.101	0.087	**0.071**	苏庄	0.102	**0.06**	0.089	斋堂	0.085	**0.043**	0.074
乐家花园	0.092	**0.072**	0.087	汤河口	0.154	**0.117**	0.141	张坊	0.08	0.072	**0.068**
卢沟桥	0.07	0.069	**0.065**	唐指山	0.093	**0.055**	0.084	张家坟	0.076	**0.052**	0.076
马驹桥	0.093	**0.053**	0.082	桃峪口	0.125	**0.092**	0.106	镇罗营	**0.044**	0.105	0.056

注：黑体为最优拟合分布，斜体表示取 3 位小数时相同，取 4 位小数时较优。

表 4-11 不同阈值条件下 GPD 分布模型参数

站名	95%阈值			站名	95%阈值			站名	95%阈值		
	位置	尺度	形状		位置	尺度	形状		位置	尺度	形状
半壁店	50.04	24.83	−0.01	密云	47.34	34.87	0.15	通州	51.84	21.76	−0.29
大村	36.73	17.72	−0.17	密云白	50.03	26.64	−0.08	王家园	39.55	18.04	−0.35
大孙各庄	49.78	17.44	−0.32	密云潮	48.91	19.19	−0.24	温泉	49.7	27.68	−0.26
番字牌	44.64	28.76	−0.19	南各庄	47.1	17.41	−0.21	霞云岭	46.75	27.03	−0.26
房山	54.26	25.05	−0.17	平谷	52.39	24.27	−0.15	下会	44.97	17.37	−0.25
凤河营	47.96	25.35	−0.02	千家店	30.76	12.7	−0.3	延庆	31.07	12.75	−0.25
高碑店	43.23	27.68	−0.2	三家店	46.61	42.74	0	雁翅	34.94	12.6	−0.39
怀柔	46.95	35.85	−0.02	沙河	42.23	27.19	−0.19	沿河城	34.7	21.07	−0.1
黄村	46.49	21.78	−0.22	十三陵	42.37	23.56	−0.12	右安门	46.18	22.83	−0.23
黄花城	50.06	19.42	−0.26	顺义	54.75	25.32	−0.13	榆林庄	47.08	17.92	−0.35
黄松峪	49.66	24.19	−0.16	松林闸	47.53	28.76	−0.14	枣树林	56.19	27.29	−0.29
喇叭沟门	34.33	12.91	−0.21	苏庄	49.93	24.93	−0.23	斋堂	32.54	13.36	−0.28
乐家花园	46.87	23.44	−0.15	汤河口	33.12	13.52	−0.31	张坊	50.61	23.68	−0.27
卢沟桥	50.68	26.11	−0.18	唐指山	51.11	28.35	−0.1	张家坟	43.85	30.93	−0.19
马驹桥	47.05	26.78	−0.14	桃峪口	43.71	25.27	−0.2	镇罗营	58.45	29.24	−0.15
半壁店	86.96	15.98	−0.28	密云	98.81	16.95	−0.11	通州	92.98	52	0.02
大村	71.04	37.73	0.3	密云白	91.4	46.26	0.29	王家园	70.19	53.5	−0.02
大孙各庄	80.9	18.7	−0.58	密云潮	82.54	37.18	−0.07	温泉	101.47	64.6	0.12
番字牌	109.51	18.13	−0.47	南各庄	68.52	66.96	0.53	霞云岭	105.52	41.22	−0.12
房山	95.4	24.38	−0.34	平谷	87.45	27.96	−0.33	下会	74.58	32.88	−0.08

表4-11(续)

站名	95%阈值			站名	95%阈值			站名	95%阈值		
	位置	尺度	形状		位置	尺度	形状		位置	尺度	形状
凤河营	88.4	27.28	0.1	千家店	50.93	38.32	0.08	延庆	53.7	19.53	−0.27
高碑店	93.85	45.93	−0.03	三家店	112.46	32.63	−0.18	雁翅	55.71	36.98	−0.25
怀柔	104.46	31.81	−0.11	沙河	88.75	31.57	−0.31	沿河城	68.58	32.57	0.12
黄村	80.19	50.93	0.05	十三陵	83.4	57.79	0.59	右安门	92.55	31.99	−0.23
黄花城	87.48	35.16	−0.1	顺义	98.96	28.38	−0.21	榆林庄	79.51	47.01	−0.13
黄松峪	94.44	24.28	−0.22	松林闸	94.45	31.94	−0.26	枣树林	117.81	31.19	−0.39
喇叭沟门	58.96	9.41	−0.55	苏庄	84.56	58.44	0.01	斋堂	59.93	33.52	0.09
乐家花园	86.75	38.91	0.11	汤河口	56.32	35.33	0	张坊	95.05	24.21	−0.5
卢沟桥	100.49	52.76	0.27	唐指山	97.22	40.81	0.07	张家坟	106.19	74.7	0.56
马驹桥	96.66	40.11	0.05	桃峪口	91.64	29.52	−0.26	镇罗营	111.7	40.07	−0.07

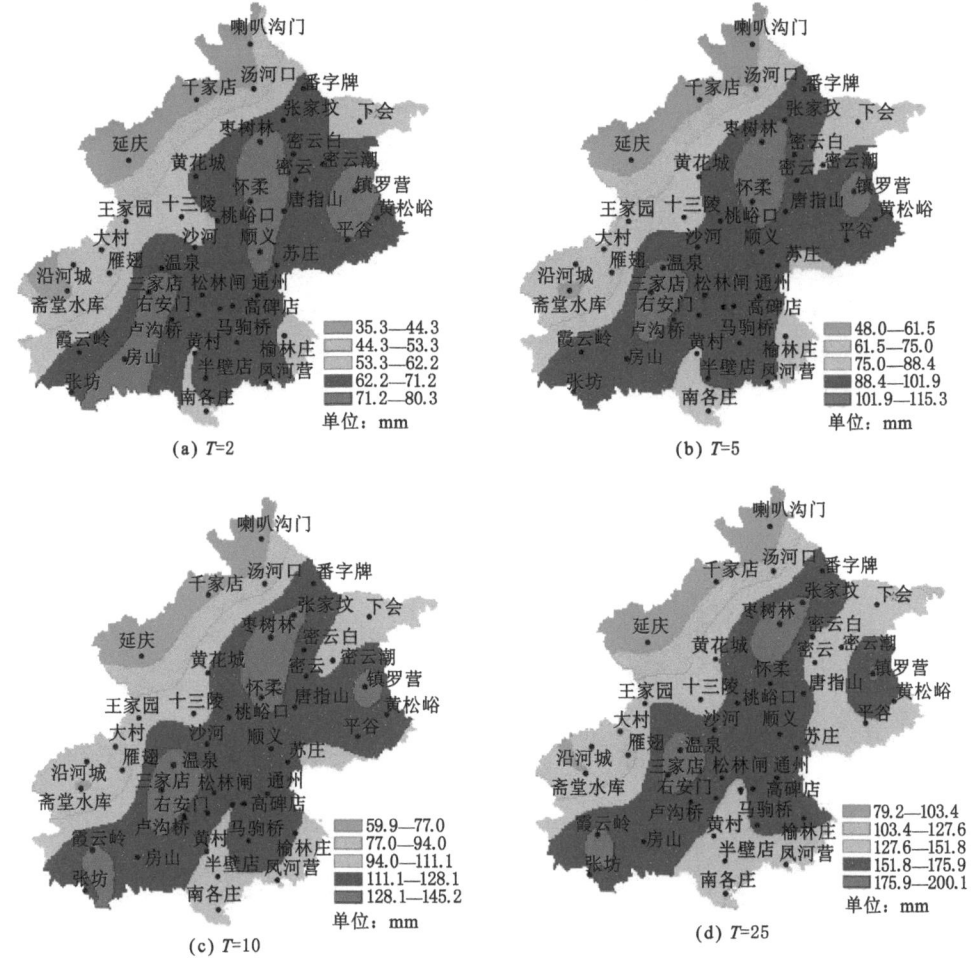

图4-24　95%阈值条件下的不同重现期极端降雨空间分布图

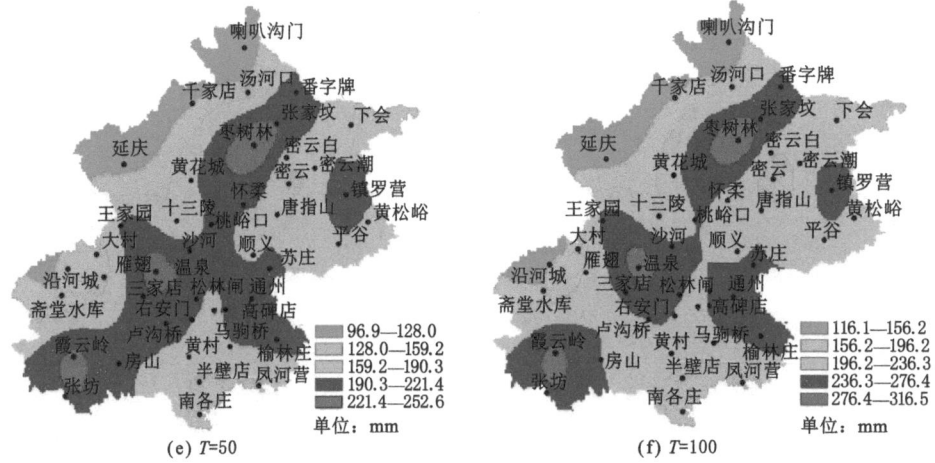

(e) T=50   (f) T=100

图 4-24（续）

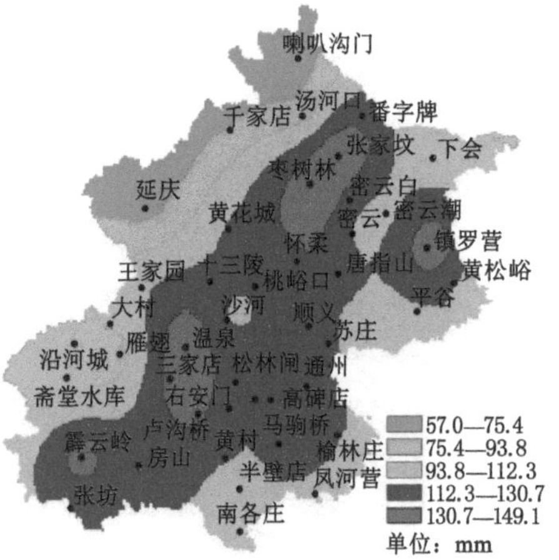

(a) T=2 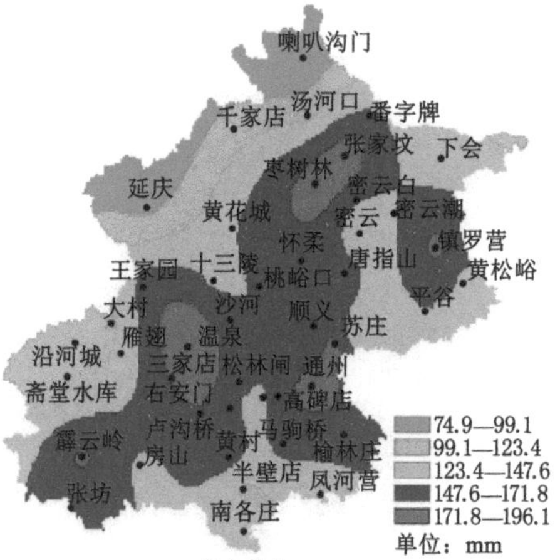   (b) T=5

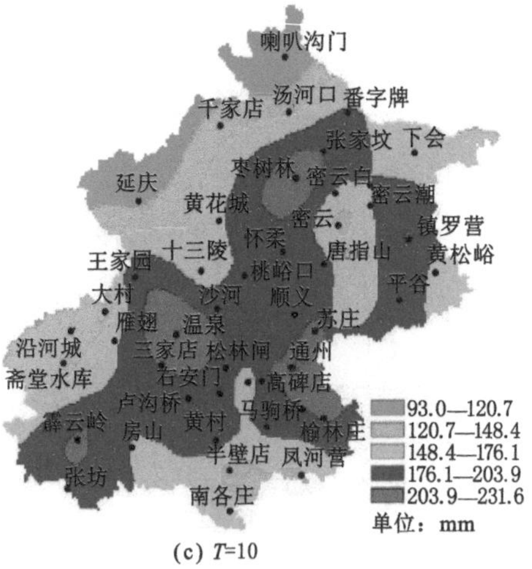

(c) T=10 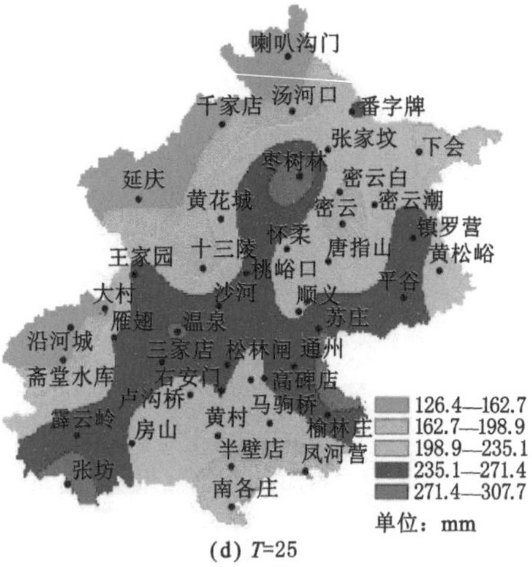   (d) T=25

图 4-25　99%阈值条件下的不同重现期极端降雨空间分布图

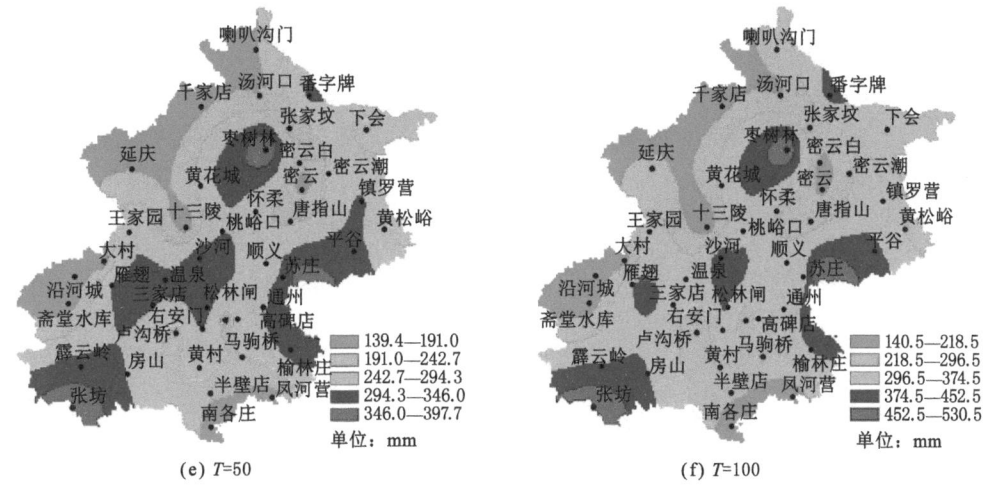

图 4-25（续）

第五节　降雨演变的驱动因素分析

一、区域气候与大气环流特征

北京市暴雨主要出现在夏季,其大气环流特征是经向环流明显,太平洋高压北抬西伸,脊线常在北纬 35°以北[177]。在有利环流形势下,造成北京地区暴雨的主要天气系统有蒙古低涡低槽、切变线、西来槽、西北低涡、东北冷涡、西南低涡、回流、台风外围影响等,且水汽来源由当时的大范围大气环流形势决定。当副热带高压西伸,其西侧盛行西南气流,若西南地区有低涡发展,则更加强西南气流,在这种天气形势下,水汽输送来源主要来自南海或孟加拉湾。另外,在偏东风盛行时,黄海和东海的水汽也是主要输送源地。如 1963 年 8 月上旬的特大暴雨过程,其水汽就是来自西南方向,但在后期由于东南方向的东海和黄海的水汽输送加强,使得减弱后的暴雨又得到加强,并在朝阳区来广营形成一个更大的暴雨中心。因此,大气环流特征是区域降雨演变的主要驱动因素。

诸多研究结果证实[178-181],东亚夏季风在 20 世纪 50 年代至 60 年代前期偏强,70 年代后期以来,东亚夏季风偏弱,年代际变化特征明显。华北夏季降雨与东亚夏季风变化存在良好的相关关系,强夏季风年,华北夏季降水一般偏多,弱夏季风年,华北夏季降水一般偏少,但不完全一致,如图 4-26 所示。东亚季风减弱是造成华北夏季降雨减少的一个重要因素,但不是唯一因素,还与环流异常密切相关。在 850 hPa 层上,20 世纪 80 年代与 50 年代相比,120°E 以西的东亚中纬度的西南季风和 120°E 以东的副热带高压南部的偏东风、西北部的西南风异常减弱,加之副热带高压明显偏弱且位置偏东,结果使得西南气流输送水汽难以到达 30°N 以北的地区,而副热带高压西部外围偏东南、偏南气流输送到华北地区的水汽也大量减少,使得华北水汽不足,造成降雨减少。在 500 hPa 高度场上,20 世纪 50 年代夏季,乌拉尔山高压脊较强,贝加尔湖至青藏高原北部的高空槽较深,从欧洲(一)、乌拉尔山(+)到中亚(一)形成了一个明显的欧亚遥相关型,这种环流使槽脊活动加强,经向环流表现突出,有利于冷暖空气南北交换;80年代,乌拉尔山高压脊减弱,贝加尔湖至青藏高原北部的高空槽变浅,欧亚遥相关型表现与50年代相反,变为欧洲(十)、乌拉尔山(一)、中亚(十)形势,这种环流使得槽脊活动减弱,纬向环流表现突出,不利于冷暖空气南北交换。在500 hPa气温场上,20世纪50年代,西伯利亚至青藏高原西北部为冷槽,说明这里多冷空气活动并经常东移南下影响其东南方向的华北地区;80年代,西伯利亚至青藏高原西北部的冷槽明显东移南压到蒙古至华北地区,华北为比较冷的空气控制,锋区位于华北以东和以南地区,造成华北地区冷暖空气交汇减少,降水也因此减少。

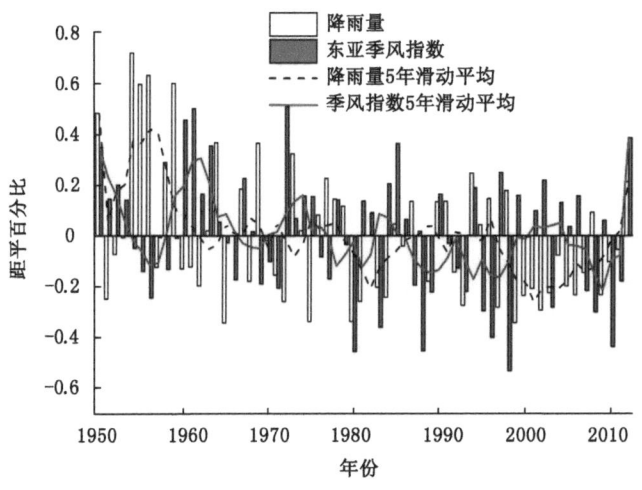

图4-26 北京年均降雨与东亚季风指数的距平百分比图

二、ENSO 事件

ENSO(El Niño/La Nina)事件对北京地区降雨变化也存在较大的影响。厄尔尼诺现象(El Niño)是指赤道东太平洋海水温度大范围、长时间、不间断地异常增温现象,拉尼娜现象(La Nina)是与之相反的海水降温现象,发生周期一般为2—7 a[182]。一般认为,在厄尔尼诺事件的发展阶段,夏季赤道西太平洋的海水温度异常偏低,在中国南海和菲律宾附近的对流活动偏弱,导致副热带高压带南移,从而使中国北方降水稀少;相反,在厄尔尼诺事件的衰退阶段,菲律宾附近的对流活动偏强,副热带高压带北移,干旱少雨就发生在长江和淮河流域,而海河流域的降水就偏高[1,183]。部分研究结论也证明厄尔尼诺事件发生当年北京降水较少,次年降水有所增加[182,184,185]。本研究以MEI指数(Multivariate ENSO Index,http://www.esrl.noaa.gov/psd/enso/mei/)来分析ENSO事件与北京地区1950—2012年间的年均降雨的关系,MEI指数是通过多个变量(如海平面气压、地面经向风和纬向风、海表温度、海面气温以及总云量)表现ENSO事件强弱的一个指标。观测数据表明,MEI指数与北京地区降水具有较好的负相关,即MEI指数距平为正时(厄尔尼诺事件),北京地区降水偏少,而MEI指数距平为负时(拉尼娜事件),北京地区降水则偏多(图4-27)。

三、城市化发展

城市化对降雨的影响主要是城市化变化引起的,许多城市自然灾害的起因都与气象因

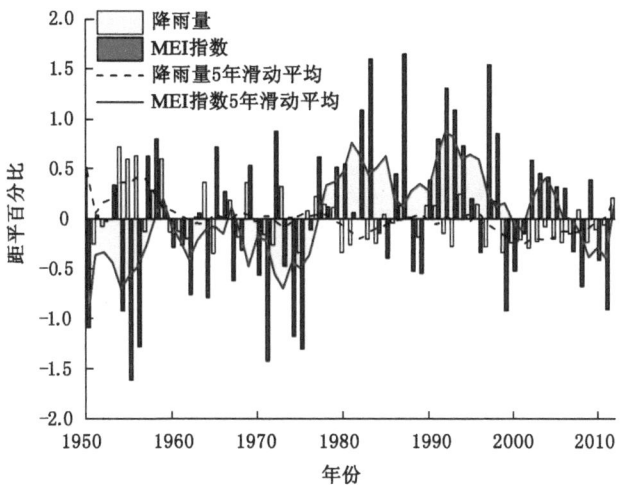

图 4-27　北京地区年均降雨与 MEI 指数的距平百分比图

素的变化有关。国内外大量研究资料表明,城市化影响了城市局部地区的降雨特性,主要包括以下三个方面的效应[42,43,186-189]:

（1）城市热岛效应

热岛效应使得空气层结构不够稳定,在市区上空暖而轻的空气上升,同时,四周郊区的冷空气要向市区辐合补充,形成热岛辐合环流。当城区水汽充足,凝结核丰富,或者在有利于对流性天气发生发展的天气系统制约环境下,就容易形成对流云以及对流性降雨,或者对暴雨产生"诱导增幅"的作用。如果有其他系统叠加在热岛上空,就可能产生大暴雨;如果缺乏有利的流场和天气形势,单纯的城市热岛直接触发降雨的可能性是很小的。根据相关资料分析,城市热岛形成的原因主要有以下几点:首先是城市下垫面特性的改变,城市内大量的人工构筑物改变了下垫面的热力属性。其次是人工热源的影响,由于生产和生活的需要,每日都要燃烧各种燃料,以及向外排放大量的热量。第三,城区里的绿地、林木和水体的减少,致使缓解热岛效应的能力被削弱。第四是城区的大气污染日益严重,由于日常的生产、生活要排出大量的二氧化碳、氮氧化物和粉尘等排放物,这些物质会吸收下垫面的热辐射,促进温室效应。

利用北京 20 个气象站[190]资料计算北京地区年均气温变化,根据离城区中心的距离将其划分为城区、近郊区和远郊区,其中城区包括海淀、朝阳、丰台、观象台和石景山,近郊区包括顺义、怀柔、平谷、通州、大兴、门头沟、房山和昌平,远郊区包括汤河口、密云、上甸子、斋堂、霞云岭、延庆、佛爷顶。在具体计算年均温度过程中根据地形因素的影响对温度进行修订,估计北京地区的热岛效应,如图 4-28 所示。从图中可知,1971—1980 年城区与郊区的年均气温差异很小,1980 年之后城区的气温明显高于近郊和远郊区,近 5 a 的城区平均气温较近郊区高出约 1.2 ℃。

（2）城市阻障效应

城市内有高高低低的建筑物,其粗糙度比郊区的大。林立的高楼、密集的建筑影响和改变了暴风雨的风场,增强了气流的紊动性,增加了暴雨滞留和降雨的可能性。它不仅引起机

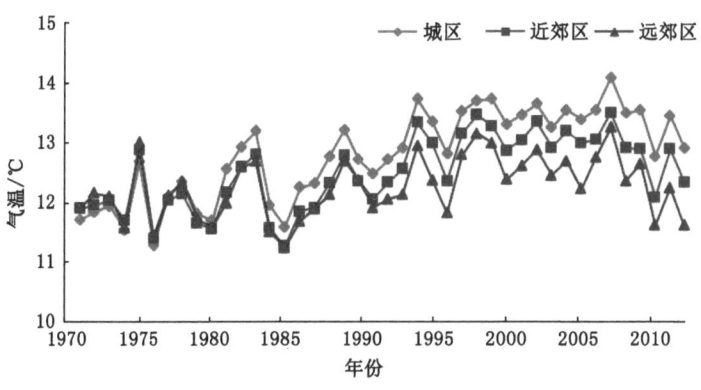

图 4-28　北京城区、近郊区和远郊区的年均气温变化图

械湍流,还对移动滞缓的降雨系统,如静止锋、静止切变、缓进冷锋有阻障效应,使其移动速度减缓,然后在城区的滞留时间增长,导致城区的降雨强度增大,降雨时间延长。

（3）城市凝结核效应

工业、取暖和交通等人为活动会排放大量的污染气体和气溶胶,使城市的凝结核数量远多于郊区,这些凝结核的存在对降雨的形成是否有促进作用,仍然具有一定的争议。但对冷云降雨和暖云降雨而言,城市凝结核数量有不同的影响,城市如果提供充足的凝结核,有利于冷云降雨;如果城市排放的微小凝结核较多,反而不利于暖云降雨。城区高温高湿的空气积累了大量的不稳定能量,只要天气环流形势合适,降雨云团一旦进入市区上空就迅速发展加强,往往会变成暴雨岛。

北京地区降雨过程局地变化与城市热岛效应存在密切联系,城市的规模越大,或者说城市热岛强度、影响区域越大,城市热岛效应对区域性降雨分布的影响作用也就越加明显[191];下垫面形状的改变、人为热源的排放、环境因素的不同等都会造成城乡之间出现气温差异。而气温差异的出现必然造成局地流场发生调整,这种调整经常会成为对流天气的触发机制,从而有可能产生局部天气气候要素的差异,局地天气气候要素上的差异反过来对城乡之间的气温差异产生影响。城市化过程造成的地表特征变化也有可能产生使城市下风侧降雨增大的现象,特别是在城市边缘地带,像海淀、朝阳一带也是特大暴雨中心区和最大暴雨强度区之一。其原因是热岛效应使上升气流增强,高耸密集的建筑物增加了下垫面的粗糙度,使气流的乱流扰动增强。北京城市化发展促使城区地面粗糙度发生很大变化,当气流从郊区向城区移动时,城区中高度不一且规模庞大的高层建筑如同屏障,使空气产生机械湍流,而人工热源则导致热力湍流;同时受地层摩擦影响,空气动力糙率发生改变,空气运动受到明显影响,强风在城区减弱而微风得到加强。城市阻碍效应造成气流总体移速减慢并在城区滞留时间增加,进而导致城区降水强度增大及降水时间延长。城区气流条件不利于污染物传输与扩散,气溶胶的污染浓度高,尘埃和废气的微小颗粒长期飘浮在空中,易于吸收水汽,形成较多的云凝结核和冰核,从而有利于形成云内胶性不稳定,进而起到增雨作用。陈静等[192]对 2011 年北京汛期降雨特征分析表明,城区降雨显著多于同期非城区降雨,一定程度上验证了郑思轶等[193]的研究结论“在北京城市化过程中,城区排放大量气溶胶及温室气体有利于降雨形成,城区降雨波动性增强,旱年越旱,涝年越涝”。

第六节 本 章 小 结

基于不同时间和空间尺度数据,运用多种统计分析方法,通过单站长历时资料序列和区域短历时资料序列,检测北京市不同季节的降雨时间变化趋势,描述北京地区降雨的空间分布特征,评估北京市极端降雨事件的演变过程,识别北京地区降雨时空演变特征的驱动因素,得到的主要结论如下:

(1)长期序列变化

北京气象站的多年(1724—2012 年)平均降雨量为 599.3 mm,夏季占比最大约为 74.3%。整体上近 300 a 来北京气象站年降雨量有缓慢增加的趋势,上升速率约为 1.4 mm/10 a,但呈现出明显的旱涝交替的年代际变化。根据全年和季节降雨序列的 Mann-Kendall 检验结果可知,除冬季之外,春、夏、秋和全年的降雨趋势均呈增加趋势,其中夏季和全年的变化趋势明显。根据周期性分析结果,北京气象站年降雨量存在多个时间尺度的变化周期,其中 72 a 的周期震荡最强,为第一主周期,30 a 和 18 a 的周期分别为第二和第三主周期。在不同的时间尺度下,得到的降雨量偏多或偏少存在一定差异,这也说明研究降雨的周期性变化需要综合考虑多种时间尺度下的周期变化规律。

(2)短期序列变化

基于北京地区 16 个典型雨量站的观测资料计算区域平均降雨序列,与长期序列资料的变化趋势不同,北京地区 63 a 来年降雨量总体呈现下降的趋势,年均减少约为 2.85 mm,其中夏季和汛期平均降雨下降最为显著,约为 3.28 mm/a 和 2.97 mm/a。经 Mann-Kendall 检验也证实了 7 月和 8 月降雨序列表现出显著的下降趋势($\alpha=0.05$)。由于年内降雨分布不均匀,汛期(6—9 月)降雨量约占全年降雨量的 83.4%,其中 7 月和 8 月降雨量占全年降雨量的 61.3%以上,导致北京地区长期干旱和短历时洪涝灾害风险较大。北京地区平均年降雨量存在 4 a、8 a 和 15 a 左右的波动周期,其中 15 a 为第一主周期,4 a 和 8 a 分属第二和第三主周期。

(3)空间变化特征

整体上北京地区降雨的空间分布呈现出从东南向西北递减的趋势,但存在明显的地区差异,且北京地区降雨的空间变化特征主要受地形影响和城市化发展影响,形成了多个小区域降雨中心:一是在平原区与山区迎风坡的接壤地带,在怀柔和密云水库及其周边地区以及房山附近,二是在城市周边及其下风向区域,如城区及其北部近郊局部地区。

(4)极端降雨变化

北京地区汛期各种极端降雨指标的空间分布基本类似于年降雨量的空间分布,受地形等因素影响密切,但极端降雨频次和极端降雨贡献率的分布与极端降雨阈值和极端降雨量的分布并不完全对应。50 多年来,各类极端降雨指标整体呈现出下降趋势(Mann-Kendall 结果则为先升后降),包括极端降雨频次、强度以及贡献率,且极端降雨指标的年际及年代际差异显著,说明北京地区极端降雨的大尺度变化趋势受区域气候背景影响明显。根据不同阈值估计不同重现期下极端降雨设计值的空间分布形态可以看出,随着阈值和重现期的增加,局部地区的极端降雨差异越加明显,等值线越密集。

(5)城市化发展对降雨变化的影响

　　城市化对城市不同区域的降雨影响不同,在城市下风向的近郊区(北郊)与城区的差异相对较小,而与南部近郊的差异则比较明显。相似的结论也表现在极端降雨方面,城市化导致城市及其城市下风向近郊区的极端降雨频数、强度相对较高,且城市化发展不同阶段极端降水频数、强度和贡献率具有不同的分布形态,在一定程度上与区域气候背景和大气环流变化密切相关。近年来由于全球变化等影响,高强度极端降雨事件的影响日益显现,局部高风险区域的极端暴雨事件呈现增多趋势。

第五章　北京市洪涝演变特征及统计分析

目前,全球城市化的快速发展正以前所未有的规模对地球系统造成一系列的影响,特别是发展中国家,由此改变了水文循环过程,使得诸多水文循环要素发生变化。北京地区城市化的发展以及大规模的城市建设,使得天然河流发生改变,导致洪水资料序列形成的环境背景一致性发生变化,从而带来洪水设计频率计算方面的问题。由于城市化发展和全球气候变化的影响,使得城市暴雨洪涝问题日益显著。因此,本章主要探讨北京地区流域洪水和城区内涝的演变特征,分析洪水极值的演变趋势及洪水序列的频率计算问题,揭示变化环境下非平稳性洪水序列的频率分布拟合及其设计值估计,阐释了环境变化对城市内涝的影响机制,对于理解变化环境下城市防洪防涝安全和水资源演变具有重要意义。

第一节　资料概况

北京城区范围洪涝灾害的威胁主要来自城市上游永定河洪水、西山洪水、市区内部暴雨洪水以及城市排水尾闾——北运河(温榆河)洪水的顶托。因此,本章在研究北京市洪涝演变特征时,主要从外围河流洪水和城市内涝两个方面进行分析。

对于城市外围洪水,选择永定河和北运河作为代表,分析区域洪水特征演变规律并探讨区域洪水频率设计问题。永定河洪水灾害位居北京各河洪灾之首,历来对北京城区威胁最大。永定河官厅以下至三家店(称为官厅山峡),流域面积为 $1\ 600\ km^2$,处在暴雨中心多发区,出峡后于三家店进入平原区,经石景山、丰台、大兴、房山等区县出境。由于区间河道纵坡陡,因此峰高量大,历时短,对北京地区的影响较为明显,虽说近年来三家店以下出现断流现象,但分析该站的洪水特征仍具有重要意义。北运河(温榆河)主要是城区及西南地区排水的总尾闾,因此对城市防洪减灾的作用非常重要。同时,北运河由于河道弯曲摆动、河床淤积等问题,历史上也是一条洪灾频发的河流。因此,本章对永定河的三家店,北运河上游温榆河的沙河闸和通州北关闸,北运河支流凉水河大红门闸和榆林庄站开展研究,具体资料如图 5-1 和表 5-1 所示。

对于城市内涝,主要研究城区范围,结合第三章讨论城市不透水面空间分布情况,本研究仍以六环路为主要边界,分析城区范围的洪涝事件变化特征及影响因素。根据相关新闻报道以及调研结果,重点分析 2000 年以后的暴雨洪涝事件。根据北京水务部门统计数据,2001—2012 年间小时雨量超过 50 mm 的共有 304 站次,小时雨量超过 70 mm 的有 90 站次,而在 2004—2013 年间共出现 29 次局部极端降雨事件,其中 2012 年的"7·21"特大暴雨灾害最为严重,此外 2004 年 7 月 10 日和 2011 年 6 月 23 日特大暴雨灾害也较为严重。结合这三场典型的暴雨洪涝事件,分析北京城区内涝的主要影响因素及成因,为城市防洪排涝治理提供科学依据。

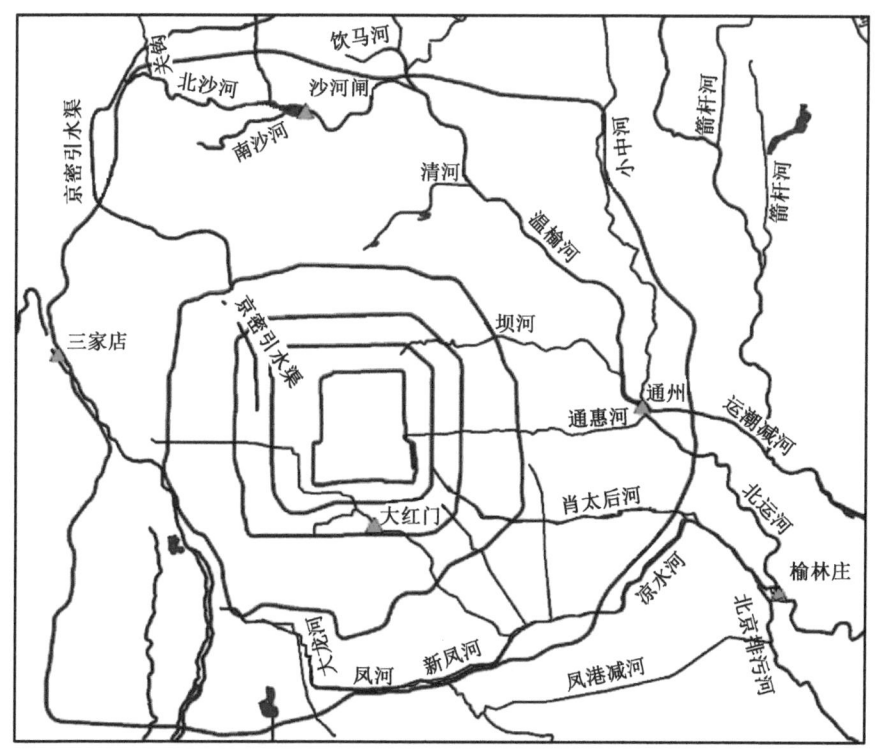

图 5-1　北京城区主要水文站点分布图

表 5-1　研究站点资料情况表

流域	站点	集水面积/km²	设站年份	资料年限
北运河	沙河闸	1 152	1970 年	1974—2005 年
	通州北关闸	2 478	1954 年	1954—2012 年
	大红门	131	1968 年	1970—2012 年
	榆林庄	684	1956 年	1957—2012 年
永定河	三家店	44 200	1920 年	1951—1997 年

第二节　研 究 方 法

一、抽样方法

要研究城市区域洪水极值事件的时空变化规律和统计特征,首先要选择洪水极值事件样本序列,选择典型流域控制水文站点的逐日流量资料,采用年最大值方法和超门限峰值法选择洪水极值样本序列。在研究时间序列内,选择典型站点每年的最大洪峰流量组成该站点的最大洪峰流量序列(AM 洪峰系列),同时选择年最大 1 d 洪量、3 d 洪量和 7 d 洪量组成年最大洪量序列(AM 洪量系列)。但考虑到某些站点可能一年中有不止一场大洪水事件，同时一些站点在枯水年份的最大洪峰流量没有丰水年份的一般洪水大,年最大值选样法可能会舍掉许多有价值的信息或混入一些无价值的信息[194]。因此,在考虑最大值选样方法的同时,还可考虑超门限峰值选样法(POT)。超门限峰值法是选取超过某一门限值或阈值的值,组成极值序列。因此,门限值的选择非常重要,但目前对于门限值的选取还缺乏统一公认客观的方法,根据极端降雨阈值的分析方法,本研究采用常用的百分位阈值法和平均每年 1 个超定量值的方法确定门限值,进而选取出北京地区洪水极端事件的 POT 序列。采用百分位阈值法选择洪峰序列样本时,以日径流量实测资料的 99% 为阈值,进而确定研究期内超过该阈值的日流量极值序列(POT1 序列)。此外,为了与年最大值法相比较,选择平均每年 1 个超定量洪峰组成 POT2 序列,即将该站点研究时期内所有日流量按照从大到小排序,选择与年最大值洪峰流量序列长度相符合的洪峰流量组成该站点的 POT2 序列。

二、趋势诊断分析

(一)Mann-Kendall 检验

基于秩的非参数 Mann-Kendall 趋势检验分析方法是一种常用的趋势检验方法,因其不要求分析数据服从某一特定概率分布且具有和参数检验方法相同的检测能力,被广泛应用在水文气象序列的趋势性检验中,具体方法可参见第三章。

(二)累积距平曲线法

累积曲线法经常被用来得到更多洪水时间序列时间变化的细节信息,该法由 Hurst(1951)首先提出并用于揭示位于尼罗河的水库库容量的变化。本章采用累积距平曲线法来检测洪峰流量变化阶段特征,具体表达式为[195]

$$R_i = \frac{Q_i}{\overline{Q}} \tag{5-1}$$

$$K_p = \sum_{i=1}^{p} (R_i - 1) \tag{5-2}$$

式中,i 为 n 年时间序列的序列值;R_i 表示第 i 年最大洪峰流量 Q_i 均值化后的无量纲值;$\overline{Q}$ 为多年平均年洪峰流量值;K_p 表示 p 年的累积距平值。若 K_p 显示下降趋势的时期,则表示处于比平均洪峰流量偏低的枯水时期;相反,若 K_p 显示上升趋势的时期,则表示处于比平均洪峰流量偏高的丰水时期。

(三)滑动 t 检验法

滑动 t 检验是通过判断序列的滑动点前后两样本序列的平均值的差异是否显著来检验是否存在突变点。设滑动点 t 前后两序列总体的分布函数为 $F_1(x)$ 和 $F_2(x)$,从总体中分别抽取容量为 n_1、n_2 的两个样本,$F_1(x)=F_2(x)$。定义统计量:

$$T = \frac{\overline{x}_1 - \overline{x}_2}{S_w \sqrt{\frac{1}{n_1} + \frac{1}{n_2}}} \tag{5-3}$$

式中,$\overline{x}_1 = \frac{1}{n_1} \sum_{t=1}^{n_1} x_t$;$\overline{x}_2 = \frac{1}{n_2} \sum_{t=n_1+1}^{n_1+n_2} x_t$;$S_w^2 = \sqrt{\frac{(n_1-1)S_1^2 + (n_2-1)S_2^2}{n_1+n_2-2}}$;

$$S_1^2 = \frac{1}{n_1 - 1} \sum_{t=1}^{n_1} (x_t - \overline{x}_1)^2 \, ; \, S_2^2 = \frac{1}{n_2 - 1} \sum_{t=n_1+1}^{n_1+n_2} (x_t - \overline{x}_2)^2 \, 。$$

T 服从自由度为 $n_1 + n_2 - 2$ 的 t 分布,选择显著性水平 α,查 t 分布表得到临界 $t_{\alpha/2}$。当 $|T| > t_{\alpha/2}$ 时,拒绝原假设,说明存在显著性差异,反之接受原假设。采用以上方法对序列进行检验,对于满足上述条件的可能点 t,选择使 T 统计量达到极大值的那个点作为所求的最可能的突变点。

三、极值统计分析

(一)经典极值分布理论

假设 X 为一随机变量(例如某地的日降水量等),令 $x_1, x_2, \cdots, x_n$ 为 X 的一组随机样本,将这组样本按由大到小的次序重新排列,就可写为 $x_1^* < x_2^* < \cdots < x_n^*$,其中,$x_i^*$($i = 1, 2, \cdots, n$)称为次序统计量,$x_n^*$ 为该样本的极大值,而 x_1^* 则是该样本的极小值。极值分布就是代表 x_n^* 或 x_1^* 的随机变量的概率分布,实际上要寻求次序统计量 x_n^* 和 x_1^* 的分布函数和分布密度,主要取决于样本序列长度 n 的大小和原变量 X 的分布函数形式。

1928 年,Fisher 和 Tippet 得出:当取样长度 $n \to \infty$ 时,x_n^* 和 x_1^* 极值具有渐进分布函数即极限概率分布,并概括了与原始分布对应的三种类型的极限概率分布(渐进的极值分布)模型,即 I 型分布(Gumbel 分布)、II 型分布(Frechet 分布)和 III 型分布(Weibull 分布)。1955 年,Jenkinson 从理论上证明上述三种分布模型可写成一个通式,即具有三个参数的极值分布函数,作为经典极值分布的广义形式,即广义极值分布(Generalized Extreme Value Distribution,GEV),其分布函数为:

$$F(x \mid \mu, \sigma, \xi) = \exp\left[-\left(1 + \xi \frac{x - \mu}{\sigma}\right)^{-\frac{1}{\xi}}\right] \quad \left(1 + \xi \frac{x - \mu}{\sigma} > 0\right) \tag{5-4}$$

其中,μ、σ 和 ξ 分别为 GEV 分布的位置参数、尺度参数和形状参数。

通常而言,经典极值分布都是根据次序统计量的抽样方式进行的,比如年最大值选样,利用极值信息有限。因此,1975 年 Pickands 首次给出了超门限阈值(POT)模型的极限分布——广义帕累托分布(Generalized Pareto Distribution,GPD),并引入到水文气象学研究中,其具体分布为:

$$F(x \mid \mu, \sigma, \xi) = 1 - \left(1 + \xi \frac{x - \mu}{\sigma}\right)^{-\frac{1}{\xi}} \quad \left(x \geqslant \mu, 1 + \xi \frac{x - \mu}{\sigma} > 0\right) \tag{5-5}$$

除了 GEV 分布和 GPD 分布外,还有另外一些极值分布被广泛应用到洪水极值事件的分析中,如广义 Logistic 分布(GLO)、广义正态分布(GNO)、皮尔逊 III 型分布(PE3)、指数分布(EXP)、耿贝尔分布(GUM)等。

(二)L-矩法参数估计

对于极值分布,常用矩法、Gumbel 法、最小二乘法和极大似然估计法估计参数。这些方法都较为经典成熟,但近年来已经发展了参数估计的概率权重加权矩法(Probability Weighted Method,PWM),后又发展了 L-矩估计与 PWM 估计相结合的方法。L-矩估计法是由 Hosking 在 PWM 方法的基础上发展起来的。L-矩估计的最大特点是对序列的极大值和极小值没有常规矩那么敏感,其求得的参数估计值比较稳健。本研究拟用 L-矩法估计极值分布参数,具体过程如下。

随机变量 X 的线性矩是概率权重矩的线性组合。假设随机变量 $X(x_1,x_2,\cdots,x_n)$ 有 n 个样本,按照从小到大的顺序排列,即 $x_{1,n}\leqslant x_{2,n}\leqslant\cdots\leqslant x_{n,n}$,则样本变量 X 的前四阶 L-矩可以定义为:

$$\lambda_r=\frac{1}{r}\sum_{k=0}^{r-1}(-1)^k\binom{r-1}{k}E(x_{r-k:r})\quad(r=1,2,\cdots)\qquad(5\text{-}6)$$

其中,$E(x_{r-k:r})$ 是次序统计量的期望值,可以表示为如下形式:

$$E(x_{r:n})=\frac{n!}{(r-1)!(n-r)!}\int_0^1 x[F(x)]^{r-1}[1-F(x)]^{n-r}\mathrm{d}F(x)\qquad(5\text{-}7)$$

根据 L-矩的定义,可以得到随机变量的前四阶矩为:

$$\begin{cases}\lambda_1=Ex\\[2mm]\lambda_2=\dfrac{1}{2}E(x_{2:2}-x_{1:2})\\[2mm]\lambda_3=\dfrac{1}{3}E(x_{3:3}-2x_{2:3}+x_{1:3})\\[2mm]\lambda_4=\dfrac{1}{4}E(x_{4:4}-3x_{3:4}+3x_{2:4}-x_{1:4})\end{cases}\qquad(5\text{-}8)$$

其中,λ_1 称为 L-期望值,衡量分布函数的位置;λ_2 称为 L-尺度,衡量分布函数的离散程度;λ_3 和 λ_4 分别衡量分布函数的偏度和峰度。则 L-矩统计特征参数可以定义为:

$$\begin{cases}\tau_2=\lambda_2/\lambda_1\\[2mm]\tau_3=\lambda_3/\lambda_2\\[2mm]\tau_4=\lambda_4/\lambda_2\end{cases}\qquad(5\text{-}9)$$

其中,τ_2、τ_3 和 τ_4 分别为变差系数、偏态系数和峰度系数。

对于给定的样本序列 $x_1,x_2,\cdots,x_n$,将样本按照从小到大的顺序排列,则样本的前四阶矩可以计算如下:

$$\begin{cases}l_1=b_0\\[2mm]l_2=2b_1-b_0\\[2mm]l_3=6b_2-6b_1+b_0\\[2mm]l_4=20b_3-30b_2+12b_1-b_0\end{cases}\qquad(5\text{-}10)$$

$$b_0=\frac{1}{n}\sum_{j=1}^n x_{j,n}\qquad\qquad b_2=\frac{1}{n}\sum_{j=3}^n\frac{(j-1)(j-2)}{(n-1)(n-2)}x_{j,n}$$

$$b_1=\frac{1}{n}\sum_{j=2}^n\frac{j-1}{n-1}x_{j,n}\quad b_3=\frac{1}{n}\sum_{j=4}^n\frac{(j-1)(j-2)(j-3)}{(n-1)(n-2)(n-3)}x_{j,n}$$

则变差系数 τ_2、偏态系数 τ_3 和峰度系数 τ_4 的样本估计 t_2、t_3 和 t_4 分别定义如下:

$$\begin{cases}t_2=l_2/l_1\\[2mm]t_3=l_3/l_2\\[2mm]t_4=l_4/l_2\end{cases}\qquad(5\text{-}11)$$

四、洪水频率分析

1. 最优分布的确定

本研究选用常用的皮尔逊Ⅲ型分布(简称 PE3)、广义逻辑分布(GLO)、广义极值分布(GEV)、广义正态分布(GNO)和广义帕累托分布(GPD)研究北京地区洪水极值事件的 AM 和 POT 序列。五种常用洪水极值频率分析的分布线型及其概率密度函数如表 5-2 所示。

表 5-2 水文频率分析的常用分布概率密度函数

分布线型	概率密度函数	参数
GEV	$f(x) = \frac{1}{\alpha}\left[1 - \frac{k(x-\xi)}{\alpha}\right]^{1/k-1} \exp\left\{-\left[1 - \frac{k(x-\xi)}{\alpha}\right]^{1/k}\right\}$	尺度 α、位置 ξ、形状 k
GPD	$f(x) = 1 - \left(1 + k\frac{x-\xi}{\alpha}\right)^{-\frac{1}{k}} \quad \left(x \geqslant \xi, 1 + k\frac{x-\xi}{\alpha} > 0\right)$	尺度 α、位置 ξ、形状 k
GNO	$f(x) = \frac{\beta}{2\alpha\,\Gamma(1/\beta)}\exp\left[-\left(\frac{\|x-\mu\|}{\alpha}\right)^{\beta}\right]$	尺度 α、位置 μ、形状 β
GLO	$f(x) = \frac{1}{\alpha}\frac{\exp\left[-y(1-k)\right]}{\left[1+\exp(-y)\right]^2}$ (当 $k \neq 0$ 时，$y = k^{-1}\ln\left[1-k(x-\xi)/\alpha\right]$; 当 $k \equiv 0$ 时，$y = (x-\xi)/\alpha$)	尺度 α、位置 ξ、形状 k
PE3	$f(x) = \frac{\beta^{\alpha}}{\Gamma(\alpha)}(x-\alpha_0)^{\alpha-1}\exp\left[-\beta(x-\alpha_0)\right]$	尺度 β、位置 α_0、形状 α

根据 L-矩法估计参数,采用 L-偏度和 L-峰度图可以选择与实测数据的经验频率最符合的最优极值分布[196]。估计的 L-偏度和 L-峰度与理论分布的 L-偏度和 L-峰度之间的距离越小,表明该理论分布对实测值的拟合效果越优。同时,Z 值拟合优度检验也可以用来选择最优分布:

$$Z^{\text{DIST}} = (\tau_4^{\text{DIST}} - \tau_4 + \beta_4)/\sigma_4 \tag{5-12}$$

式中,DIST 表示选用的分布;τ_4^{DIST} 表示该分布模拟得到的平均 L-峰度值;β_4 和 σ_4 表示四参数 Kappa 分布模拟得到的 L-峰度的偏差和均方差。

当 $|Z^{\text{DIST}}| \leqslant 1.64$ 时,说明该分布的拟合效果在 90% 的置信水平下可接受,如果拟合效果可接受的分布不止一个,则选择 $|Z^{\text{DIST}}|$ 最小的分布为最优分布线型。

2. 分位数估计(重现期估计)

重现期估计也称为分位数估计,是水文频率计算的重要内容和目的,特别是高分位数估计。在区域频率分析中,本研究采用分位数估计的方法是指标洪水法,如下所示:

$$Q_i(p) = lq(p) \tag{5-13}$$

式中,p 为不超过概率;l 为指标洪水,一般取站点的平均洪水极值;q 为分位数函数。

五、GAMLSS 模型

GAMLSS(Generalized Additive Models in Location,Scale and Shape)模型,也称为广义可加模型,其提供一个灵活的方式,既可以评价一致性序列也可以评价非一致性序列。该

模型在拟合极值序列时,不再局限于指数分布族,提供了更广泛的分布函数。另外,GAMLSS 模型可以将多种解释变量纳入模型中,并拟合响应变量和解释变量线性、非线性、参数和非参数函数关系。在 GAMLSS 模型中,假设时间序列 $y_1, y_2, \cdots, y_n$ 相互独立且服从同一分布函数 $F[y|\theta_i, \theta_i = (\theta_1, \theta_2, \cdots, \theta_p)]$ 表示的 p 个参数(位置、尺度和形状参数)组成的向量,通常 $p \leqslant 4$。记 $\boldsymbol{g}_k()$ 表示 $\boldsymbol{\theta}_k$ 与解释变量 $\boldsymbol{X}_k$ 和随机响应项之间的单调函数关系为:

$$\boldsymbol{g}_k(\boldsymbol{\theta}_k) = \boldsymbol{\eta}_k = \boldsymbol{X}_k \boldsymbol{\beta}_k + \sum_{j=1}^{J_k} \boldsymbol{Z}_{jk} \boldsymbol{\gamma}_{jk} \tag{5-14}$$

式中,$k = 1, 2, \cdots, p$;$\boldsymbol{\eta}_k$ 和 $\boldsymbol{\theta}_k$ 是长度为 n 的向量;$\boldsymbol{\beta}_k$ 是长度为 J_k 的参数向量;$\boldsymbol{X}_k$ 是长度为 $n \times J_k$ 的解释变量矩阵;$\boldsymbol{Z}_{jk}$ 是已知的 $n \times q_{jk}$ 固定设计矩阵;$\boldsymbol{\gamma}_{jk}$ 是正态分布随机变量。

忽略随机效应对分布参数的影响,即令 $J_k = 0$,则 GAMLSS 模型成为一个全参数模型,即上式可简化为:

$$\boldsymbol{g}_k(\boldsymbol{\theta}_k) = \boldsymbol{\eta}_k = \boldsymbol{X}_k \boldsymbol{\beta}_k \tag{5-15}$$

若假定随机变量 Y 服从三参数概率分布,则 GAMLSS 模型可表示为:

$$\begin{cases} g_1(\mu) = X_1 \beta_1 \\ g_2(\sigma) = X_2 \beta_2 \\ g_3(\xi) = X_3 \beta_3 \end{cases} \tag{5-16}$$

其中,μ、σ 和 ξ 分别表示位置、尺度和形状参数。

当解释变量为时间 t 时,解释变量矩阵 $\boldsymbol{X}_k$ 可以表示为:

$$\boldsymbol{X}_k = \begin{bmatrix} 1 & t & \cdots & t^{I_k-1} \\ 1 & t & \cdots & t^{I_k-1} \\ \vdots & \vdots & & \vdots \\ 1 & t & \cdots & t^{I_k-1} \end{bmatrix}_{n \times I_k} \tag{5-17}$$

进而可求得分布参数和解释变量时间 t 的函数关系:

$$\begin{cases} g_1(\mu_t) = \beta_{11} + \beta_{21}t + \cdots + \beta_{I_1 1}t^{I_1-1} \\ g_2(\sigma_t) = \beta_{12} + \beta_{22}t + \cdots + \beta_{I_2 2}t^{I_2-1} \\ g_3(\xi_t) = \beta_{13} + \beta_{23}t + \cdots + \beta_{I_3 3}t^{I_3-1} \end{cases} \tag{5-18}$$

GAMLSS 模型的回归参数 β 的似然函数为:

$$L(\beta_1, \beta_2, \beta_3) = \prod_{t=1}^{n} f(y_t \mid \beta_1, \beta_2, \beta_3) \tag{5-19}$$

采用 RS 算法[197],以似然函数最大为目标函数,求解回归参数的最优值。采用全局拟合偏差(Global Deviation,GD)初步评估 GAMLSS 模型的拟合效果:

$$GD = -2\ln L(\beta_1, \beta_2, \beta_3) \tag{5-20}$$

式中,$\ln L(\beta_1, \beta_2, \beta_3)$ 为回归参数估计值的对数似然函数,进一步采用 AIC(Akaike Information Criterion)和 SBC(Schwarz Bayes Criterion)准则判断模型的拟合效果,以防止模型过度拟合:

$$AIC = GD - 2df \tag{5-21}$$

$$SBC = GD + \log(n)df \tag{5-22}$$

其中,df 为模型的整体自由度。AIC 和 SBC 值越小,表明拟合效果越好。

同时,分析模型的残差分布状况,判断模型的拟合效果和模型的分布类型是否合理。因此,首先对模型的残差序列进行正态标准化[198]:

$$r_i = \Phi^{-1}(u_i) \tag{5-23}$$

式中,r_i 为正态标准化的残差;Φ^{-1} 为累积标准正态分布函数的反函数。

接着采用概率点据相关系数检验 r_i 序列是否服从标准正态分布。首先计算服从标准正态分布 $N(0,1)$ 的顺序统计值 M_i:

$$M_i = \Phi^{-1}\left(\frac{i-0.375}{n+0.25}\right) \tag{5-24}$$

然后计算概率点据相关系数 R 为:

$$R = \frac{\sum (r_i - \bar{r})(M_i - \overline{M})}{\sqrt{\sum (r_i - \bar{r})^2 (M_i - \overline{M})^2}} \tag{5-25}$$

概率点据相关系数 R 越接近 1,表明残差序列越接近 $N(0,1)$。通过绘制 (M_i, r_i) 点据构成反映理论残差和实际残差的正态 QQ 图和模型残差分布状况的 Worm 图[199]。

第三节　洪水演变特征与驱动因素

一、趋势诊断分析

选择北京地区 5 个典型水文站,利用 Mann-Kendall 方法和累积距平曲线方法分析各站点洪水特征的演变趋势。图 5-2 给出了各站 AM 选样的时间序列及其相应的累积距平曲线。对于年最大洪峰流量序列而言,除了北运河支流凉水河上的大红门站和榆林庄站的年最大洪峰流量呈现略微上升趋势外,其他站点年最大洪峰流量序列均表现为下降趋势,其中最显著的是永定河流域的三家店站,在 1999 年后均出现了断流现象。相应地,各站最大 1 d、3 d 和 7 d 洪量序列与年最大洪峰流量序列的变化趋势基本保持一致。一般而言,最大 1 d 洪量与年最大洪峰流量的相关性最好,最大 3 d 洪量次之,最大 7 d 洪量与之相关性最差。但三家店的相关系数结果显示,年最大洪峰流量与年最大 7 d 洪量的相关性最好,而与最大 1 d 洪量的相关性较差,如表 5-3 所示。

表 5-3　年最大洪峰流量与年最大 1 d、3 d 和 7 d 洪量之间的相关系数

相关关系	通州北关闸	大红门闸	三家店闸	沙河闸	榆林庄闸
洪峰与 1 d 洪量	0.838	0.861	0.914	0.959	0.873
洪峰与 3 d 洪量	0.751	0.761	0.917	0.855	0.747
洪峰与 7 d 洪量	0.690	0.410	0.940	0.810	0.705

图 5-3 给出了 5 个水文站的 AM 洪水序列的 Mann-Kendall 检验结果,从图中可以看出,除了大红门和榆林庄以外,其他各个站点的 AM 洪水序列均表现为下降趋势,对于最大

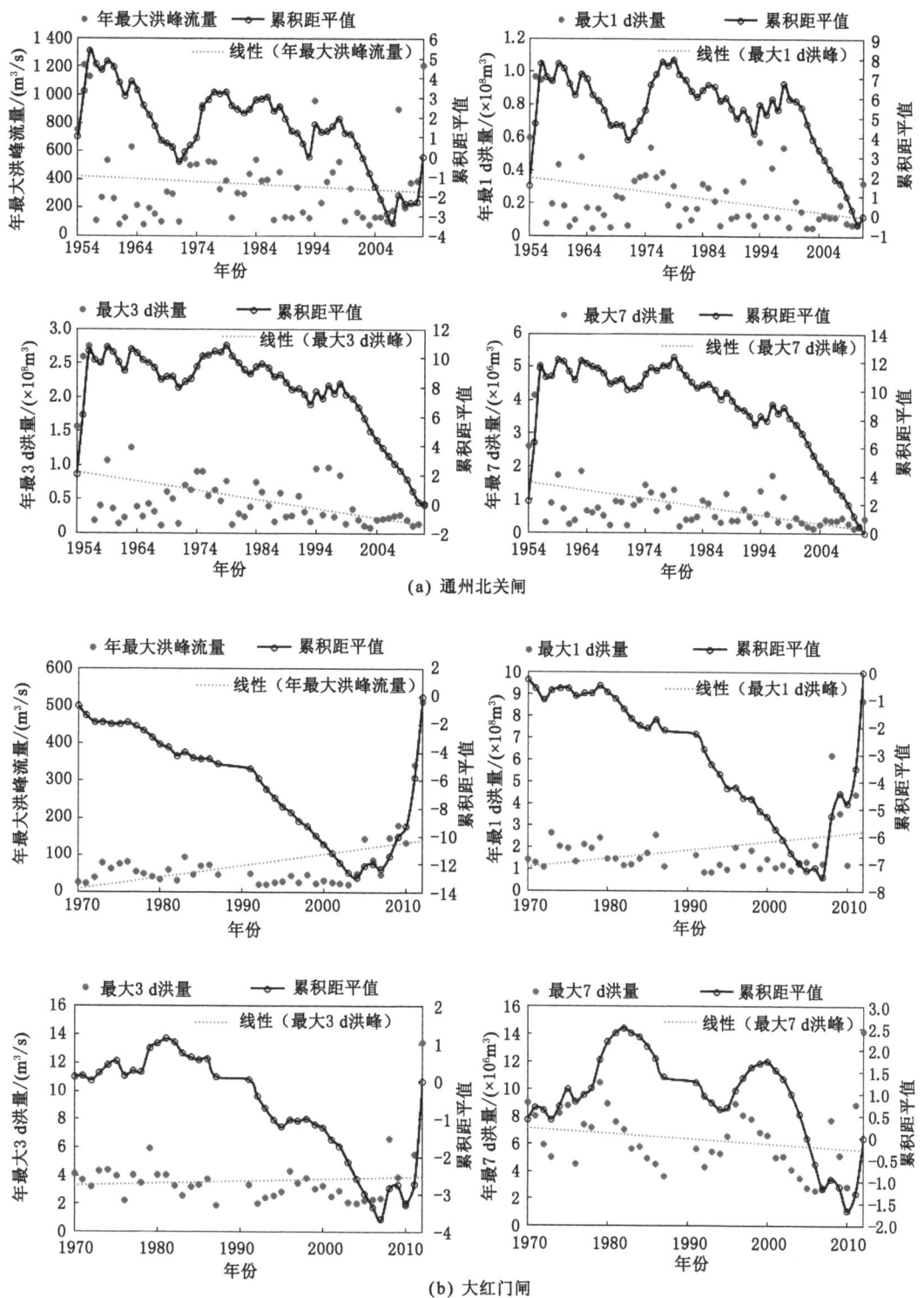

图 5-2　年最大值选样 AM 洪水序列及其累积距平曲线

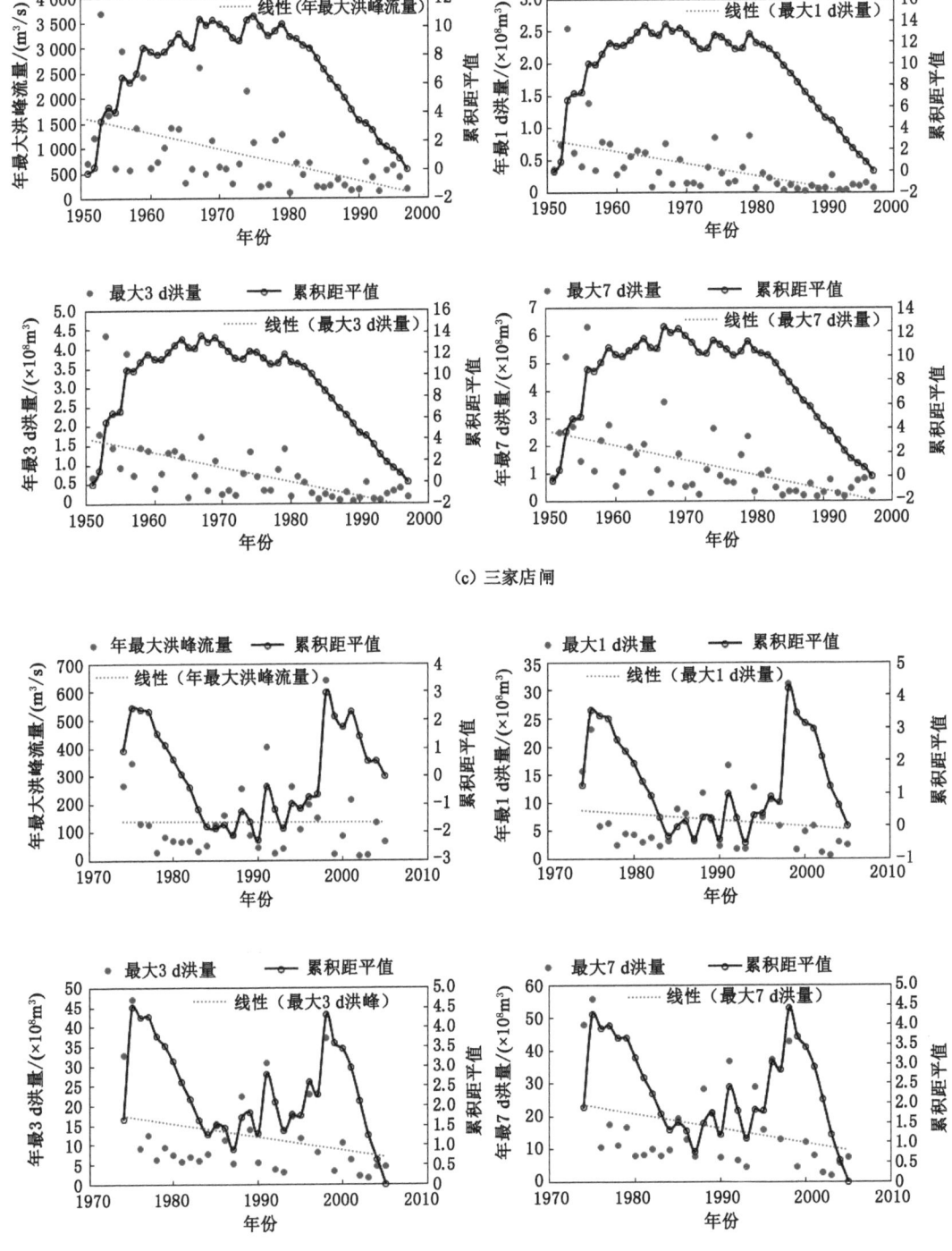

（c）三家店闸

（d）沙河闸

图 5-2（续）

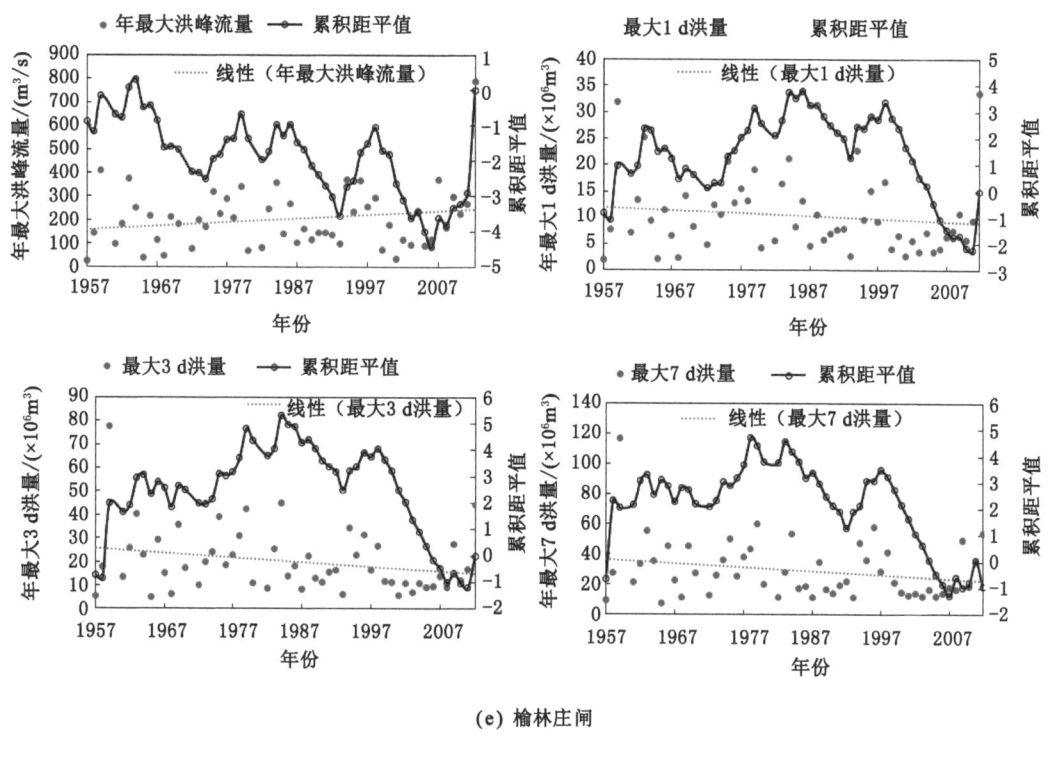

(e) 榆林庄闸

图 5-2（续）

洪峰流量和最大 1 d 洪量序列而言,沙河闸表现显著的下降趋势($\alpha = 0.05$)。而在最大 3 d 洪量和最大 7 d 洪量序列中,除了大红门和榆林庄未表现显著下降之外,其余 3 个站点均表现出显著下降趋势,这也验证了线性趋势的分析结果。根据前文提到的区域降雨变化以及城市化进程研究结果,可以间接地印证上述分析结果的可靠性,在过去 50 多年的发展中,北京经历了快速的城市化进程,也修建了大量的水利工程设施,使得原有自然状态下的径流过程发生改变。结合国内外诸多研究结果,海河地区人类活动影响占据海河流域径流变化的 60% 以上。这也在一定程度上说明区域的洪水序列产生的环境可能发生改变,其一致性遭受考验,需要我们考虑序列的非一致性影响开展洪水频率研究。

此外,为了分析序列的可能突变情况,采用上述的累积距平分析和滑动 t 检验分析方法,具体结果如表 5-4 所示。我们可以发现,各种 AM 洪水序列发生突变的年份存在一定的差异,且根据不同方法得到的结果也各有不同,如通州北关闸站的年最大洪峰流量根据累积距平曲线法的突变点在 1956 年,而根据滑动 t 检验方法的突变发生在 2008 年,对比突变前后的年最大洪峰流量均值也可发现,累积距平曲线法得到的突变前后是属于突变下降的趋势,而滑动 t 检验则属于突变上升的趋势。

二、洪水极值事件频率分析

进行洪水极值事件频率分析,首先需要确定洪水样本。如前所述,本研究中采用超门限阈值法和年最大值法确定洪水样本。对于超门限阈值序列 POT1 分别采用 90%、95% 和

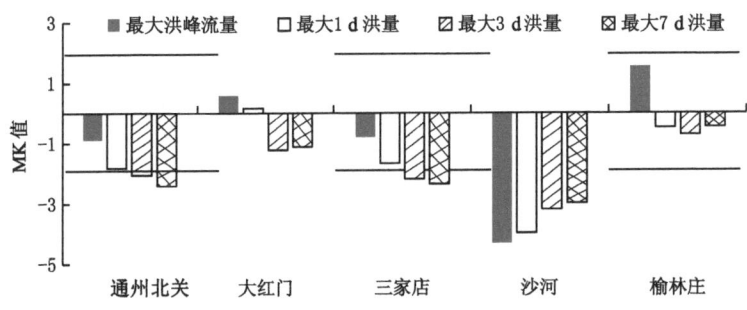

图 5-3 北京地区 AM 洪水序列 MK 检验结果

99%作为阈值,确定各站相应阈值条件下的洪水样本,其序列样本及样本长度如表 5-5 所示。对于超门限阈值 POT2 序列则选择与年最大值样本序列长度相一致的洪水样本。从统计学意义上看,洪水频率分析实际上是分布的拟合,正确选择分布线型是确定设计洪水的基础。洪水事件的重现期确定往往取决于频率分布曲线的选择,因此分布线型选择至关重要。若选择不合适的频率分布曲线,可能使得洪水事件的重现期被表征性夸大,一个一般性洪水特征可能因为不恰当的频率分布曲线被计算为小频率特征。因此,本研究选用国内外常用分析洪水极值事件的 5 种极值分布 GEV、GPD、GNO、GLO 和 PE3 对北京地区洪水极值事件的洪峰和洪量的 AM 和 POT 序列进行站点频率分析。参数估计方法采用稳健性较好的 L-矩估计法,分布的拟合优度检验采用常用的一种非参数检验方法——Kolmogorov-Smirnov(KS)检验法。假定理论分布函数和样本分布函数分别为 $F(x)$ 和 $F_n(x)$,检验统计量 $D=\max|F(x)-F_n(x)|$,若 $D<D_a(n)$,则表明在显著性水平 α 下,样本数据所在的总体分布与理论分布 $F(x)$ 无显著差异,理论分布能很好地拟合样本数据。其中,$D_a(n)$ 为显著性 α 水平下,样本为 n 时的 KS 检验临界值,可以通过查表获得。

表 5-4 各站 AM 洪水序列的突变特征分析

		累积曲线法				滑动 t 检验(显著水平 $\alpha=0.05$)			
		年最大洪峰流量 /(m³/s)	最大 1 d 洪量 /(×10⁶ m³)	最大 3 d 洪量 /(×10⁶ m³)	最大 7 d 洪量 /(×10⁶ m³)	年最大洪峰流量 /(m³/s)	最大 1 d 洪量 /(×10⁶ m³)	最大 3 d 洪量 /(×10⁶ m³)	最大 7 d 洪量 /(×10⁶ m³)
通州北关	年份	1956	1979	1979	1979	2008	未检出	未检出	未检出
	突变前	1 029.67	30.64	72.56	119.48	355.79	—	—	—
	突变后	333.19	17.82	34.21	50.66	544.75	—	—	—
大红门	年份	2004	2007	2007	1982	1997	2007	2008	2011
	突变前	45.14	1.53	3.24	7.55	48.88	1.53	3.34	6.13
	突变后	198.74	4.84	6.28	5.74	120.81	4.84	6.18	14.23
三家店	年份	1975	1967	1967	1968	1965	未检出	未检出	未检出
	突变前	1 248.4	68.67	143.29	212.27	1 387.67	—	—	—
	突变后	447	20.73	43.31	75.22	632.16	—	—	—

表5-4(续)

		累积曲线法				滑动 t 检验(显著水平 $\alpha=0.05$)			
		年最大洪峰流量 /(m³/s)	最大1 d 洪量 /(×10⁶m³)	最大3 d 洪量 /(×10⁶m³)	最大7 d 洪量 /(×10⁶m³)	年最大洪峰流量 /(m³/s)	最大1 d 洪量 /(×10⁶m³)	最大3 d 洪量 /(×10⁶m³)	最大7 d 洪量 /(×10⁶m³)
沙河	年份	1998	1998	1975	1998	未检出	未检出	未检出	1999
	突变前	155.4	8.17	39.93	19.5	—	—	—	18.93
	突变后	79.76	2.79	10.42	6.13	—	—	—	6.37
榆林庄	年份	2006	1986	1984	1978	2006	2011	未检出	未检出
	突变前	183.21	11.83	24.31	34.61	183.21	9.93	—	—
	突变后	352.5	8.86	16.26	26.14	352.5	33.61	—	—

表 5-5　基于超门限方法的日均流量阈值统计

站名	90%阈值		95%阈值		99%阈值	
	阈值流量 /(m³/s)	序列长度	阈值流量 /(m³/s)	序列长度	阈值流量 /(m³/s)	序列长度
大红门	8.36	312	9.35	198	13.4	87
三家店	51.2	175	80.1	130	203	49
沙河	3.87	312	7.98	213	24.9	60
通州北关	32.2	449	46.7	309	140	93
榆林庄	20.3	361	31.2	234	83.4	65

利用L-矩法分别计算北京地区5个典型水文站点不同洪水样本序列条件下L-偏度和L-峰度,通过绘制L-峰度与L-偏度的散点对应关系图可简单判断相应分布的拟合效果,如图5-4所示。

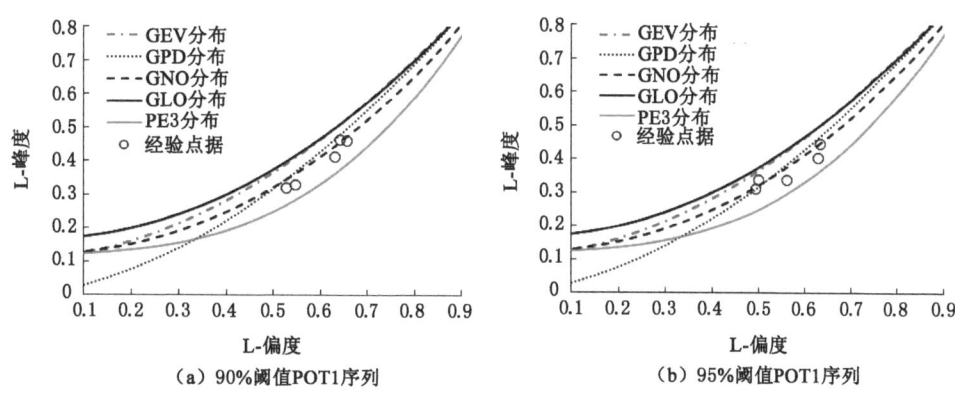

图 5-4　经验与理论的 L-偏度和 L-峰度的对应关系图

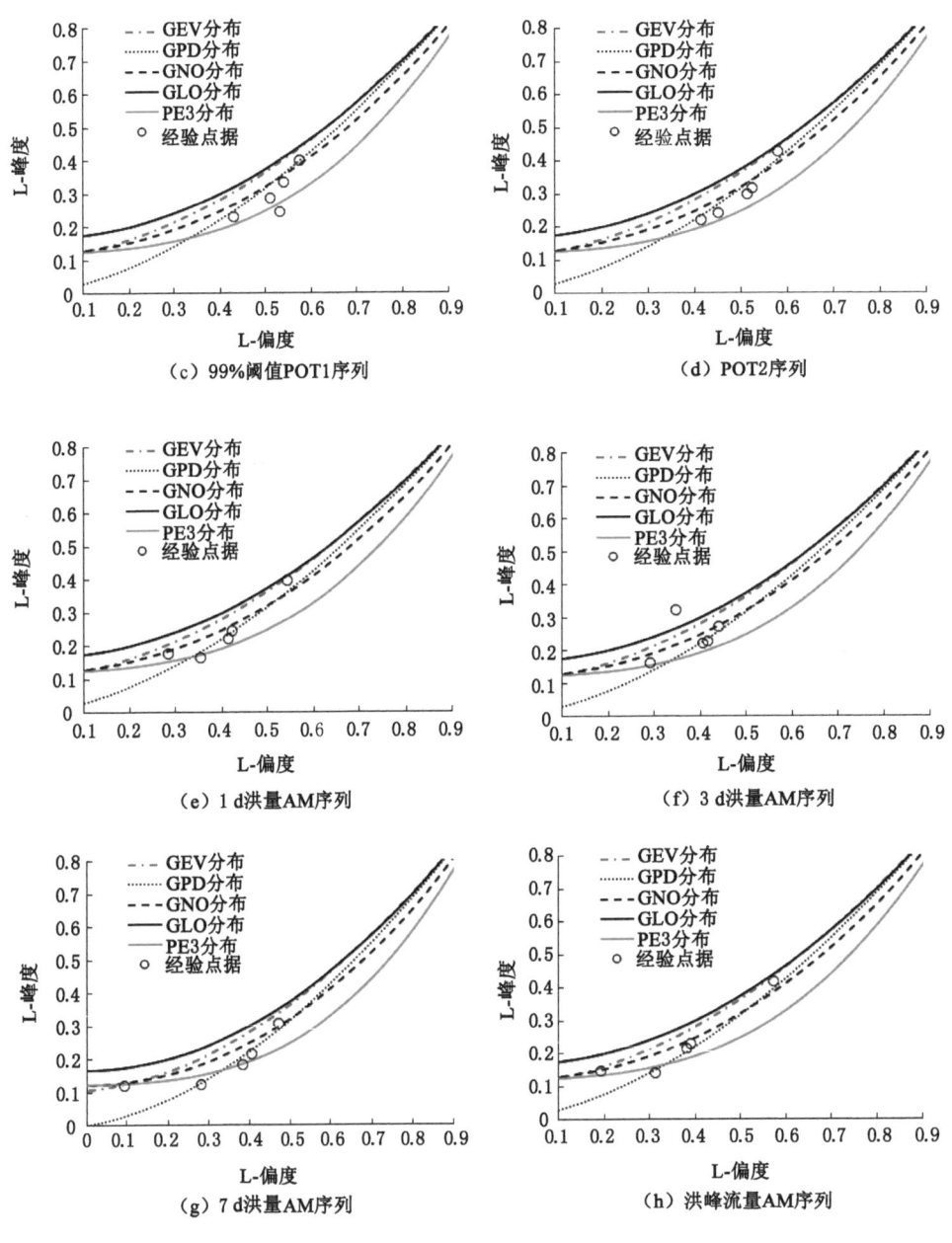

图 5-4(续)

从图 5-4 中可以看出,对于 90% 和 95% 阈值条件下的 POT1 序列,实测值的经验点据大多聚集在 GNO 分布附近,表明两种阈值的日流量 POT1 序列的经验点据的 L-偏度和 L-峰度和 GNO 分布的理论 L-偏度和 L-峰度相对比较接近。对于 99% 阈值条件下的日流量 POT1 序列而言,各有 4 个站点分别与 GPD 分布和 PE3 分布较为接近。与之相似的是 POT2 序列,拟合较好的分布仍为 GPD、PE3 和 GNO 分布。相较于 POT 序列而言,年最大值法的 AM 序列的分布拟合效果较为复杂,各种分布都有较好的拟合站点存在,但整体上 GPD 和 PE3 拟合效果较好。

为了更客观地分析 5 种分布的拟合效果,采用常用的 KS 检验进行定量拟合优度检验分析,具体结果如表 5-6 所示。选择显著性水平为 $\alpha = 0.05$,根据 KS 检验临界值表可以得出,对于多个分布结果都通过 KS 检验的站点,选择 KS 检验值最小的拟合分布作为该站的最优拟合分布,因此可得到如表中粗体部分所示的各站最优拟合分布结果。

表 5-6　KS 检验结果统计

站点	90% 阈值 POT1 序列					95% 阈值 POT1 序列				
	GEV	GPD	GNO	GLO	PE3	GEV	GPD	GNO	GLO	PE3
大红门	0.105	0.069	**0.068**	0.109	0.166	0.049	0.033	**0.031**	0.056	0.151
三家店	0.077	0.054	**0.041**	0.077	0.227	0.120	0.087	**0.072**	0.121	0.183
沙河	0.056	**0.028**	0.029	0.057	0.208	0.051	0.045	**0.038**	0.053	0.182
通州北关	0.081	0.058	0.039	0.082	0.204	0.097	0.062	**0.058**	0.101	0.168
榆林庄	0.068	**0.034**	0.036	0.074	0.133	0.067	**0.032**	0.037	0.074	0.128

站点	99% 阈值 POT1 序列					POT2 序列				
	GEV	GPD	GNO	GLO	PE3	GEV	GPD	GNO	GLO	PE3
大红门	0.086	**0.055**	0.058	0.085	0.159	0.083	0.049	**0.047**	0.086	0.190
三家店	0.135	0.099	0.099	0.140	**0.042**	0.096	0.074	**0.072**	0.102	0.104
沙河	0.120	**0.083**	0.088	0.125	0.098	0.097	**0.067**	0.075	0.106	0.091
通州北关	0.068	**0.035**	0.048	0.074	0.074	0.066	**0.038**	0.047	0.076	0.067
榆林庄	0.068	**0.033**	0.041	0.071	0.136	0.067	0.043	**0.040**	0.073	0.148

站点	最大 1 d 洪量 AM 序列					最大 3 d 洪量 AM 序列				
	GEV	GPD	GNO	GLO	PE3	GEV	GPD	GNO	GLO	PE3
大红门	**0.056**	0.213	0.124	0.061	0.122	0.084	0.109	0.092	**0.076**	0.107
三家店	0.116	0.077	0.094	0.125	**0.053**	0.096	**0.059**	0.076	0.106	0.060
沙河	0.090	0.105	0.067	0.098	**0.061**	0.053	0.105	**0.035**	0.063	0.061
通州北关	0.096	0.057	0.080	0.108	**0.052**	0.071	0.069	**0.048**	0.081	0.083
榆林庄	0.042	0.078	0.036	0.052	**0.035**	0.053	0.050	0.042	0.066	**0.026**

站点	最大 7 d 洪量 AM 序列					最大洪峰流量 AM 序列				
	GEV	GPD	GNO	GLO	PE3	GEV	GPD	GNO	GLO	PE3
大红门	0.060	0.062	**0.057**	0.060	0.058	0.078	**0.055**	0.060	0.076	0.195
三家店	0.067	**0.046**	0.055	0.070	0.083	0.094	0.089	0.090	0.100	**0.086**
沙河	0.089	0.120	0.070	0.099	**0.061**	0.058	**0.034**	0.044	0.068	0.068
通州北关	0.056	0.081	**0.032**	0.064	0.117	0.109	**0.076**	0.101	0.114	0.081
榆林庄	0.064	0.068	0.054	0.079	**0.037**	0.056	0.096	0.052	0.073	**0.043**

与图 5-4 的定性评价结果基本一致,对于 90% 和 95% 阈值的 POT1 序列,最优拟合分布主要是 GNO 分布,其次为 GPD 分布。对于其他样本序列,最优的拟合分布也主要为 GPD 分布、GNO 分布和 PE3 分布。平均来看,不同的样本序列得到的拟合分布中,GPD 和 GNO 分布表现最好为 23 次和 22 次,我国常用的洪水频率分析的 PE3 分布为 17 次,而

GEV 分布和 GLO 分布较少,均为 1 次。综合可知,对于较低阈值的 POT 序列而言,GNO 分布表现较好,而高阈值的 POT 序列,GPD 分布最佳,而我国常用的年最大值序列,PE3 分布与 GPD 分布基本相当。为了更清晰地对比不同分布线型对洪水频率的影响,本研究以日流量 99% 阈值的 POT1 序列,日流量的 POT2 序列和年最大洪峰流量的 AM 序列及最大 1 d 洪量的 AM 序列为例,分析不同极值分布下的洪水频率变化,如图 5-5、图 5-6、图 5-7 和图 5-8 所示。

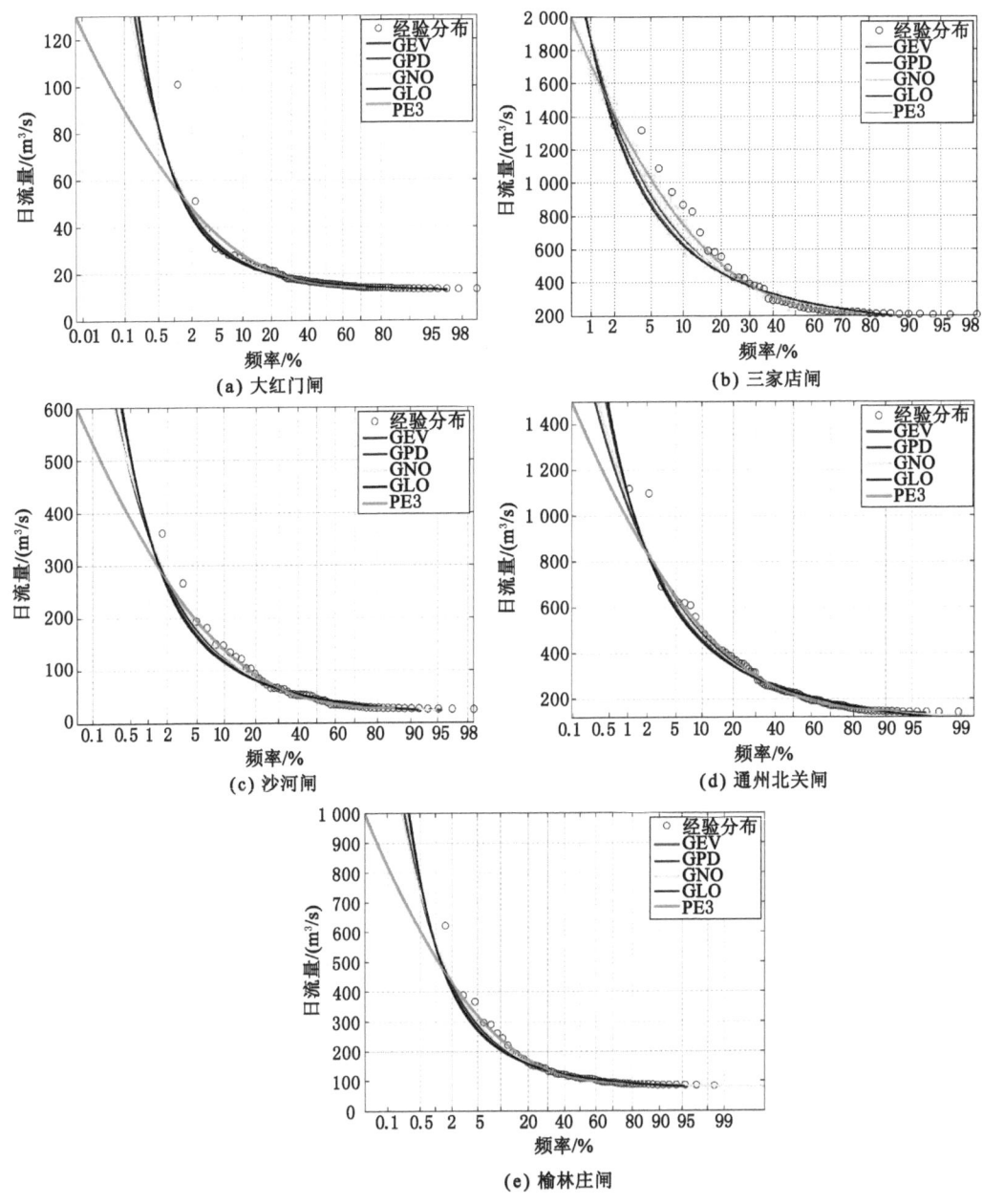

图 5-5 日流量 99% 阈值的 POT1 序列的洪水频率

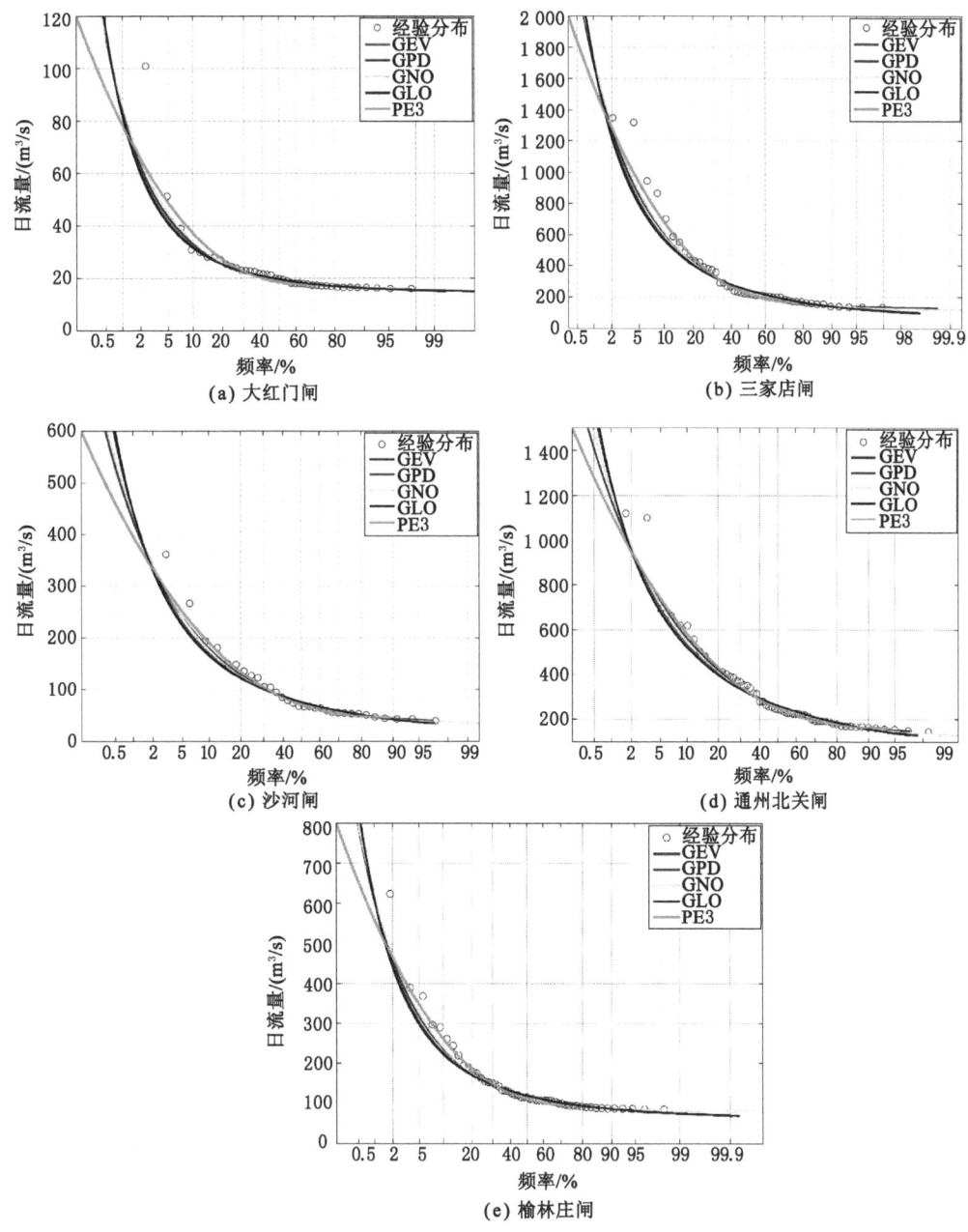

图 5-6 日流量的 POT2 序列的洪水频率

从图中可以看出,不同分布类型对不同频率的拟合效果也有差异,如相较于其他四种分布线型,PE3 分布在相同流量下对应的洪水频率较小,即重现期较高。以图 5-5 中的大红门闸的日流量 99% 阈值条件下的 POT1 流量序列为例,日流量在 100 m³/s 时,对应 PE3 分布的重现期超过 1 000 a 一遇,而其他几种分布则多为 200 a 一遇,因此在此种条件下,可能使得洪水重现期量级有所夸大。反之,相同重现期或发生频率条件下,PE3 分布推求的设计洪水与其他分布线型相比偏低。此外,在经验频率点据的拟合关系方面,整体上 PE3 分布

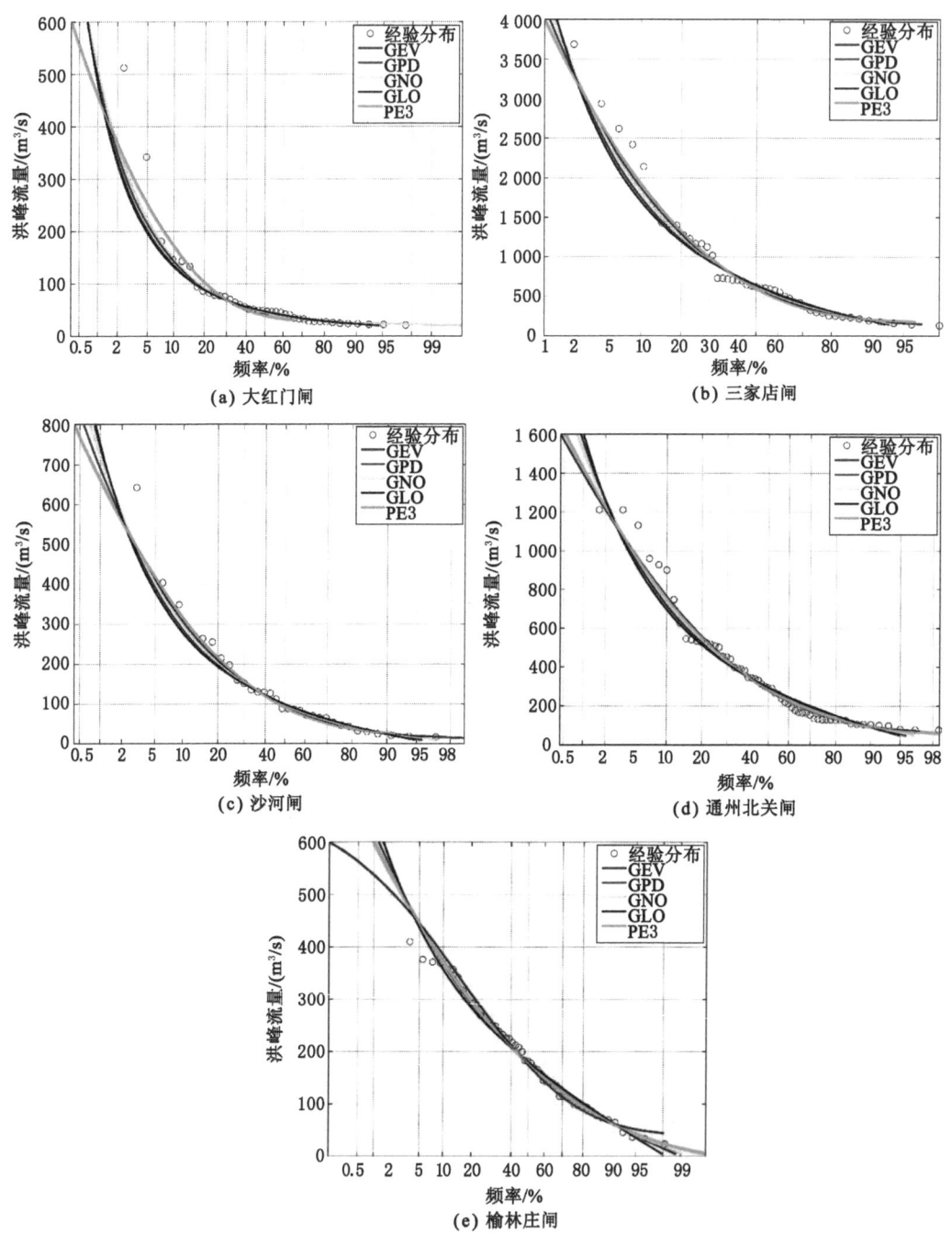

图 5-7　年最大洪峰流量的 AM 序列的洪水频率

曲线与经验频率较接近,但在分布尾部拟合情况并不理想。

　　确定最优的拟合分布之后,根据最优分布及相应的参数值,即可估计不同重现期条件下的洪峰流量、日流量和洪量等洪水特征值。采用 99% 阈值的 POT1 流量序列、POT2 流量序列和年最大洪峰流量 AM 序列和年最大 1 d 洪量 AM 序列,选择相应最优分布,计算各站

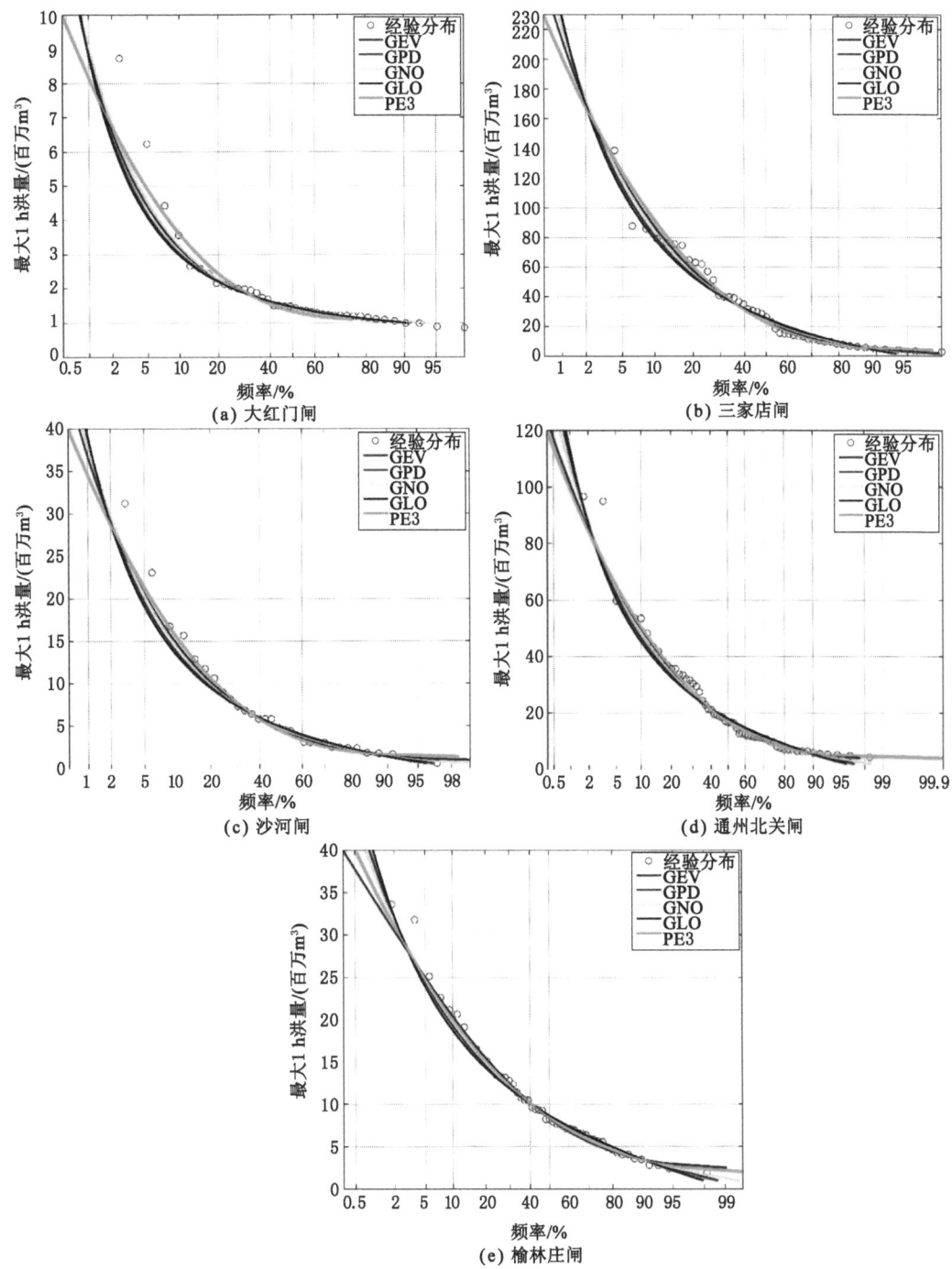

图 5-8　年最大 1 d 洪量的 AM 序列的洪水频率

重现期为 5 a、10 a、20 a、25 a、50 a 和 100 a 的设计洪峰流量和最大日流量值,如表 5-7 所示。对比 POT1 序列和 POT2 序列,大红门闸、沙河闸、通州北关闸和榆林庄闸 4 个站点的 POT1 序列得到的指定重现期的设计流量较 POT2 序列偏小,然而对三家店的变化则略微复杂,小重现期条件下,POT1 序列的设计流量较 POT2 序列偏大,但 100 a 重现期的设计最大日流量在 POT1 序列条件下则小于 POT2 序列的设计流量,究其原因则是由于 POT1 序列三家店站点的最优分布为 PE3 分布,而 POT2 序列下最优分布则为 GNO 分布,这与前面的结果也类似,即薄尾分布的 PE3 型分布在高重现期下的设计洪水较混尾分布和厚尾分布的结果偏低。对比 AM 抽样法和 POT 系列法,年最大洪峰流量属于即时流量,相较于 POT 序列中的日均流量,差异较大。因此,可选择年最大 1 d 洪量的 AM 序列(需要将设计洪量换算成对应的最大 1 d 平均流量)与 POT 序列的设计日流量(POT1 和 POT2)进行比较。

从表 5-7 和图 5-9 中可知,由于各站三种序列的最优拟合分布略有不同,但整体上多为 GPD 和 PE3 分布。由于不同最优拟合分布的存在,使得结果更为复杂。以三家店为例,日流量 99% 阈值条件下的 POT1 序列与年最大值的 AM 序列均符合 PE3 型的最佳分布,而 AM 序列的设计值均高于相同重现期下的 POT1 序列设计值,这在一定程度上也是由于序列长度对频率设计值的影响。

表 5-7   不同序列指定重现期的设计流量结果统计

99% 阈值 POT1 日流量序列/(m³/s)

站点	最优分布	5 a	10 a	20 a	25 a	50 a	100 a
大红门	GPD	20.36	25.49	32.55	35.34	46.10	60.91
三家店	PE3	508.95	753.41	1 025.50	1 117.20	1 411.40	1 716.60
沙河	GPD	85.83	126.16	177.63	197.05	268.06	358.67
通州北关	GPD	360.79	485.07	627.93	678.33	850.08	1 047.50
榆林庄	GPD	162.40	216.95	289.04	316.86	421.07	558.77

POT2 日流量序列/(m³/s)

站点	最优分布	5 a	10 a	20 a	25 a	50 a	100 a
大红门	GNO	25.94	33.81	44.71	48.98	65.02	85.97
三家店	GNO	420.98	615.04	865.73	960.15	1 301.70	1 725.60
沙河	GPD	128.49	179.44	239.71	261.36	336.59	425.58
通州北关	GPD	418.38	560.95	721.30	777.06	964.35	1 175.00
榆林庄	GNO	176.59	240.60	324.21	355.90	471.22	615.52

年最大洪峰流量 AM 序列/(m³/s)

最大洪峰 AM	最优分布	5 a	10 a	20 a	25 a	50 a	100 a
大红门	GPD	92.00	143.30	213.73	241.58	348.66	495.66
三家店	PE3	1 326.50	1 912.10	2 511.60	2 706.60	3 317.20	3 933.50
沙河	GPD	209.29	305.96	411.00	446.72	563.98	691.42
通州北关	GPD	560.61	764.44	961.63	1 023.70	1 212.50	1 395.10
榆林庄	PE3	295.92	372.46	443.93	466.19	533.60	598.96

表 5-7(续)

年最大 1 日洪量 AM 序列/($\times 10^6 m^3$)							
站点	最优分布	5 a	10 a	20 a	25 a	50 a	100 a
大红门	GEV	2.22	3.02	4.15	4.60	6.38	8.89
三家店	PE3	60.22	91.41	123.84	134.46	167.87	201.78
沙河	PE3	10.63	15.88	21.36	23.16	28.82	34.58
通州北关	PE3	35.62	50.18	64.89	69.64	84.46	99.33
榆林庄	PE3	15.18	20.05	24.81	26.32	30.99	35.62

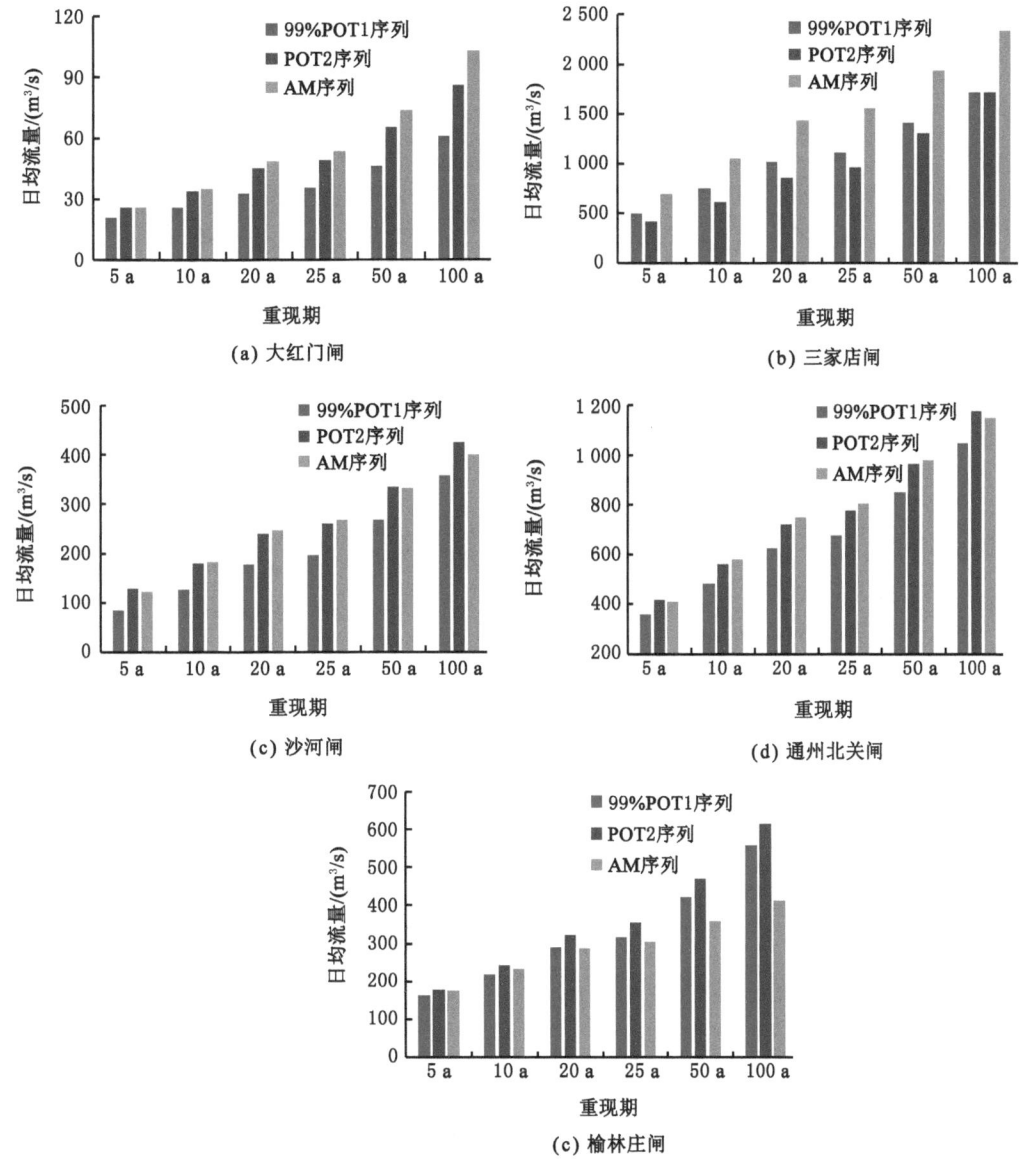

图 5-9　不同重现期下 POT 序列和 AM 序列的设计流量对比

三、基于 GAMLSS 模型的非一致性洪水频率分析

一般而言,由于受土地利用变化和水利工程设施的影响,城市化流域的洪水频率分析是非常复杂的。根据前文的分析结果可知,北京地区 8 个水文站点的年最大洪峰流量序列均呈现出显著变化和突变趋势。由此可以认为,以上站点的年最大洪峰流量序列是具有非一致性的非稳态序列,若采用稳态的分布可能不能很好地描述以上序列,因此,需要考虑序列的非一致性开展有关洪水频率分析[200,201]。本研究基于 GAMLSS 模型,选择一次线性函数和非线性的三次立方样条函数作为参数和解释变量之间的联系函数,选择 5 种洪水频率分析中常用的两参数的 Gamma(GA)分布、Gumbel(GU)分布、Logistic(LO)分布、Lognormal(LOGNO)分布和 Weibull(WEI)分布,如表 5-8 所示,拟合年最大洪峰流量 AM 序列。

首先假设水文序列满足一致性,即分布的参数为常数(Model0),分别用以上 5 种分布拟合 AM 洪峰序列,基于 AIC 和 SBC 准则确定该序列的最优拟合分布,可以看出 Lognormal 分布在大多数站点表现较好,Weibull 和 Gamma 分布分别有部分站点表现较好,如表 5-9 所示。考虑到序列的非一致性特征,采用两种非一致性模型(Model1 和 Model2)评价序列的最佳拟合分布及变化情况。其中,Model1 是构建分布参数与时间 t 呈线性变化关系,Model2 是以三次立方样条函数构建分布参数与时间 t(解释变量)的非线性函数关系,具体分析按照以下过程进行。由于水文序列的所有分布参数均可能发生趋势变化,因此考虑参数为常数和所有分布参数随时间变化的组合。若考虑某个分布参数具有线性趋势时,模拟的拟合效果明显优于不考虑该分布参数的线性趋势,就认为该分布参数具有显著的线性趋势。同样,若非线性参数关系的拟合效果明显优于不考虑该分布参数的变化趋势,则认为该分布参数具有显著的非线性趋势。最后,根据 AIC 和 SBC 准则从中选出使模型拟合效果达到最优的组合。

表 5-8 两参数概率分布函数类型

分布类型	概率密度函数	分布特征
Gamma 分布	$f(y\mid\mu,\sigma)=\dfrac{1}{(\sigma^2\mu)^{1/\sigma^2}}\dfrac{y^{\frac{1}{\sigma^2}-1}}{\Gamma(1/\sigma^2)}\exp\left(-\dfrac{y}{\sigma^2\mu}\right)$ $y>0,\mu>0,\sigma>0$	$E(Y)=\mu$ $\mathrm{Var}(Y)=\mu^2\sigma^2$
Gumbel 分布	$f(y\mid\mu,\sigma)=\dfrac{1}{\sigma}\exp\left\{-\left(\dfrac{y-\mu}{\sigma}\right)-\exp\left(-\dfrac{y-\mu}{\sigma}\right)\right\}$ $-\infty<y<+\infty,-\infty<\mu<+\infty,\sigma>0$	$E(Y)=\mu+\gamma\sigma\cong\mu+0.577\,22\sigma$ $\mathrm{Var}(Y)=\dfrac{\pi^2\sigma^2}{6}$
Logistic 分布	$f(y\mid\mu,\sigma)=\dfrac{\exp\left(-\dfrac{y-\mu}{\sigma}\right)}{\sigma\left[1+\exp\left(-\dfrac{y-\mu}{\sigma}\right)\right]^2}$ $-\infty<y<+\infty,-\infty<\mu<+\infty,\sigma>0$	$E(Y)=\mu$ $\mathrm{Var}(Y)=\dfrac{\pi^2\sigma^2}{3}$
Lognormal 分布	$f(y\mid\mu,\sigma)=\dfrac{1}{\sqrt{2\pi\sigma^2}}\dfrac{1}{y}\exp\left\{-\dfrac{(\log y-\mu)^2}{2\sigma^2}\right\}$ $y>0,\mu>0,\sigma>0$	$E(Y)=\sqrt{\exp(\sigma^2)}\exp(\mu)$ $\mathrm{Var}(Y)=\exp(2\mu\sigma^2)\left[\exp(\sigma^2)-1\right]$

表5-8（续）

分布类型	概率密度函数	分布特征
Weibull 分布	$f(y\mid\mu,\sigma)=\dfrac{\sigma y^{\sigma-1}}{\mu^{\sigma}}\exp\left\{\left(-\dfrac{y}{\mu}\right)^{\sigma}\right\}$ $y>0,\mu>0,\sigma>0$	$E(Y)=\mu\Gamma\left(\dfrac{1}{\sigma}+1\right)$ $\mathrm{Var}(Y)=\mu^{2}\left\{\Gamma\left(\dfrac{2}{\sigma}+1\right)-\left[\Gamma\left(\dfrac{1}{\sigma}+1\right)\right]^{2}\right\}$

表 5-9　3 种模型各站点的最优分布评价结果

准则		大红门	三家店	沙河	通州北关	榆林庄
Model0	AIC 值	411.53	724.25	379.46	800.93	652.55
	SBC 值	414.91	727.95	382.4	805.08	656.49
	最优分布	Lognormal	Lognormal	Lognormal	Lognormal	Gamma
Model1	AIC 值	399.73	704.8	380.96	803.83	654.55
	SBC 值	406.49	712.2	386.82	812.14	662.43
	最优分布	Lognormal	Lognormal	Lognormal	Lognormal	Gamma
Model2	AIC 值	373.19	712.64	375.23	802.16	655.17
	SBC 值	390.08	731.14	389.89	822.94	674.87
	最优分布	Lognormal	Lognormal	Weibull	Lognormal	Gamma

根据表 5-9 的最优拟合分布,分别计算不同模型条件下,各站最优拟合分布的 QQ 图和拟合残差 Worm 图,分别如图 5-10 和图 5-11 所示。从拟合分布的 QQ 图和残差 Worm 图分析,各模型最优分布的拟合效果较好,样本值和理论值拟合较好,基本落在 45°线上,拟合残差点均分布于 95％置信区间内。

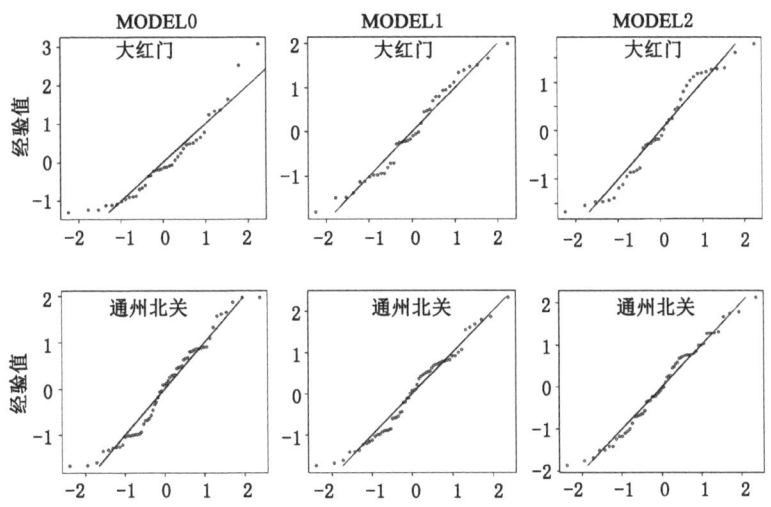

图 5-10　不同模型下各站最优分布的年最大流量序列拟合 QQ 图

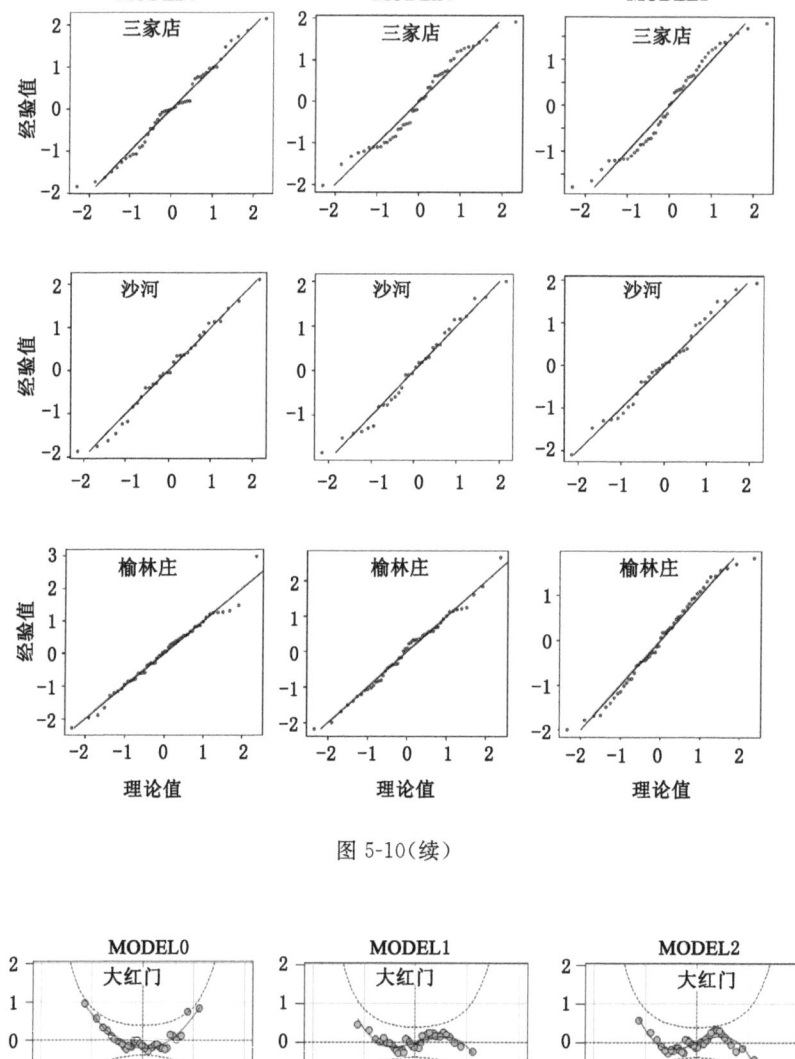

图 5-10(续)

图 5-11　不同模型下各站最优分布的年最大流量序列拟合残差 Worm 图
(注:图中 2 条黑色虚线表示 95% 置信区间)

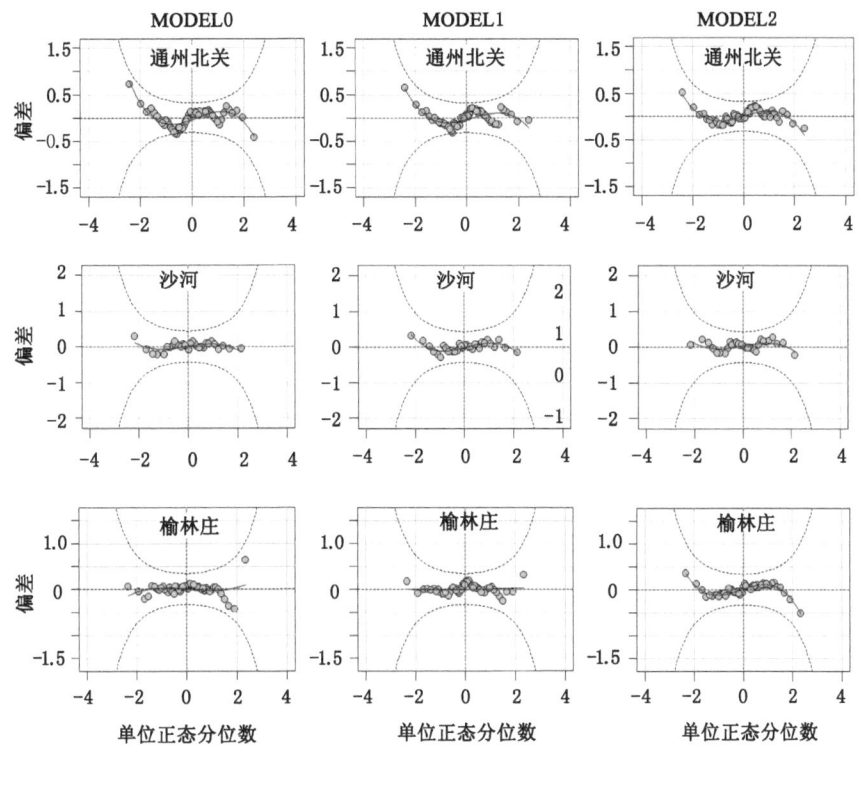

图 5-11（续）

　　此外，根据各模型最优分布，计算各站点 AM 洪峰序列 GAMLSS 模型拟合效果的评估结果，如表 5-10 所示。表中给出了残差的相关结果及 Filben 相关系数，各模型拟合残差 Filliben 系数均大于 0.95，表明各模型残差均较好地服从正态分布，这也与图 5-11 的残差 Worm 图结果相一致，说明各模型的最优拟合分布的选择是合理的。

表 5-10　基于 GAMLSS 模型的最优分布评估结果统计

指标		Model0-常数	Model1-线性函数	Model2-非线性函数
通州北关	均值	0	0	0.004
	方差	1.017	1.017	1.017
	偏态系数	0.146	0.155	0.001
	峰度系数	1.951	2.102	2.042
	Filliben 相关系数	0.982	0.986	0.991
大红门	均值	0	0.013	−0.009
	方差	1.026	1.025	1.026
	偏态系数	1.025	0.127	0.013
	峰度系数	3.815	1.833	1.720
	Filliben 相关系数	0.956	0.985	0.978

表5-10（续）

指标		Model0-常数	Model1-线性函数	Model2-非线性函数
三家店	均值	0	0	0.007
	方差	1.022	1.022	1.022
	偏态系数	0.114	0.107	0.083
	峰度系数	2.215	1.825	1.714
	Filliben 相关系数	0.991	0.982	0.980
沙河	均值	0	0.001	0.031
	方差	1.032	1.032	1.041
	偏态系数	−0.049	0.085	0.011
	峰度系数	2.208	2.005	2.170
	Filliben 相关系数	0.994	0.992	0.992
榆林庄	均值	−0.001	0	−0.005
	方差	1.019	1.019	1.014
	偏态系数	0.061	0.031	−0.069
	峰度系数	3.182	2.696	2.030
	Filliben 相关系数	0.991	0.995	0.992

根据 Model0、Model1 和 Model2 分别估计各站点 5%、25%、50%、75%、95% 分位数曲线,如图 5-12、图 5-13 和图 5-14 所示。对比一致性模型和非一致性模型结果可知,由分布参数不变的 GAMLSS 模型(Model0)无法估计年最大洪峰流量的变化趋势,特别是对某些变化趋势较为显著的站点,其结果吻合性较差。与一致性模型不同,非一致性模型都较好地体现了序列的变化趋势,充分描述了年最大洪峰流量在不同量级下的时间变化特征。对比线性趋势模型和非线性趋势模型可以发现,非线性模型较线性模型更能反映出最大洪峰流量序列的时间变化特征,即多数站点的年最大洪峰流量序列表现出明显的非单调性变化趋势,特别是在高分位数条件下,两者差异较为显著。如苏庄站,在 95% 分位数曲线中,Model1 中后续呈现为上升的趋势,然而在 Model2 中则表现为下降趋势,根据实际序列的变化可知,Model2 的结果更为可靠。

根据 Model0、Model1 和 Model2 分别估计北京地区 8 个站点 5 a、10 a、20 a、25 a、50 a、100 a 一遇设计洪水值,其估计范围如表 5-11 所示。Model0、Model1 和 Model2 设计洪峰流量值具有明显不同的变化特征,但各模型内不同重现期设计洪水变化特征基本相似,不一一分析。本研究以重现期 50 a 为例,对比不同模型下各站点的设计洪水值,如图 5-15 所示。从图中可以看出,采用一致性假定的 Model0 得到的洪水设计值会导致低估或高估洪水设计值,对工程的设计与应用可能存在一些问题。而 Model1 和 Model2 估计的设计值不再是一个固定值,存在一个变化范围,在不同的阶段可能对应不同的设计频率或设计值。

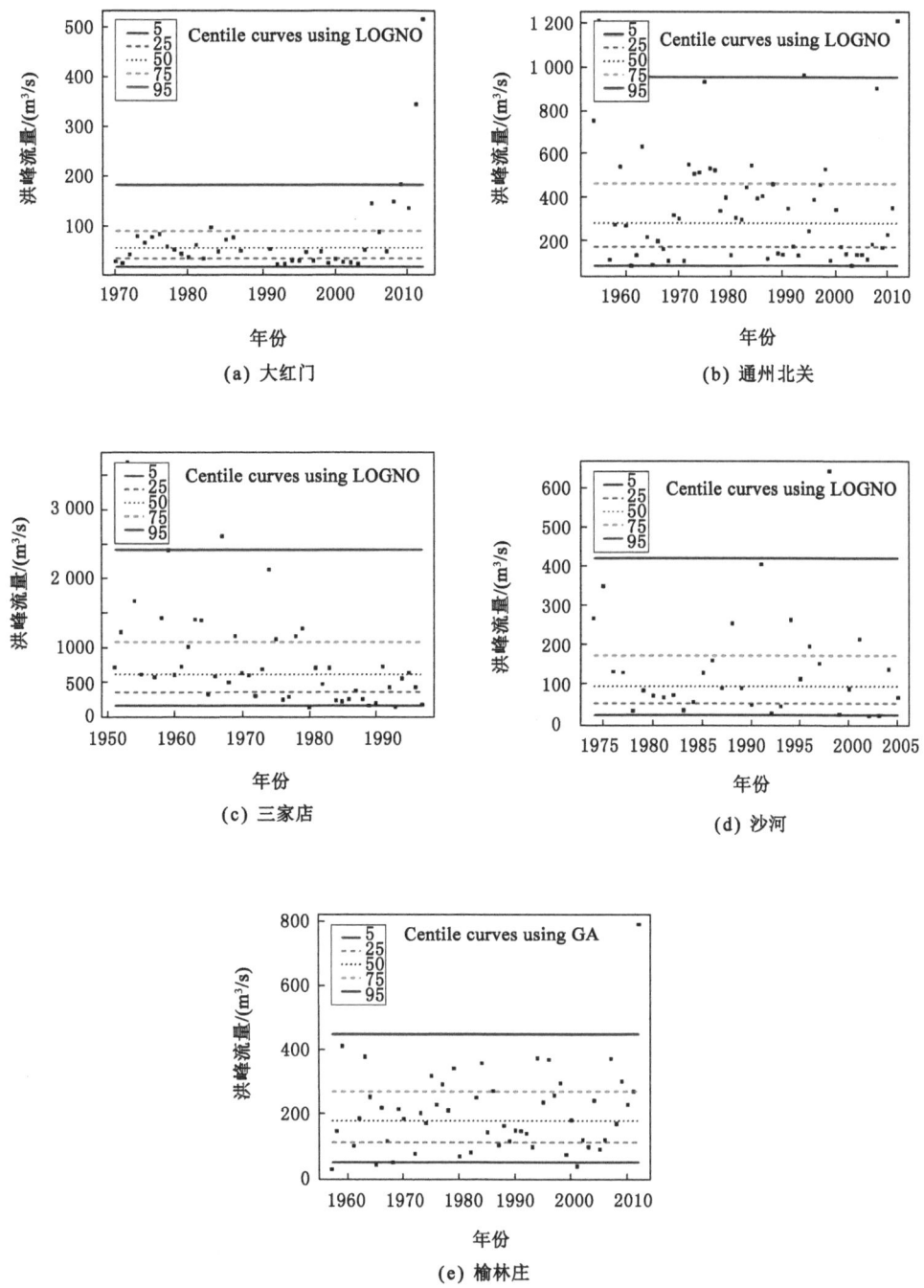

图 5-12　Model0 条件下各站最优分布的年最大洪峰流量分位数曲线

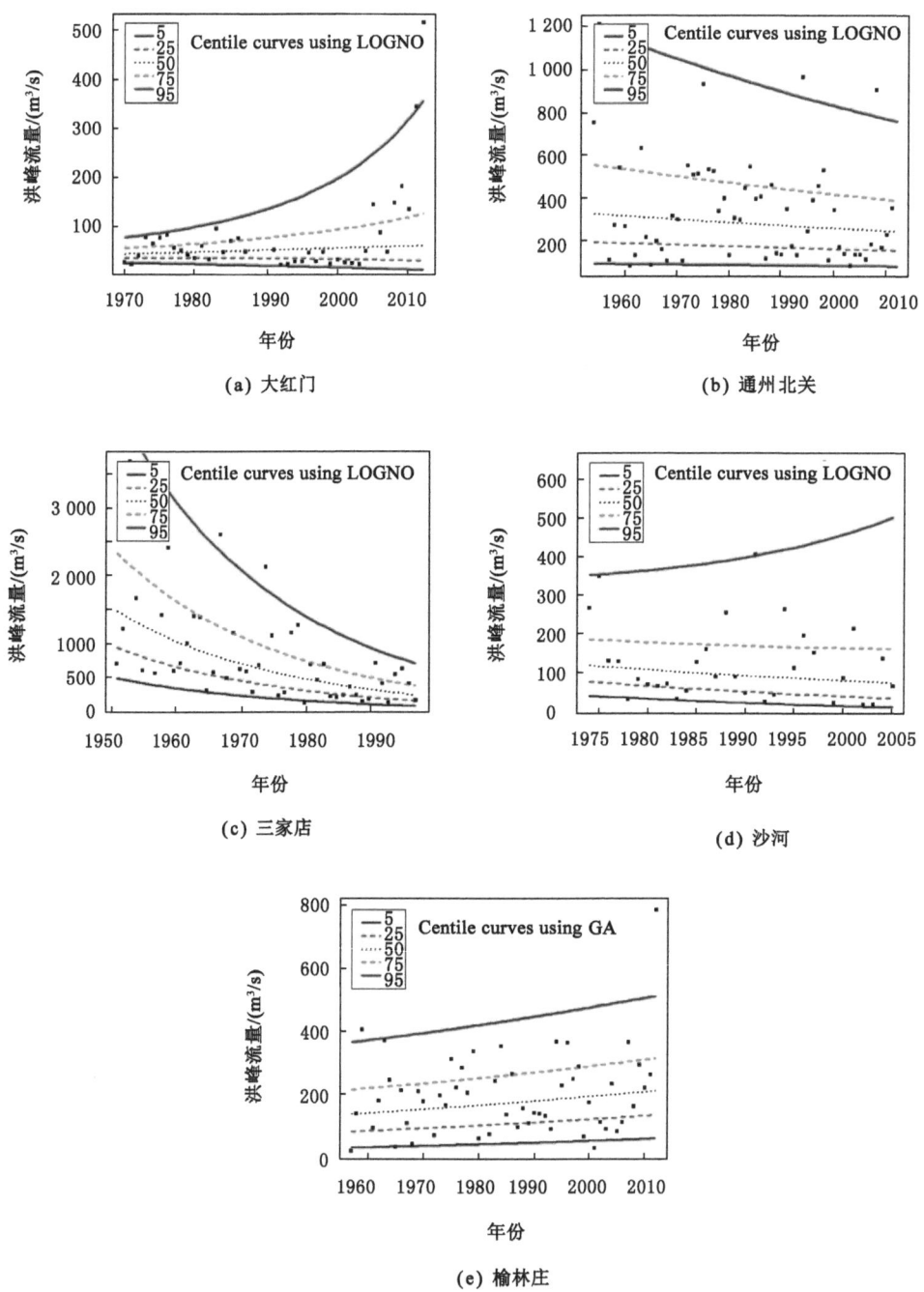

图 5-13 Model1 条件下各站最优分布的年最大洪峰流量分位数曲线

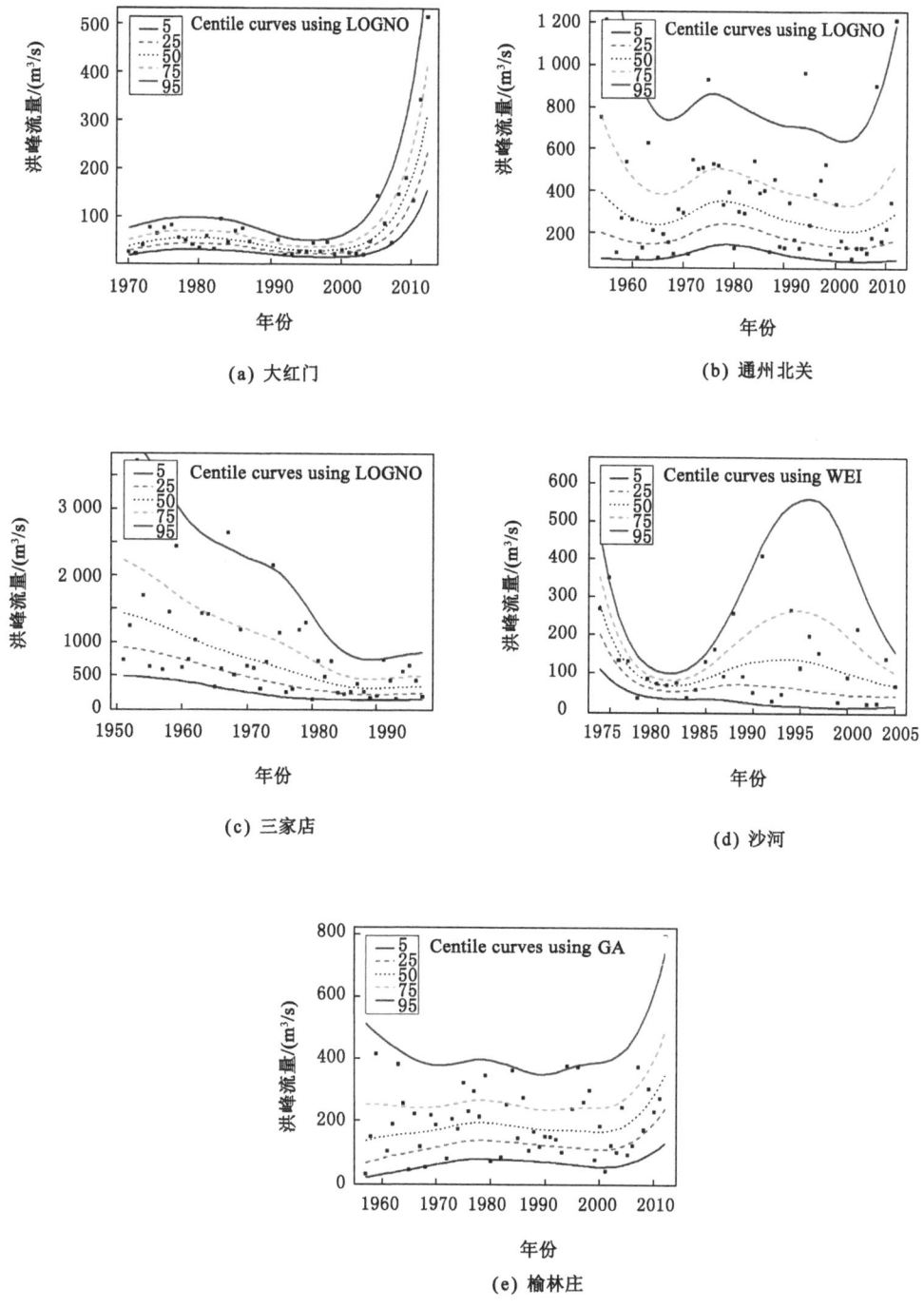

图 5-14　Model2 条件下各站最优分布的年最大洪峰流量分位数曲线

表 5-11　**Model0、Model1 和 Model2 下不同重现期设计洪峰流量**　　单位:m³/s

指标	5 a 一遇			10 a 一遇		
	Model0	Model1	Model2	Model0	Model1	Model2
通州北关	518.72	426.46—624.90	368.86—888.22	722.93	580.87—886.80	498.24—1 366.44
大红门	99.45	58.04—148.70	39.09—443.83	137.65	67.32—239.41	45.37—533.83
三家店	1 247.32	437.95—2 612.14	480.95—2 467.28	1 795.75	577.55—3 496.07	607.29—3 294.19
沙河	201.63	193.79—206.60	81.82—369.55	301.64	276.54—327.52	90.94—428.99
榆林庄	294.48	240.39—349.17	247.20—518.96	372.52	306.48—435.67	298.20—630.92

指标	20 a 一遇			25 a 一遇		
	Model0	Model1	Model2	Model0	Model1	Model2
通州北关	950.94	749.72—1 184.03	638.29—1 950.18	1 029.99	807.58—1 288.05	685.74—2 163.10
大红门	180.04	76.08—354.77	51.30—622.51	194.69	78.85—397.83	53.14—651.01
三家店	2 426.32	725.81—4 447.5	736.28—4 182.30	2 648.64	775.76—4 770.55	778.77—4 483.46
沙河	420.68	351.82—500.93	98.27—558.00	463.49	377.39—566.93	100.38—599.53
榆林庄	445.96	368.92—516.51	344.83—734.16	468.93	388.49—541.71	359.15—766.12

指标	50 a 一遇			100 a 一遇		
	Model0	Model1	Model2	Model0	Model1	Model2
通州北关	1 294.65	999.15—1 639.29	842.06—2 910.35	1 590.32	1 209.99—2 036.34	1 012.88—3 800.67
大红门	243.55	87.33—552.31	58.78—740.04	297.9	95.73—741.89	64.37—830.48
三家店	3 404.49	938.65—5 831.37	914.51—5 471.29	4267	1 114.20—6 985.66	1 056.70—6 544.47
沙河	611.72	461.34—808.10	106.32—728.50	785.15	552.69—1 111.54	111.55—857.61
榆林庄	538.71	448.03—618.03	402.21—862.38	606.63	506.09—692.06	443.56—955.12

　　此外,对于 Model1 和 Model2 的动态设计值,也可间接地反映外界因素对设计洪水的影响,为综合考虑设计洪水值提供一个很好的借鉴意义。如因人类活动或已有水利工程的影响,使得原有设计频率的洪水设计值有所下降或升高,则需要重新对设计成果进行修订,从而满足后续工程设计的需求,也可保障有关工程设计安全。

四、洪水变化的影响因素

　　一般情况,洪水特征的演变主要受气象因素和下垫面条件的影响,同时考虑近年来由于人类活动的影响加剧,水库、调水工程等工程措施对洪水特征演变起到更加明显的作用。目前全球气候变化成为不争的事实,由此引发的区域降水的变化,特别是极端降雨的变化,在一定程度上直接影响流域洪水特征。然而在海河流域,根据诸多研究成果表明,人类活动的影响是海河流域径流演变的主要驱动因素(超过 50%)[1,4,5]。因此,本节从降雨、下垫面变化和水利工程措施三个方面分析洪水特征的演变驱动。

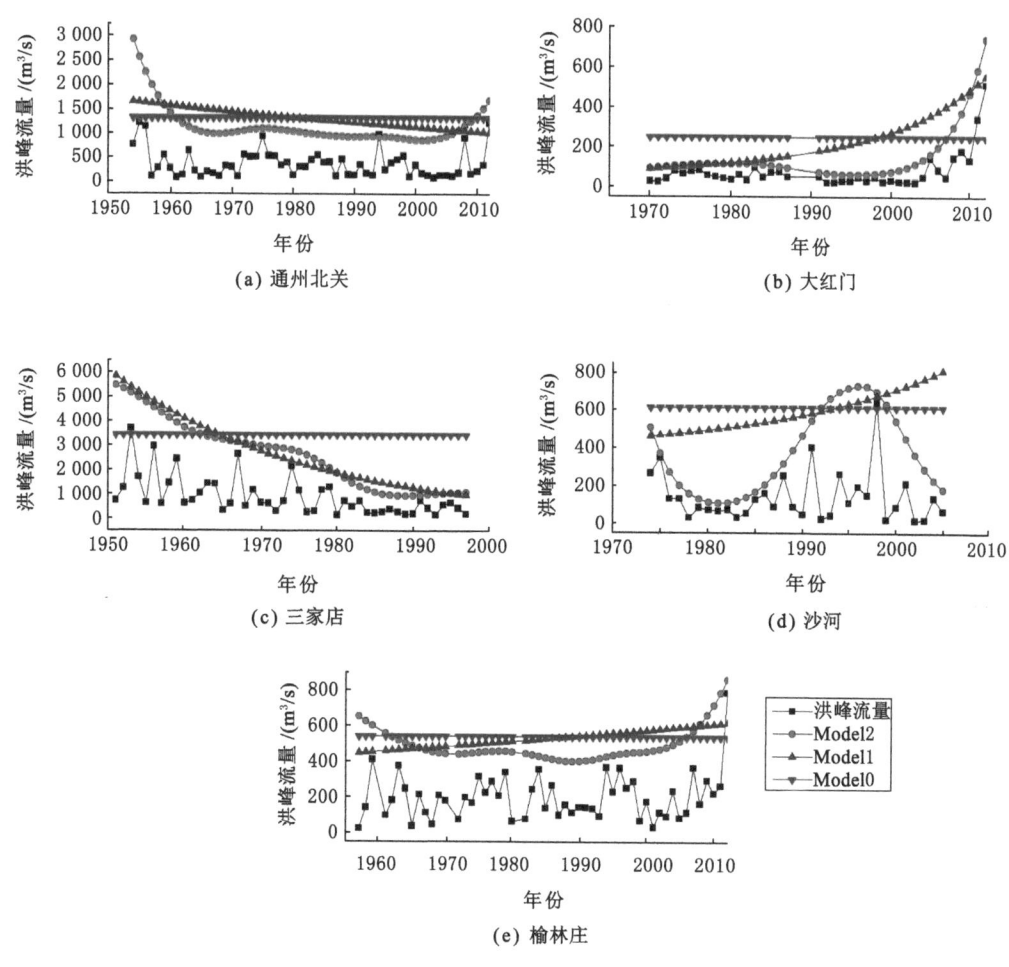

图 5-15 在 Model0、Model1 和 Model2 条件下 50 a 一遇设计洪峰流量值

（一）降雨影响

降雨因素对洪水过程的影响主要体现在两个方面：一是次降雨量和降雨强度，二是降雨的时空分布。从本质上讲，降雨量和降雨强度是影响洪水的直接因素，也是洪水过程的直接输入源，其量级在一定程度上也决定了洪水量级的大小。根据第三章的研究结果，我们从平均角度分析，北京市近 60 a 来降雨量呈现显著下降的趋势；从最大值角度分析，北京市年最大降雨量也表现为下降态势，同时极端降雨频率也有所降低，这与洪水特征的演变趋势保持较好的一致性（除城区附近的大红门和榆林庄外，其余均为下降趋势）。以温榆河北关闸为例（图 5-16），从两者的时间序列变化趋势分析，年最大 1 d 降雨量与年最大洪峰流量的变化趋势基本一致，但从两者的相关关系散点图分析，两者之间并不完全一致，其线性相关系数仅为 0.424 4，说明影响洪水演变的因素不仅仅是降雨量的变化，还包括其他因素的影响，其中较为显著的影响因素是日益增强的人类活动（下一节详细分析）。此外，我们仍可以得出，由于区域降雨量的减少，使得北京市水资源短缺风险日益凸显，然而由于北京市的城市化快速发展，城市需水量增加进一步恶化了区域

水资源安全形势,为此,区域水利工程等措施的调蓄有所增强,导致各流域河道径流过程变化显著,特别是拦洪削峰作用进一步显现。由此我们可以推断,区域洪水特征演变是由于输入水源的减少伴随着外在控制因素的增强作用导致。

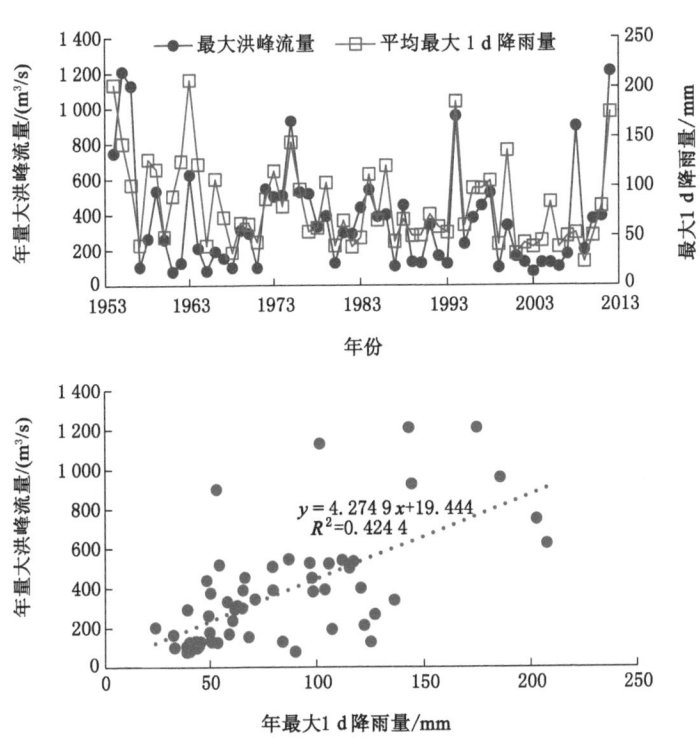

图 5-16　温榆河北关闸年最大洪峰流量与年最大 1 d 降雨量的关系

对于降雨的时空分布特征对洪水的影响,则可以主要考虑大雨以上对洪水特征的影响。一般而言,同一量级的降雨,如果降雨中心在流域上游,在汇流过程中下渗损失较大,致使洪峰及洪量较小。而若暴雨中心在流域下游,下渗损失较小,洪峰和洪量相对较大。在此,我们仍以温榆河北关闸以上流域为例,根据通州北关闸最大洪峰出现时间,选择流域内各雨量站相应最大 1 d 降雨量分析流域降雨的空间分布,以最大值点为降雨中心,分析降雨空间分布对洪水量级的影响,如图 5-17 所示。其中第一组对比情况,1985年和 1997 年最大 1 d 降雨量平均值均为 80 mm,而由于 1985 年的降雨量集中在流域上游十三陵水库附近,使得该次降雨产生的出口断面最大洪峰流量较 1997 年的最大洪峰流量降低约 13.7%,从 452 m³/s 降至 390 m³/s。相似的结果可以从其他年份得到验证,1986 年和 1991 年的最大 1 d 降雨量均在 95 mm 左右,而 1991 年最大洪峰流量为 344 m³/s(降雨中心主要落在中上游区域),在 1986 年则为 400 m³/s(降雨中心主要落在中下游区域),1992 年和 1999 年的降雨量约为 53 mm,而产生的最大洪峰流量则为 169 m³/s(降雨中心位于流域主干河道及下游区域)和 104 m³/s(降雨中心位于上游及其支流区域)。

根据上述两个方面的分析,降雨量的变化及其时空分布是影响洪水演变的一个基本

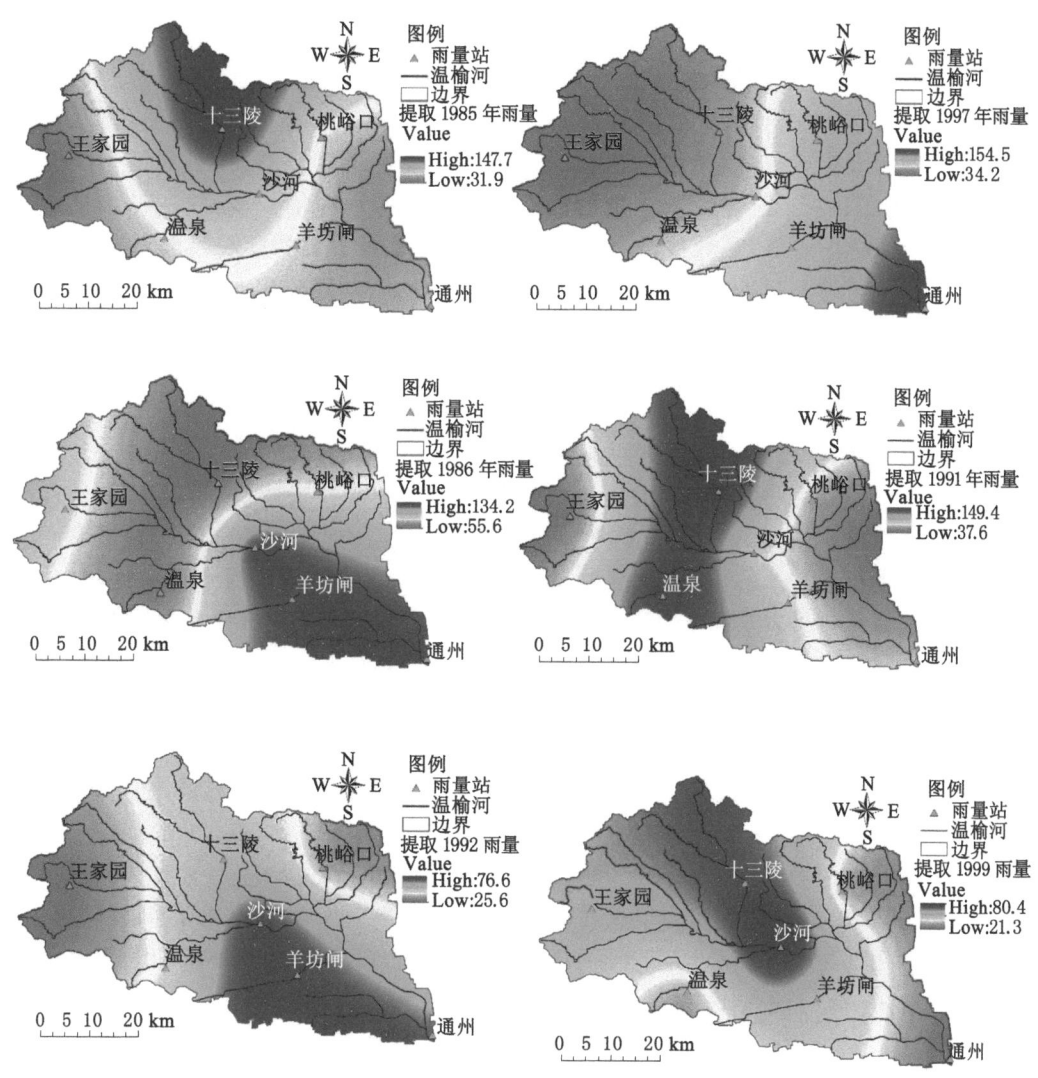

图 5-17 不同降雨空间分布对洪峰流量的影响

（注：1985 年和 1997 年，1986 和 1991 年，1992 年和 1999 年，流域平均最大 1 d 降雨量基本相同）

驱动因素，但是洪水过程的变化牵扯到非常多的因素，不仅仅是降雨变化的结果，随着人类活动的强度日益增强，人类活动的影响成为不可忽视的重要因素。

（二）下垫面影响

1. 城市化对城市化或半城市化流域的影响

城市下垫面变化是城市暴雨洪涝灾害不断加剧的主要原因，主要表现为：一是城市化和城市的扩张，致使建成区逐渐向外扩散，居住用地、设施用地、道路用地、建筑用地以及工业用地等建设用地面积的迅猛增加，致使大规模居住区、工业区和商业区取代了地表天然覆被的植被和土壤，从而导致大面积的自然透水表面变为少或无透水的人工表面，使下垫面的滞水性、渗透性、热力状况发生了变化。城市降雨后，截留、填洼、下渗、蒸发量减少,产生的地面径流量却增大,地下径流减少;而河漫滩地面积及湖泊洼地水体面积的减少使市内集水区洪水天然调蓄能力减弱,造成同量级降雨引起的洪量增加,洪峰流量增大,洪水过程线峰高坡陡,从而导致同量级降雨诱发洪水灾害的概率倍增。二是在城市化建设过程中,许多天然河道被破坏,植物截留和土壤的自然保留被消除,河道的自然蓄水能力发生变化,致使城市内径流时空特征发生了显著的变化,如缩短了径流时间,雨水径流率和总径流量由于土壤的自然蓄水能力减弱而增加等,这些城市区域内自然环境逐渐退化的现象,是导致城市洪水灾害风险增加最关键的影响因素。

北京市城区的天然河道经过整治、疏浚和截弯取直,并兴建雨水管网、排洪沟和抽水泵站,导致地面径流系数增加了1倍以上,由0.3—0.5增大到0.6—0.9,城区雨水排泄加快,归槽洪水增加,使得暴雨时城区河涌流速增大,河道水位不断提高,洪峰流量提前出现,峰形越来越呈现尖瘦形状。近几年北京市的基础设施建设加速,尤其为迎接2008年奥运会的召开,城市建设达到了前所未有的速度,原有的绿地被大量地开发成各式建筑物,使得城区不透水地面面积占到总面积的80%以上。以大红门闸为例,大红门闸以上流域主要在城区南部,包括西二环到西四环、南二环到南四环部分区域,该区域在过去几十年间城市化发展显著,城市建成区面积增加明显,导致区域不透水面积增加,使得大红门闸的洪峰流量表现为增大趋势。同样,对于凉水河下游的榆林庄站也同样受城市化发展的影响比较明显。然而,其他区域受城市化的影响较小,如在城区北郊北运河上的沙河闸站以及通州北关闸站,城市化的影响并未增加洪峰流量,由此可知温榆河流域洪水特征受其他因素的影响超过城市化的影响。当然,对于其他几个站点,由于控制区域的城市化发展程度较低,相对影响更不明显,如苏庄和三家店出现严重的断流现象。

2. 其他下垫面变化对洪水特征的影响

植被覆盖的种类和密度的变化,对地表径流和河流的水文响应也有直接影响。如万荣荣等[202]提出的5种土地利用情景对洪水流量过程线的影响程度,在相同的降雨模式,各种土地利用类型下却能产生完全不同的洪水流量过程线,根据5种土地利用类型对同一降雨模式的不同响应机制所产生的洪水总量和洪峰流量按其大小排列顺序为(图5-18):林地<疏林灌丛<草地<耕地<建设用地,即建设用地对于降雨的敏感性强,对径流量、洪峰流量、峰现时间等有着显著的影响,更容易导致洪水灾害的发生。北京地区下垫面变化对洪水过程的影响情况,我们将以温榆河为例在第六章中进一步分析。

(三)水利工程影响

在我国的防洪减灾实践中,大量采用防洪工程措施来防御洪水和减轻洪灾损失。防洪工程措施一般包括堤防、水库、分洪工程、河道整治工程等,其作用可归纳为三类,即挡、泄、蓄。从北京地区过去50 a的洪水特征演变规律分析,北京地区洪水量级在20世纪50年代处于高值,其后出现逐步下降的趋势,这也是由于近几十年来水利工程等防洪措施具体实践的结果。从前文可知,北京地区的降雨量呈现下降趋势,一定程度上降低了超大洪水发生的可能性。但诸多水利工程措施的调蓄作用也是区域洪水特征变化的最主要驱动因素。

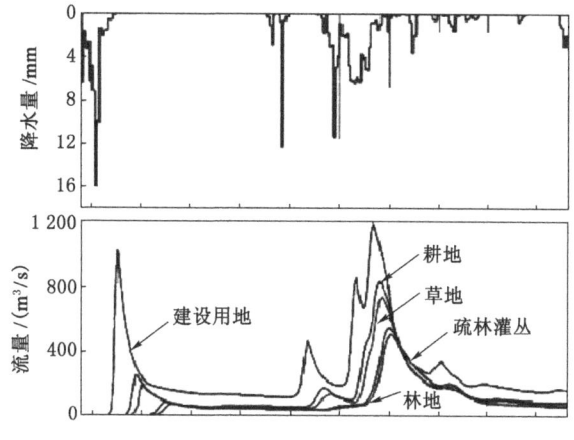

图 5-18　不同土地利用类型下的洪水过程线

第四节　城市暴雨内涝变化分析

城市暴雨内涝成为当前我国城市发展过程中面临的重大难题之一。北京市近年来曾遭遇多次强降雨事件,导致城区多个区域出现严重的内涝积水现象,本研究主要根据现有的调查结果和媒体新闻报道数据等分析北京暴雨内涝情势及成因。

一、城市内涝的变化特征

根据 Zhao 等[166]的调查结果(图 5-19),将研究区域划分为小巷、小区、道路、十字路口和立交桥,其中小巷主要指老城区的四合院区域的小路,小区则是指拥有现代建筑或商场的居民区。根据上述调查结果,我们可以得出不同时期的城区内涝积水点情况:在1981—1990 年期间,城市内涝积水点(19 个)多集中在二环以内的范围,约占全部积水点的 61.3%,在三环及其以内的范围积水点共 29 处,占全部积水点的 93.5%;在 1991—2000 年期间,城区内涝积水点的分布存在向外环逐步扩张的趋势,尽管三环及其以内范围仍属于内涝积水易发区域,约 28 个积水点(70%),但外围四环和五环也有部分路段发生积水内涝事件,如图中的五环外的机场附近、立水桥附近以及通州区 2 处;在 2000 年之后(2000—2006 年和 2007—2011 年)城区积水点总数则呈现明显的增加趋势,同时在空间上也表现出明显的向外环扩张趋势,这也说明近年来老城区的排水改造、河道治理等减轻了老城区的排水压力,从图中可以清晰地发现三环及三环外的积水点增加明显,这与北京市的城市扩展存在明显的关系。此外,2000 年之后存在部分相对密集积水点的内涝区域,如城区西南部的丰台西三环和西四环之间和城区西北部的海淀北三环和北四环区间,对于西三环和西四环之间则主要是由于地势相对低洼,而对于北三环和北四环而言则是因为近年来该区域城市建设不透水面积比例增加较快。

根据城区积水的发生位置统计(图 5-20),我们发现在 1981—1990 年期间主要是道路和小巷积水较多(均超过 25%),而十字路口和立交桥发生积水次数相对较少,不足全部积水点的 20%;而在 1990 年之后,城区积水的位置发生显著的变化,由于城市建设的

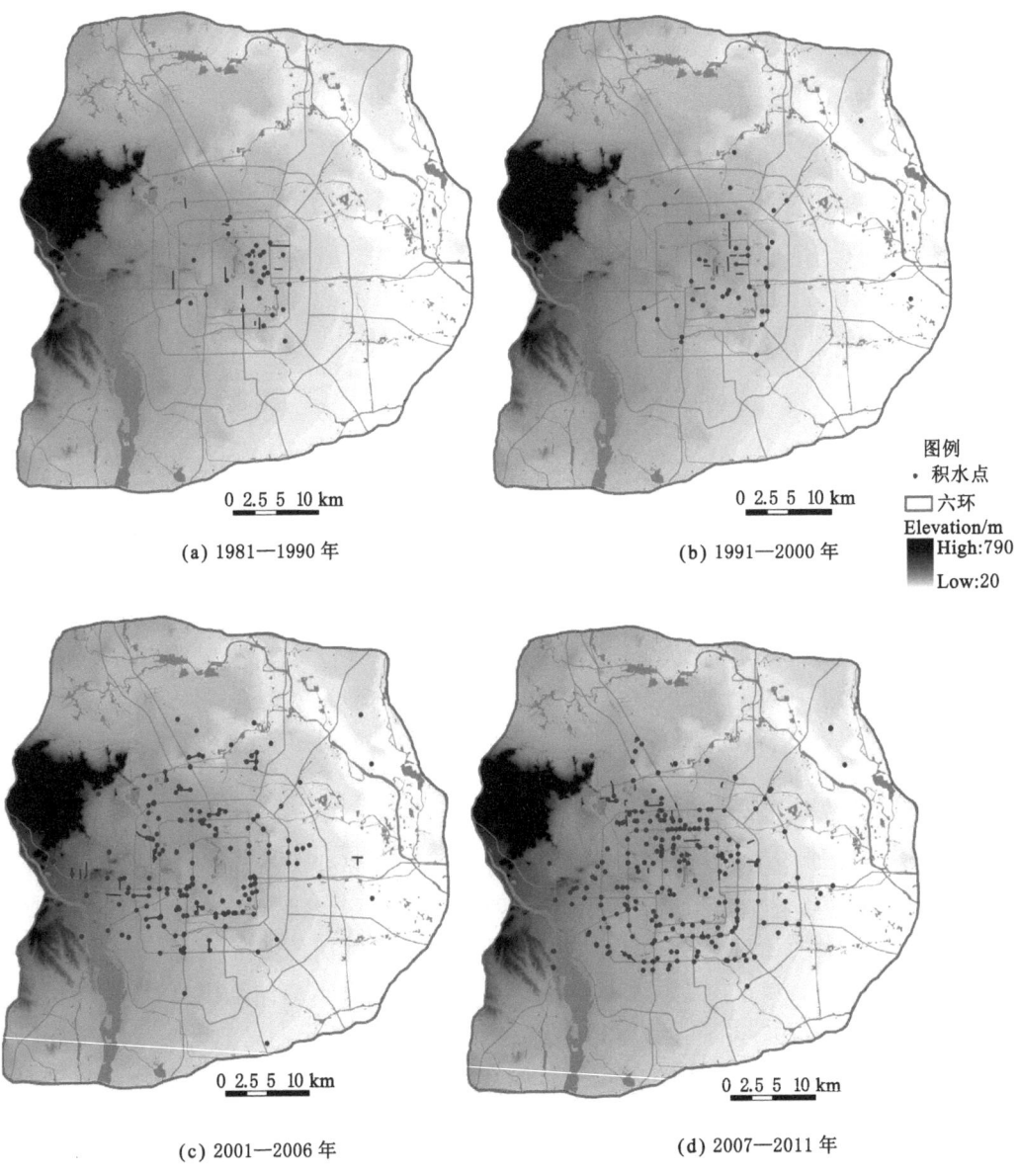

图例
· 积水点
☐ 六环
Elevation/m
High:790
Low:20

(a) 1981—1990 年

(b) 1991—2000 年

(c) 2001—2006 年

(d) 2007—2011 年

图 5-19　北京市不同时期城市内涝积水点分布（1981—2011 年）

（数据来源：Zhao 等[166]，略做修改）

不断推进，城市道路得到迅速发展，建成了许多下凹式立交桥，也使得近 20 a 来立交桥区域成为北京城区内涝积水点的主要发生地；同样，由于老城区的改造治理等使得二环内的小巷积水点有所下降。2001 年后道路和立交桥（尤其是下凹式立交桥）成为最容易发生内涝的区域，约占全部积水点的 60% 以上，而 2007 年之后十字路口发生积水的次数也有增加，其贡献率也超过 20%。

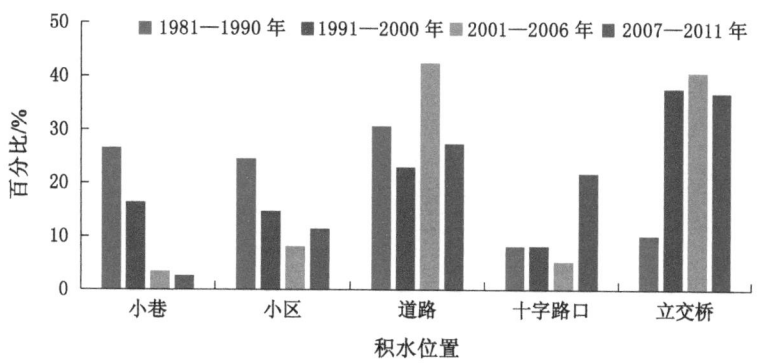

图 5-20　北京市不同时期城市内涝积水点位置统计

二、典型暴雨内涝事件分析

（一）2004 年"7·10"暴雨和"7·29"暴雨

2004 年 7 月 10 日 16 时开始,受北京东北部低涡系统和区域热力因素影响,北京市区从西南向东北开始出现暴雨天气,局部地区发生特大暴雨,降水主要集中在中心城区,其中朝阳、海淀、西城三区降雨量最大,而远郊区县的降雨相对较小。此次降雨过程最大 1 h 降雨量位于海淀区玉渊潭附近,达到 90 mm,而天安门最大 1 h 降雨量为 68 mm,总雨量则达到了 116 mm,整个过程城区平均雨量达到 81 mm。10 日 16 时至 18 时,城区 2 h 降雨量达到 70 mm 以上,城区部分站点及分布如图 5-21 所示。该次降雨过程也是城区 1980 年以来最大的一次降雨过程,造成城区大面积积水,主要积水点多达 40 余处(图 5-22),其中复兴桥下、阜成门桥下、西直门桥下积水水深达到 50 cm,莲花桥一带水深最大时甚至超过 1 m,交通多处拥堵,局部瘫痪。

2004 年 7 月 29 日 2 时至 14 时,北京全市平均雨量达到了 57 mm,其中永乐店、观象台、昌平、大兴、先农坛、丰台十八里店这 6 个气象观测站达到了暴雨级别,雨量最大的观测站是昌平,为 96 mm,而城区的气象自动站中,世界公园地区的雨量达到了 106 mm。大雨造成城区 25 处道路临时积水(图 5-22),绝大部分都在雨量集中的南城地区,其中永定门桥积水最深,达 1.5 m。

分析 2004 年两场暴雨产生积水的原因,我们可以得出,主要降雨过程集中于西部和南部,因此积水也主要集中在城西和城南,比如"7·10"暴雨的莲花桥、新兴桥和万寿路路口等,"7·29"暴雨的永定门桥。总结原因主要是部分区域的降雨量远远超过市政的排水能力,导致排水不及时产生内涝。此外,从积水点的位置可以发现,由于城市建设使得下凹式立交桥的增多,也在一定程度上增加了城市内涝的风险,使得该区域容易成为内涝积水的发生地。对于"7·10"暴雨而言,由于属于突发性对流事件,先前并未实现精准预报(发生前的预报结果为阵雨),导致有效应对预案准备不充分,未能提前部署相关防汛工作,也产生了较大的影响。

（二）2011 年"6·23"暴雨

北京市 2011 年 6 月 23 日 14 时—24 日 8 时发生大暴雨,平均降雨量为 50 mm,城区平均降雨量为 73 mm,局部地区在 100 mm 以上,最大降雨量在石景山模式口地区,为

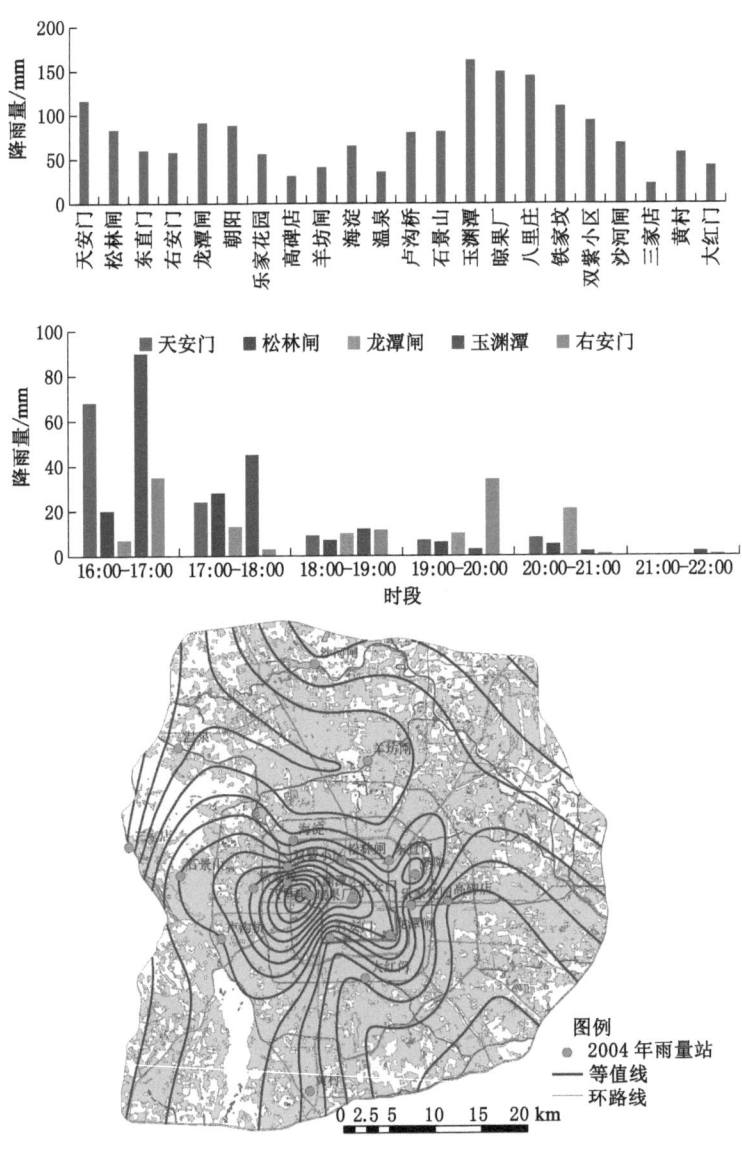

图 5-21　北京市 2004 年"7·10"暴雨过程及空间分布图

214.9 mm。降雨量达到暴雨(＞50 mm)的范围为 5 500 km²,远超 2004 年 7 月 10 日暴雨范围的 839 km²。导致城区 29 处桥区或道路出现积水(图 5-23),造成城区道路交通中断 20处,供电线路出现故障 134 次,影响用户达 3 万多户,6 座市政泵站停电,出现地铁部分站点停运、房屋漏雨、树木倒伏等次生灾害。

　　本次降雨过程表现为强度大,多站出现小时雨量超过 70 mm,如石景山模式口最大小时雨量为 128.9 mm,超百年一遇;五棵松小时雨量为 93 mm,接近 50 a 一遇;永定路小时雨量为 87 mm,超 20 a 一遇;丽泽桥和右安门小时雨量为 75 mm;超 10 a 一遇。同时此次过程影响范围较广,超过 100 mm 的影响范围有 120 km²,而 2004 年"7·10"暴雨的影响范围为 2 km^2；超过 70 mm 的影响范围为 3 100 km^2，也远远超过 2004 年"7·10"暴雨的影响范围 109 km^2。

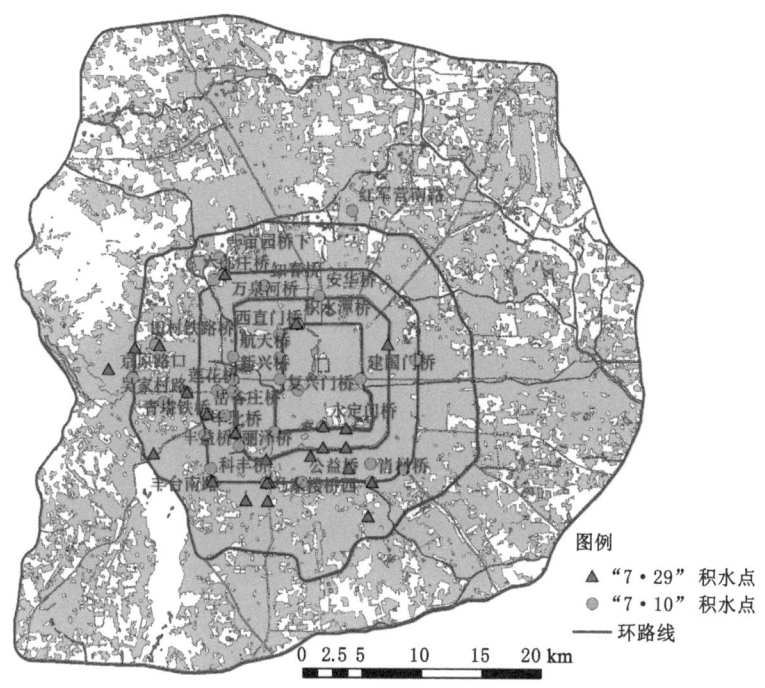

图 5-22　北京市 2004 年 7 月两场暴雨主要积水点分布图

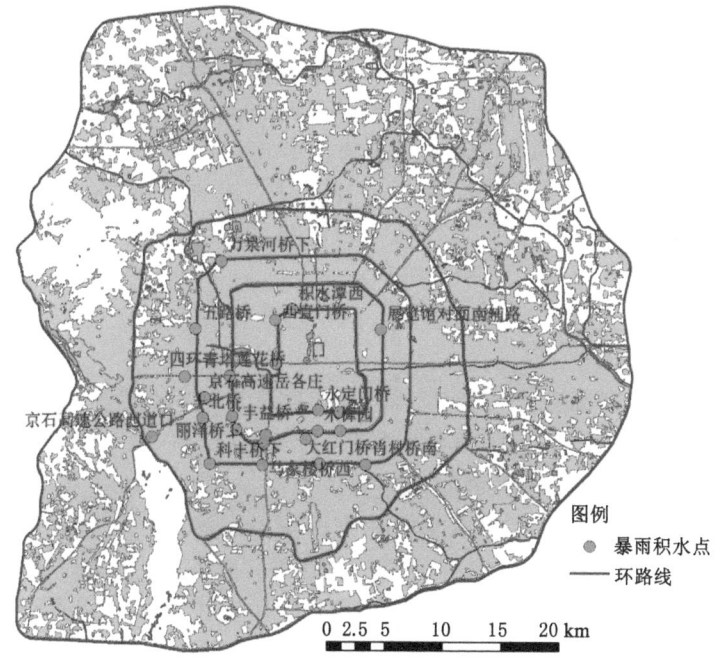

图 5-23　北京市 2011 年"6·23"暴雨主要积水点分布图

对于城区主要积水点,丰益桥、管头桥积水主要原因是承担排水任务的丰草河排水能力严重不足,河道排泄不畅,雍水漫溢,地区洪水进入桥区,形成河水顶托倒灌,致使地区洪水不能及时排除。另外,树木倒伏堵塞河道,进一步影响排水。莲花桥积水主要原因是降雨强度大,新开渠来水量大,西客站暗涵过水能力不足,形成积水。丽泽桥积水主要原因是受强降雨影响莲花河水位陡涨,河水顶托,形成积水。五路桥积水主要原因是五路居泵站断电 4 h,启用备用柴油机发电,动力不足,抽升能力减小,排水能力不足,形成积水。右安门南桥积水主要原因是右外泵站断电,启动备用柴油机发电,产生瞬时积水。木樨园桥、赵公口桥、洋桥、八宝山路积水主要原因是降雨强度超过道路排水设计能力,形成道路滞水。十里河桥积水主要原因是地铁 10 号线施工违章占压雨水口,影响管线正常排水,形成短时积水。正阳桥、大红门东桥、白纸坊桥、菜户营桥、菜户营铁路桥、白堆子路口、小井桥下积水主要原因是断枝落叶等杂物堵塞雨水口,形成积水。京港澳高速岳各庄桥下积水主要原因是污水管线漫溢,大量客水进入桥区,形成积水。玉泉路积水主要原因是道路排水管线未与下游永引渠沟通,形成积水。

(三)2012 年"7·21"暴雨内涝

北京市"7·21"特大暴雨整个过程中呈现出雨量大、降水急、范围广的特点。在雨量大方面,强降雨持续近 16 h,全市平均降雨量为 170 mm,其中城区平均降水量为 215 mm,西南部为 213mm,东北部为 170.7 mm,东南部为 189.1 mm,最大降雨量出现在房山河北镇,达 460 mm,突破历史纪录,城区最大降雨出现在石景山模式口,为 328.0 mm。降雨历时方面,此次降雨过程中,降雨区普遍出现 40—80 mm/h 的降雨量,最大雨强在平谷挂甲峪,20—21 时达 100.3 mm。此次降雨过程,除延庆外均出现 100—250 mm 以上的大暴雨,占全市 90% 的区域,如图 5-24 所示。2012 年"7·21"特大暴雨造成 13 个区县受灾,死亡 79 人,经济损失高达 116.4 亿元,受灾人口 190 万人。

根据北京市防汛部门发布的积水点信息,"7·21"暴雨导致城区 63 处道路或立交桥出现较大积水,如图 5-25 所示。其中,积水深度超过 60 cm 的有 11 个点,超过 30 cm 的有 31 个点。积水最为严重的区域,如莲花桥、广渠门桥、双营桥、肖村桥均积水 2 m 以上,十里河桥积水约 1 m,复兴门、安华桥区域积水 60—80 cm。与其他几次暴雨治涝原因相类似:一是区域极端天气事件影响,二是城市建设过程中,忽视了地下排水系统的配套建设,三是由于地形因素以及人为建造物的影响,使得低洼地或下凹式立交桥等成为极端暴雨的重灾区域。

三、城区内涝成因分析

最近几年,城市不断出现暴雨事件,如 2012 年北京"7·21"暴雨以及 2013 年上海、浙江杭州和余姚等城市暴雨,暴雨强度和降水量或是 60 a 一遇,或是有气象记录以来罕见的暴雨。甚至不是很强的暴雨也能导致城区被水淹、交通堵塞、基础设施损毁或人员伤亡事件,暴雨损失不断增加。城市暴雨成灾的现象在我国城市中已不是个案,而是普遍性问题。暴雨成灾与暴雨突然而至、强度大、范围广有关,但这些极端气候事件几乎不能人为控制和消除。因此,必须从社会经济发展方面进行深入剖析,反思发展与灾害的关系。从水文学和灾害学的观点来看,我国城市洪涝灾害频发的根本原因在于城市水文过程降水输入的变化和下垫面因素的剧烈调整,导致致灾因子和承灾能力的此消彼

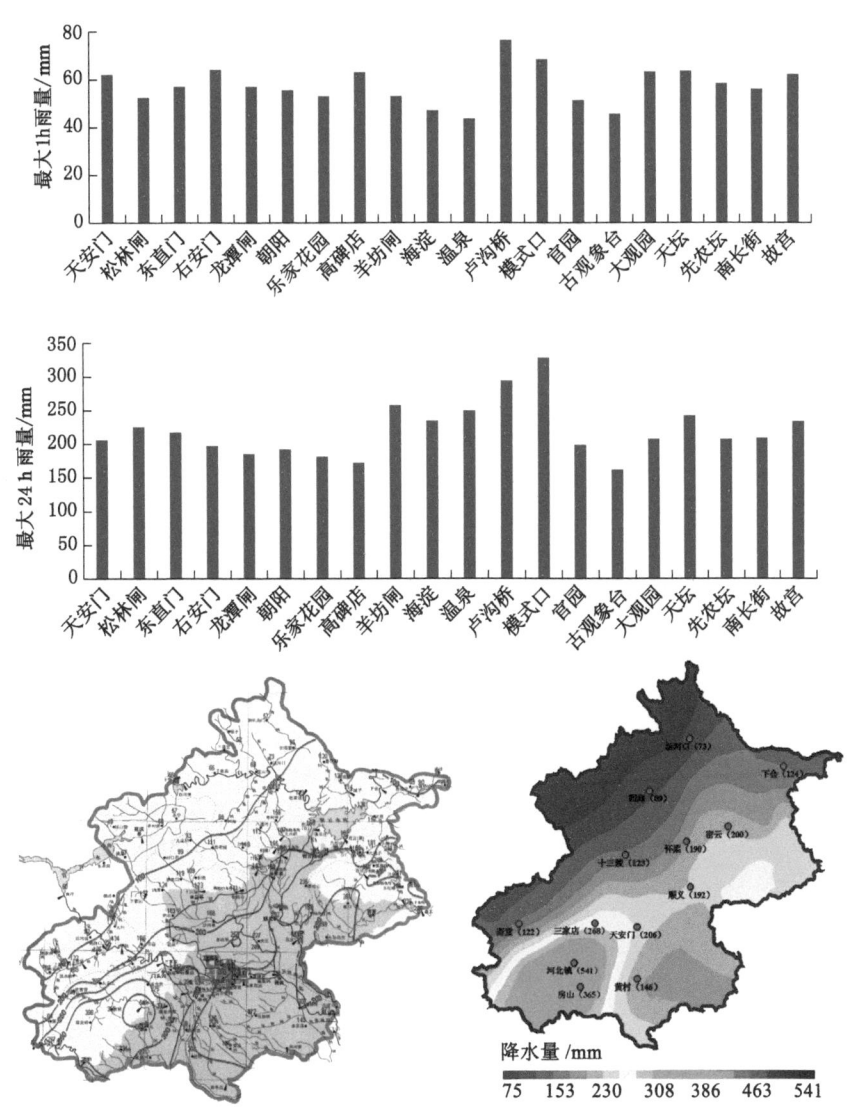

图 5-24　北京市城区主要站点的降雨量与全市降雨空间分布图

长[203]。为此,我们从以下三个方面分析北京城市洪涝灾害的成因:

（一）城市降水要素的变化

北京地区大暴雨与特大暴雨主要集中在 7 月和 8 月,研究表明,暴雨过程具有局地性特征,北京西部和西北山区以小到中雨为主,大雨以上量级的降水比例较低;靠近城区,降水逐渐以大雨以上量级为主。北京地区暴雨区域与地形密切相关,位于山体迎风坡的密云、平谷、海淀、房山等地区为暴雨日数的高值区。由于全球气候变化和北京市快速的城市化发展,使得北京城市的降雨格局发生了一些变化。科学观测表明,近 30 多年来,北京的极端天气事件有增多的趋势,1990 年以后这种增多趋势更为显著。北京市这些年的极端气候事件绝不仅是暴雨,只是过去的极端天气没有造成非常严重的后果,没有引

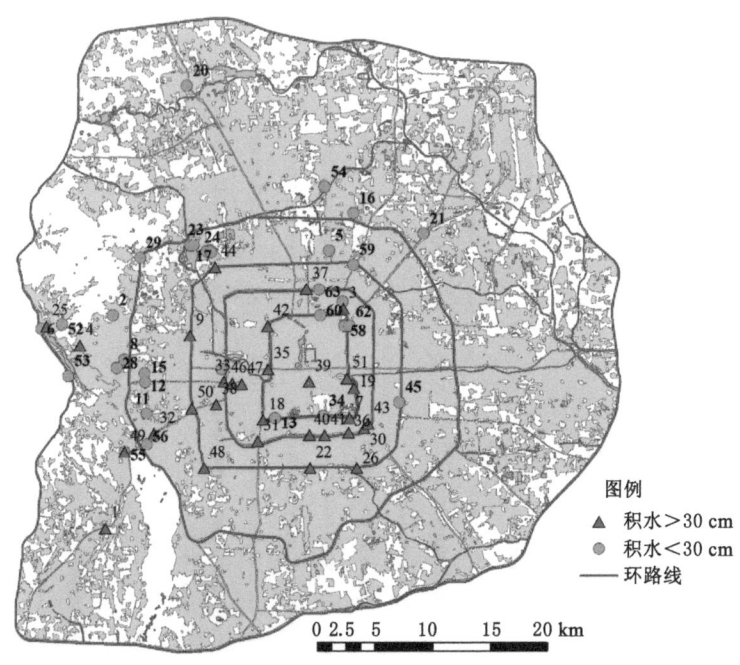

图 5-25　北京市 2012 年"7·21"暴雨主要积水点分布图

1—京港澳高速南岗洼;2—八大处路;3—东土城路口北;4—金安桥下;5—北苑路;6—双屿环岛东侧;7—左安门桥下;8—游乐园西门;9—五路桥下;10—东宫门;11—张仪村路口;12—焦家坟西口;13—右安门桥北;14—西苑桥下;15—莲芳桥下;16—顾家庄桥北;17—颐和园北宫门;18—菜户营桥下;19—广渠门路口;20—沙河大桥下;21—东新店路口;22—大红门桥西;23—北宫门;24——亩园路口;25—麻峪桥下;26—肖村桥下;27—东土城路北口;28—八角路口;29—五环斜拉桥;30—分钟寺桥下;31—玉泉营北;32—大瓦窑桥下;33—莲花桥下;34—景泰桥下;35—复兴门桥下;36—方庄桥下;37—安华桥下;38—六里桥;39—正阳桥下;40—木樨园桥下;41—赵公口桥下;42—西直门桥下;43—十里河桥下;44—万泉河桥北;45—窑洼湖桥下;46—西站北广场隧道;47—会城门桥下;48—科丰桥下;49—杜家坎西侧;50—岳各庄桥;51—东便门桥下;52—高井路口;53—白庄子桥下;54—安立口下;55—杜家坎环岛;56—阀东桥下;57—丽泽桥南;58—东直门桥下;59—望和桥下;60—安定门桥下;61—公主坟桥西;62—十字坡路口;63—安贞桥下。

起大家的重视。

　　近 30 a 北京城市建设的飞速发展,城市热岛和雨岛效应明显,高楼大厦(跟小型山峰的降雨特性类似)的局部小气候条件容易形成历时短、强度大、范围小的局地突发性暴雨,城区出现局地暴雨的频率与强度远高于周边建筑物低矮地区,降雨强度往往超过 70 mm/h 极端天气标准,导致城区的极端天气频频发生,产生局部内涝。虽说北京市在 2000 年后经历了 10 余年的长期干旱,但 2004—2013 年北京城区共发生强降雨过程 29 次,短历时内的大量降雨造成城市排水系统瘫痪。城区的最大 1 h 降雨统计结果(图 5-26)表明,城区最大 1 h 降雨量呈现增长的趋势,且增加幅度较为明显,反映城区面积快速扩大的背景下,城市局地暴雨的强度有所增强,此特征与北京市水文总站的监测数据所反映出的特征一致(2000 年后,城区多站最大降雨量超过 70 mm/h,部分达到 100 mm/h 以上)。

　　根据第四章分析结果,北京城区与近郊区的降雨差异也非常明显,差异最显著的是

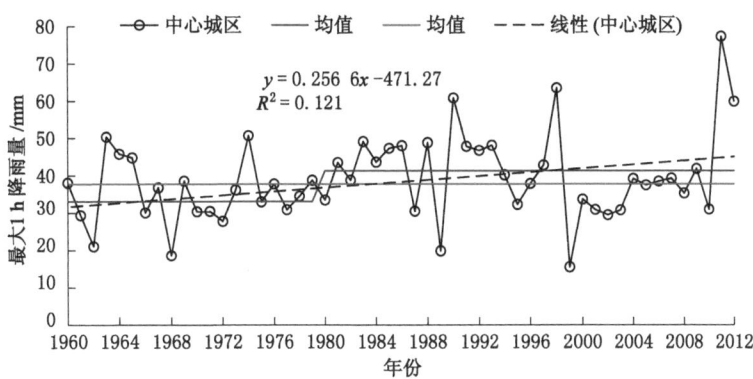

图 5-26　北京市城区平均最大 1 h 降雨量变化

暴雨及以上。城市化发展水平的提高,城郊区的差异也有所增加,如 1960—1979 年期间城区与近郊区的暴雨频次并不明显,甚至存在城区略小,而在 1980—1999 年和 2000—2012 年期间两者差异呈现增加趋势,分别为 3.6% 和 11.2%,同样对于降雨量也表现出相类似的结论,对大暴雨等级的降雨量,城区较郊区的增加幅度达到 17.5%—34.7%。

（二）城市化发展的影响

城市化进程伴随着高强度大规模的人类开发活动,造成城市下垫面剧烈变化,对城市洪涝的影响日益凸显,主要包括:

（1）土地利用空间格局剧烈调整,地表不透水率大为增加。城市扩张过程中,由于交通、住宅、商业和工业设施的大规模建设,导致耕地、林地大量减少,湿地和水域衰减或破碎化,影响了城市区域的水循环过程,从而导致城市洪涝灾害风险加剧。如北京六环内的城市建设用地扩张迅速,耕地减少显著,不透水率呈现显著增加趋势,使得下渗减少,流域径流系数大幅度增大;糙率系数降低,汇流速度大幅度加快,使得地表径流过程峰高量大。

（2）城市微地形变化的影响。城市发展经历了由小到大、由平面向立体的发展过程,在当今中国的城市中立体发展已成趋势,特别是轨道交通、下穿隧道、地下车库等现代化设施的建设,将城市空间的发展由平面扩展带入了纵向延伸的时代,而水往低处流的自然规律必然使得这些现代化的地下设施会面临着防汛排涝的压力。即城市建设过程中改变了部分地区的原有地形地貌特征,产生了一些有利于雨水集聚的人工洼地,一定程度上增加了城市防汛排涝的压力。近年来,下凹式立交桥成为北京城区的主要积水点,成为防汛的短板,如莲花桥、安华桥、夕照寺等。下凹式立交桥是北京城市交通的重要组成部分,市区 90 座下凹式立交桥分布在二环—五环路沿线,其中二环路有 17 座,分别在 1974—1991 年间建成,三环路有 22 座,分别在 1980—1994 年间建成,四环路有 31 座,分别在 1988—2001 年建成,五环路及以外有 20 座,分别在 2000—2003 年间建成。"7·21"暴雨后,北京市于 2013 年和 2014 年启动了 43 座下凹式立交桥的改造工作,以提高区域的防涝能力。

（3）城市排水方式和排水格局的变化,排水系统脆弱性增加。在城市建设过程中,部分河道被人为填埋或暗沟化,河网结构及排水功能退化。现在城市的排水模式一般是地表-管道-(泵站)-河道的分级排水模式(图 5-27),其弱点主要在于管道排水环节。雨水口和地下管网易产生堵塞,检修难度大。同时,管道和河道排水之间的衔接和配套不合理也容易影响正常排水。与此同时,河网水系的退化和大量人工建筑物的出现,使原有排水路径发生很大变化,排水格局紊乱,增加了城市排水系统的脆弱性。此外,在发生暴雨等极端天气情况下,河道水量往往也较大,往往使得河道水位高于管道排水口高程,使得河道水位回灌,从而影响管道排水,形成积水。

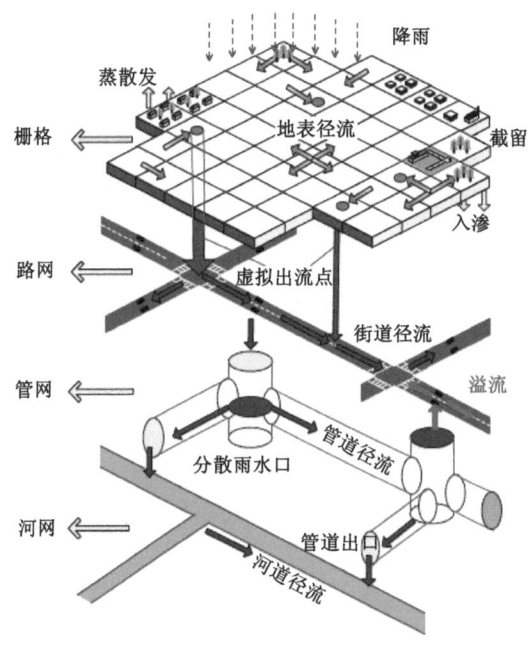

图 5-27 城市排水系统及产汇流过程示意图

(三)城市基础设施建设和管理水平

城市基础设施建设与管理水平也是城市洪涝灾害的重要影响因素,本研究主要从城市排水能力、河道调蓄能力、应急管理能力等方面进行分析。

(1)城区排水能力不足,排水设计标准偏低。经过多年的建设,截至 2013 年底北京市已建成排水管网总长度为 13 505 km,其中雨水管道为 5 038 km,雨污合流管道为 2 104 km。北京市城区道路排水一般按 1—2 a 一遇、重点地区 3—5 a 一遇/立交桥雨水泵站 2—3 a 一遇设计。城区排水管线中 1977 年前建成的有 1 200 km,占管线总长的 1/4,其中包含中华人民共和国成立前的旧砖沟和中华人民共和国成立后改造的合流制排水沟。按管线技术等级划分,属三、四级的低等级管网设施占到 27%。随着城市建设速度的加快,城市排水量已经远远超过原有设计管线的排水能力。2011 年 6 月 23 日暴雨后核查的城区主要道路雨水管道总长约 943 km,其中校核排水标准大于或等于 3 a 一遇的管线只有 142 km,占总数的 15%;排水标准小于 3 a 一遇的约有 801 km。另外,中心城区 88 座雨水泵站重现期小于 2 a(含 2 a)的有 65 座,占 73.8%。根据北京市城市暴雨排水设计标准,1 a 一遇的为 36 mm/h,2 a 一遇的为 40 mm/h,3 a 一遇的为 45 mm/h,5 a 一遇的为 56 mm/h,10 a 一遇的为 67 mm/h,而北京近年来降雨经常达到 70 mm/h以上,其重现期超过 10 a 一遇。如 2011 年 6 月 23 日石景山区模式口降雨量为 128.9

mm/h,这一现状难以应对近年频繁造访北京的极端天气标准(70 mm/h)。虽说2011年
"6·23"暴雨以后北京市建立了90座下凹式立交桥的排水预案,但2012年"7·21"暴雨
城区平均降雨量高达215 mm,仍有不少立交桥出现积水现象,说明北京城区道路排涝能
力仍然不足。2012年"7·21"暴雨后,北京市于2013年启动了20个立交桥雨水泵站的
改造(其中二环路沿线有4座,为永定门桥、西蒲桥、左安门桥、广渠门桥;三环路沿线有
10座,为大钟寺桥、安华寺桥、和平里桥、农展馆桥、左安东路桥、木樨园桥、双营桥、西南
三环桥、六里桥、莲花桥;四环路沿线有3座,为五里居桥、成寿寺桥、丰台大桥;五环路之
外有3座,为麻峪桥、双桥、中古桥),提高到10 a一遇的标准。2014年完成了23座下凹
式立交桥的排水改造。

(2)河道调蓄和排水能力不足。北京市中心城区有清河、坝河、通惠河、凉水河4条
主要排水河道及其30条主干支流和90余条次干支流,河道总长度约为581 km。然而随
着城市化进程的加快,道路建设明显快于河道、管网的治理。由于规划和投资渠道的原
因,城市道路建设与河道整治脱节,导致排水设施的规划、建设不到位,没有给雨洪留出
合理出路。城区有部分中小型河道没有实现规划,部分排水管线下游没有出路,造成了
城市排水系统不畅,遇强降雨容易形成局部地区洪涝。这种情况在德茂庄路、玉泉路等
都有出现。北京城区有部分中小河道多年没有疏挖整治,河道淤积堵塞,排水能力严重
不足,如承担西南部地区重要排水任务的丰草河未实现规划,河道排泄不畅,降雨时壅水
漫溢,致使地区洪水进入桥区,是造成2011年"6·23"丰益桥、管头桥积水的主要原因,
但此两处积水点在1年之后的"7·21"暴雨中仍然发生积水现象,说明解决排水河道问
题非一时之功,须同城市规划和建设结合起来。城市水面面积是调蓄城市内涝的主要手
段之一。如故宫数百年来几乎未发生内涝现象,原因之一就在于故宫周围有环故宫可起
调蓄作用的护城河;同样,团城千年以来也未发生水淹现象,原因之一就在于其位于具有
调蓄功能的北海附近,可以把多余的水排入北海。近年来,随着城市建设的快速发展,不
少市区河湖由于被侵占而缩窄或淤积,导致蓄泄洪能力降低;甚至在城市发展过程中部
分河湖被填埋(新中国成立初期北京市有湖泊200余个,目前仅存50余个),市区水面所
占比例由5%降低到2%左右,如北京南湖渠地区原来本是一片洼地,作为北京市排水主
干河道坝河支流之一的北小河,现已变成超过20万人的望京社区。城市水面减少相应
地降低了城市内涝的调蓄能力,从而增加了暴雨内涝的发生频率。

(3)管理缺陷,预警预报能力不足,应急预案不健全。城市洪涝治理涉及市政、水利、
公安、交通等诸多方面,但长期以来面临行政管理分割的挑战。如2004年"7·10"暴雨,
城区部分管网属于雨污合流管道,因此排水管网分属市政工程管理处管理,而河道则属
于水利部门,平时河道闸都是关着的,因为不是纯雨水管线,怕污染河源,所以当汛期出
现积滞水时,开闸时排除积水就需要时间,导致排水不及时形成积水。虽说近年来北京
市已基本实现水务一体化的管理模式,但由于城市建设重地表轻地下,地下系统运行维
护不足以满足规范化管理的要求,需要强化政府投入力度,提高管理水平,强化管理措
施。此外,由于城市暴雨或局部极端天气事件预报精度不高,如2004年"7·10"暴雨的
预报结果为阵雨,这在一定程度上使得防汛抗旱部门放松了警惕性,导致预防重视不够,
同时由于应急预案不完善,使得应急调度和管理工作并未及时有效开展。

(4)避灾减灾社会管理方式不健全,群众防灾减灾意识不强。虽说北京市自然灾害

教育基本框架已经建立,但在实际运行过程中,民众的危机应对意识不强,这也导致了"7·21"暴雨北京主城区死亡6人,虽说已经发布了暴雨预警信号,但是防雨防灾意识不强,同时也由于存在侥幸心理,低估了暴雨的危害;另外,部分群众缺乏自救和互助救援的相关专业知识,平时缺乏应急训练,导致无法有效实施灾后自救。

综上可知,城市化加速推进的过程中,导致不透水面积比例增加,微地形和排水方式在改变,加上我国排水设计标准本身偏低,其结果是:一方面地面渗透和滞留雨水的能力大大降低,产流量和洪峰流量增加,汇流时间缩短,孕灾环境和致灾因素在增强;另一方面,排水系统脆弱性在增加,洪涝灾害承受能力在不断降低。更为重要的是,暴雨预测预警能力偏低,洪涝灾害防控实用技术缺乏,洪涝应急预案不健全,洪涝调度管理水平不高,也是我国城市暴雨致灾的重要原因。

第五节　本　章　小　结

本章通过对北京地区典型流域洪水极值事件的变化趋势及其突变特征分析,揭示了变化环境下北京地区洪水极值事件的演变特征,探讨了区域一致性序列和非平稳条件下的洪水设计频率问题,通过典型城区内涝事件分析了城区暴雨内涝成因,探讨了城区内涝演变特征,具体结论如下:

（1）根据年最大值选样法,采用线性趋势、Mann-Kendall检验、累积距平分析法和滑动t检验法,分析北京地区5个典型站点年最大洪峰流量和年最大1 d、3 d和7 d洪量序列的变化趋势。研究结果表明,除了凉水河的大红门闸和榆林庄站的年最大洪峰流量呈现上升趋势外,其余3个站点的年最大洪峰流量均表现为下降趋势。整体上看,年最大洪量序列与年最大洪峰流量序列变化趋势基本保持一致,除了大红门闸的最大1 d洪量序列存在上升趋势外,其余各站年最大洪量序列（1 d、3 d和7 d）均出现不同程度的下降趋势。根据累积距平分析法和滑动t检验分析的结果,不同方法得到可能不一致的结果,说明我们需要综合考虑多种方法对研究序列趋势诊断的影响,从而更准确地评估序列的突变特征,做出更客观全面的评价。同时,两种方法在某种程度上也相互证实了年最大值的洪峰和洪量序列存在较大的非平稳性问题。

（2）采用年最大值法（AM）和超门限阈值法（POT）确定洪水极值事件的研究序列,基于L-矩法分析洪水序列的拟合线型分布和设计频率问题。根据L-矩法的L-峰度和L-偏度的散点对应关系以及KS检验可以得出对于90%和95%阈值下的POT序列,GNO分布较佳,而99%阈值的POT1序列和POT2序列以及年最大值的AM序列中,GPD和PE3分布拟合效果都表现较好,即采用GNO、GPD和PE3分布能够较好地描述区域的洪水极值事件。基于年最大值法的AM序列以及超门限阈值的POT序列,采用不同的拟合分布线型,可得到不同频率条件下的设计洪水值,且各种线型在超大洪水的设计频率计算方面存在较大差异。我国常用的PE3型分布曲线较其他极值分布线型在超大洪水频率设计上偏低,即相同流量下的重现期较高。针对不同抽样序列的设计洪水频率也有不同,整体上POT2序列相较于AM序列得到的洪水设计值偏大,而AM序列与POT1序列的差异较为复杂（因序列长度不一致）,这也说明在序列长度一致的情况下,超门限阈值法的抽样序列的洪水设计值比年最大值序列得到的设计值更高。

（3）采用 GAMLSS 模型，选择两参数（均值和方差）的 5 种分布线型，建立均值和方差随时间变化的非一致性模型，研究北京地区 5 个典型流域的洪水频率特征，发现两参数的 Lognormal 分布在北京地区多数站点效果较好，非一致性模型比一致性模型更能描述区域的洪水特征。根据均值和方差随时间线性变化和非线性变化的非一致性模型（Model1 和 Model2），更能反映洪水特征的变化趋势。不同重现期下的非线性模型的设计洪水值往往包含线性模型的设计值，在一定程度上非一致性模型也可以反映人类活动等外界因素对洪水频率的影响，即在非平稳条件下的洪水重现期和频率需要不断更新。

（4）区域洪水特征演变的主要因素包括气候因素和下垫面因素。区域气候条件变化是洪水演变的主要驱动力，降雨量作为洪水过程的主要输入来源，直接影响洪水的变化。同时，区域洪水演变也是区域下垫面变化和人类活动的共同作用下导致的，在区域降雨量减少的情况下，由于人类活动增强，北京地区需水量增加，使得区域各项水利工程的蓄水作用增强，削弱了河道洪峰流量，减少了河川径流量。然而在城市化发展显著区域，如新城区的大红门闸和榆林庄，随着城市化程度的提高，洪峰流量呈现上升趋势，说明城市化增强了城市化流域的洪峰流量，加快了区域汇流速度，产生更多的地表径流，同时生活污水排放等影响也增加了河道流量。

（5）基于不同时期城市内涝统计数据分析北京城区内涝演变特征及其成因。除了强降雨等极端气象事件的影响外，不合理的城市开发等人类活动的影响也不容忽视。城市化加速推进的过程中，导致不透水面积比例增加，微地形和排水方式在改变，加上我国排水设计标准本身偏低，其结果是：一方面地面渗透和滞留雨水的能力大大降低，产流量和洪峰流量增加，汇流时间缩短，孕灾环境和致灾因素在增强；另一方面，排水系统脆弱性在增加，洪涝灾害承受能力在不断降低。更为重要的是，暴雨预测预警能力偏低，洪涝灾害防控实用技术缺乏，洪涝应急预案不健全，洪涝调度管理水平不高，也是我国城市暴雨致灾的重要原因。

第六章 城市化对降雨径流关系的影响

降雨径流关系是工程水文学领域最重要的应用问题之一[204]，而径流系统则是一个受气象、地质、地貌等众多因素影响的复杂非线性系统。气候和下垫面条件的复杂性造成不同自然地理条件下降雨径流关系的复杂性。近年来，随着经济的发展、人口的增加、城市化进程的加快、城市面积不断扩大，引起下垫面条件发生较大变化，径流系数增大，导致同量级暴雨洪峰流量逐年增大，由此引发一系列的城市生态环境和社会问题，成为城市可持续发展的重要制约因素。因此，城市化背景下中小流域降雨径流关系分析成为变化环境下城市水文学研究的一个重点内容。针对不同城市化发展程度对水文过程的影响存在一定的差异，本章选择不同城市化发展程度下的研究区域分析城市化及其下垫面变化对降水径流关系的影响。

第一节 研究流域概况

为了对比分析不同区域、不同城市化程度下降雨径流关系的变化，结合北京地形分布特征，选择北京市城区、近郊区和远郊区的典型流域，分析下垫面变化条件下的降雨径流关系变化特征。其中，城区选择老城区的通惠河乐家花园以上流域以及新城区的凉水河大红门以上流域，近郊区则主要选择北运河通州北关闸以上流域（主要为平原区），远郊区则选择潮白河苏庄以上苏密怀区间（山前平原区）和永定河官厅水库至三家店区间（山区）。对于暴雨洪水过程模拟，本研究以近郊区的北运河通州北关闸以上流域为例进行分析。

一、乐家花园以上流域

乐家花园水文站位于北京市朝阳区大北窑东三块板，1955 年设站，1977 年纳入国家基本水文站网，是城区主要排洪水道通惠河的主要控制站，过水能力为 622 m^3/s。计算流域区域西以玉渊潭的出口闸和电站出流作为入流口，西北以长河闸作为入流口，区间分流主要为右安门泄洪道，如图 6-1 所示。该流域以地下管线为分界，20 世纪 50—60 年代该流域面积为 90.4 km^2，不透水面积比例为 61%；70 年代以后由于地下管线的变更，流域面积扩大到 94.0 km^2，不透水面积比例为 75%[170]；根据北京市水文总站 2006 年完成的土地利用调查结果统计，80 年代不透水面积比例约为 77%，90 年代以后由于北京城区的进一步发展，城市建筑面积的扩大和硬化路面的大面积铺设，不透水面积比例达到 88%；进入 2000 年后，由于奥运会及人们对环境质量要求的提高，城区硬化区域改造取得一些进展，使得不透水面积有些减少，估计不透水面积比例为 86%。对乐家花园以上流域,由于站点变更,20 世纪 50—60 年代面降雨量计算选择东便门、西便门、东直门、右安门、左安门、松林闸 6 个站点,80 年代以后采用天安门、右安门、松林闸、东直门、朝阳和乐家花园 6 个雨量站。

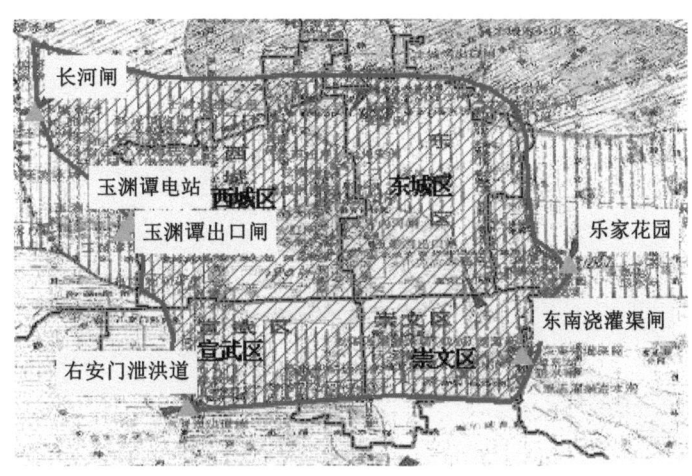

图 6-1　乐家花园以上流域示意图(来源:北京水文总站)

二、大红门闸以上流域

凉水河源于丰台区后泥洼村,流经丰台、大兴、通州,于榆林庄闸上游汇入北运河,是北运河的一条主要支河(图 6-2)。大红门闸以上流域是凉水河主要的集水区域,其间有草桥河、马草河、新丰马草河,流域面积为 137.2 km²。其研究区域内的径流量主要是雨洪产生的地表径流和区域内的工农业及生活废污水,此外还有右安门泄洪道下泄的雨洪量。根据《北京城区雨洪控制与利用技术研究与示范技术报告》中提供的小红门汇水区情况,20 世纪 80 年代不透水面积比例约为 16%[205]。而根据大红门流域内的航空影像资料,北京水文总站完成的区域下垫面调查资料可知,80 年代区域不透水面积比例约为29.4%,城市化发展不太明显;90 年代以后随着丰台区的发展和建筑面积的扩大,90 年代末期不透水面积占比达到 55.9%;从 90 年代末到 2005 年,不透水面积约占56.9%[206]。

三、温榆河流域

近郊区以温榆河流域为代表分析其降水径流特性。温榆河位于北京城市边缘地带,发源于北京市昌平区军都山麓,是北京外环水系的重要河流,属北运河水系,流域面积为2 500 km²,其中山区面积为 1 000 km²。自沙河闸至通州北关拦河闸,是北运河的上游。上游由东沙河、北沙河、南沙河 3 条支流汇合而成,其间又有蔺沟河、清河、龙道河、坝河、小中河汇入,全长 47.5 km,流域面积为 1 368 km²(图 6-3)。东沙河、北沙河和南沙河三条支流在昌平区沙河镇汇集于沙河闸形成沙河水库,沙河闸以上称为温榆河上游即沙河水库流域,从沙河闸至北关拦河闸称为温榆河。温榆河是北京五条大河中唯一发源于境内的河流,担负着排洪和城市排污的任务,与首都机场高速、京承高速等多条交通要道相交。

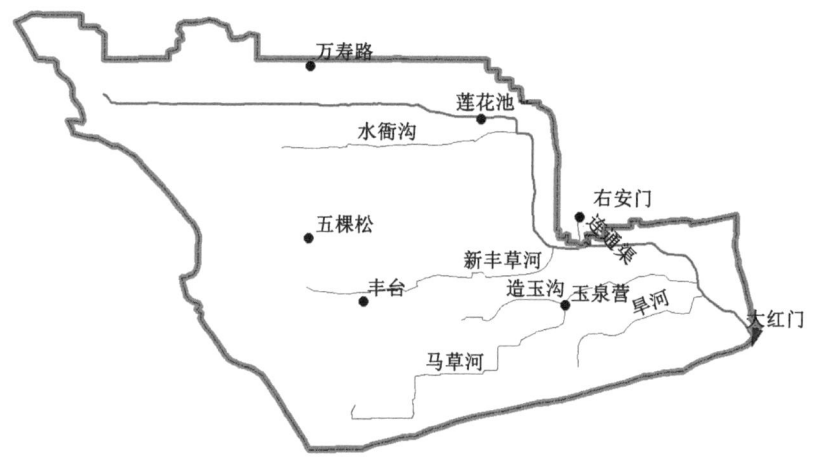

图 6-2　大红门闸以上流域示意图

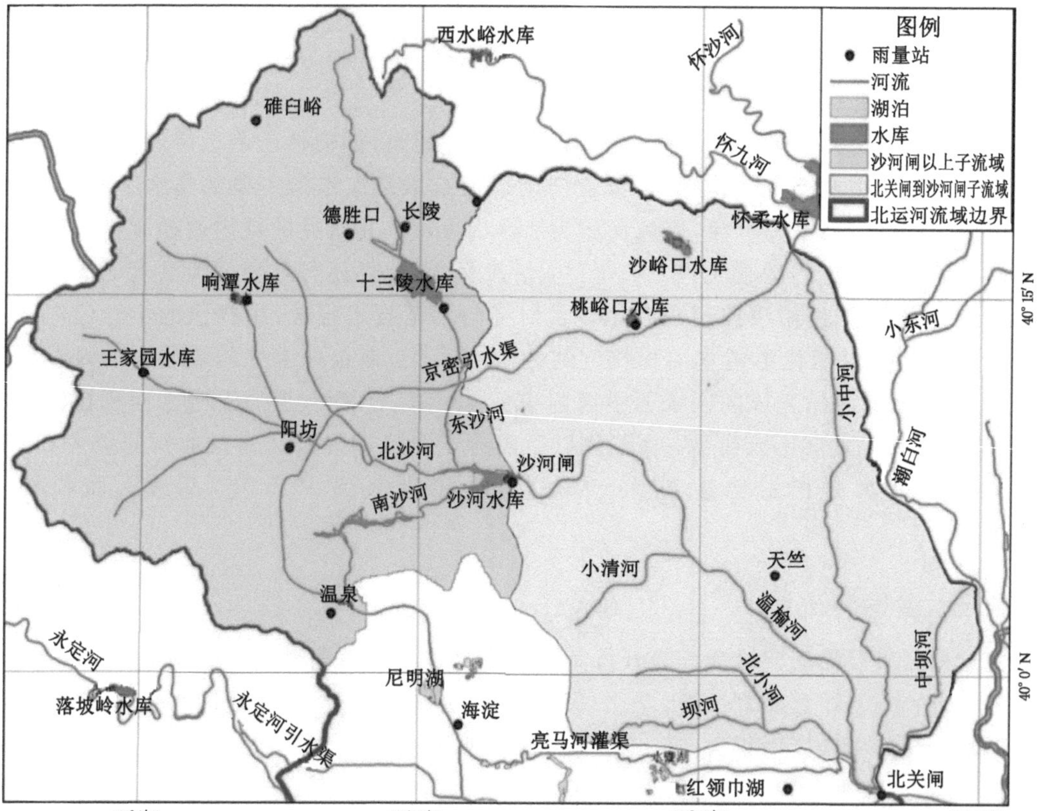

图 6-3　温榆河流域示意图

四、苏密怀区间

苏密怀区间流域位于北京市军都山前,从密云、怀柔水库以下至苏庄水文站统称为苏密怀区间。流域内主要河流为潮白河,下垫面条件较好,大部分为农田,流域内的主要水利工程有三座中型水库和一座大型水闸,三座中型水库的总库容为 0.71 亿 m^3,控制面积 285.8 km^2。流域主干河道长约 42 km,坡度约为 7‰,苏庄水文站的区间控制面积为 1 282 km^2。密云水库和怀柔水库是区间流域的入流控制站,密云水库建成后 1960—1998 年间平均年径流量为 5.83 亿 m^3(1960—1981 年因密云水库向天津、河北供水,年均流量为 9.59 亿 m^3,1982—1998 年停止供水后,苏庄年均径流量为 0.97 亿 m^3),1999 年仅为 35 万 m^3,2000—2012 年基本断流(除"7·21"暴雨当次有少量出流外)。雨量站采用苏庄、顺义、唐指山、怀柔水库、北台上水库、大水峪水库、密云白、密云潮、密云、沙厂水库,如图 6-4 所示。

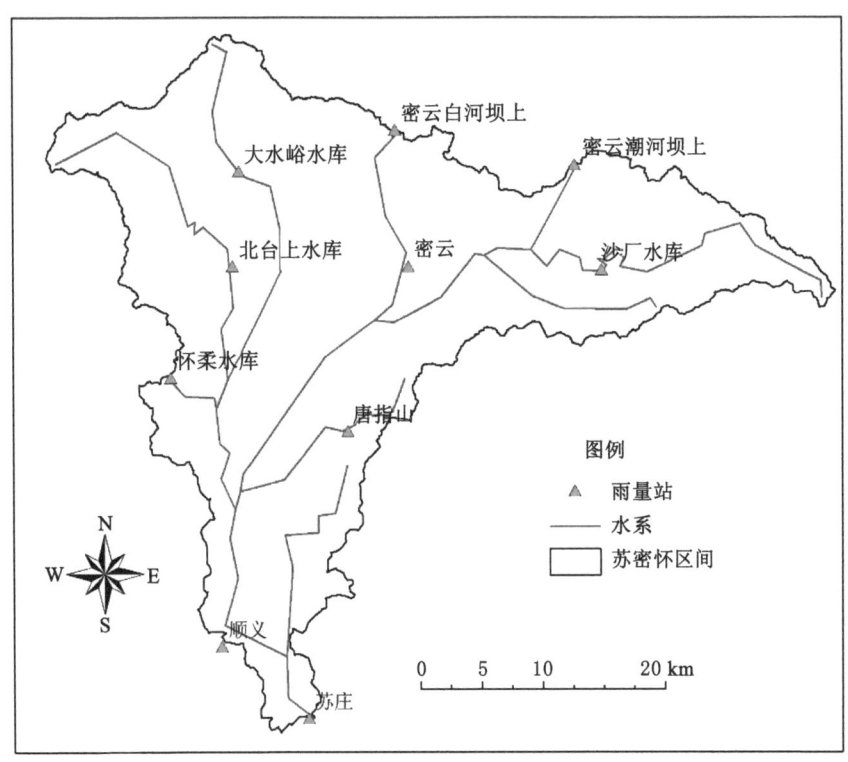

图 6-4　苏密怀区间流域示意图

五、官厅山峡流域

永定河流域官厅山峡地区,自官厅水库坝下至三家店水文站的区间面积为 1 645 km^2,河长 109 km,如图 6-5 所示。本流域地处太行山山脉与燕山山脉交汇处,除沿河两岸有零星黄土平地,三家店附近为浅山区外,其余均为山区,山区占流域面积的 94%。雨量站采用官厅水库、燕家台、杜家庄、清水、斋堂水库、黄塔、洪水峪、军响、青白口、雁翅、上苇甸、大台、三家店。

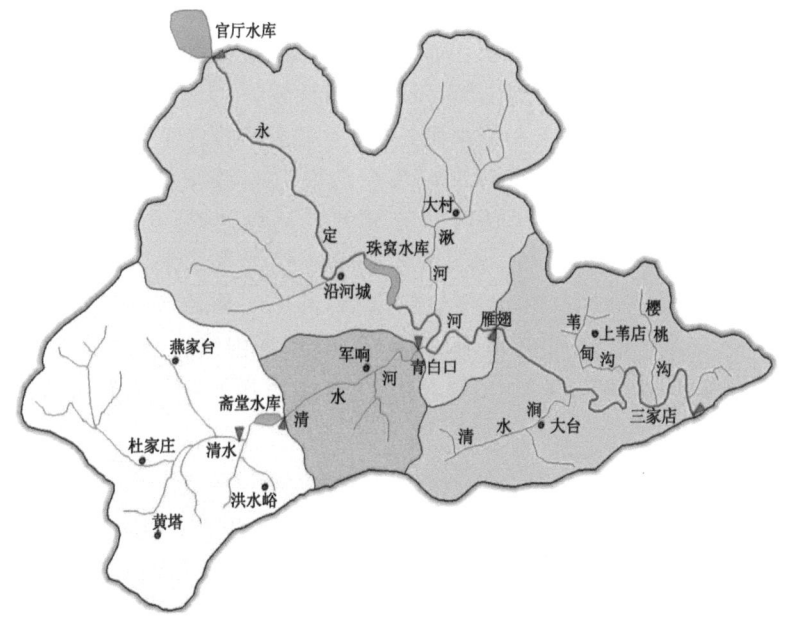

图 6-5　官厅水库到三家店区间流域

第二节　降雨径流关系计算

一、区域面雨量计算

面雨量计算采用算数平均法，即根据选择的雨量站采用算术平均值计算其研究区域的面雨量：

$$\overline{P} = \frac{1}{n}\sum_{i=1}^{n}P_i \tag{6-1}$$

式中，$\overline{P}$ 为研究区域计算的面雨量；P_i 为第 i 个雨量站的雨量；n 为选取雨量站的个数。

二、区域产水量计算

考虑到城区河道都有不同程度的衬砌，河槽调蓄作用很小，因此在洪水的演进过程中并不考虑洪水的坦化作用，在洪水还原时采用最简单的水量平衡法。除了上述研究区域进入口控制站的水量外，应扣除区域的生活污染量。

，如乐家花园以上流域的区间产水量 $W_{区间}$ 需要考虑通过右安门闸的泄流量 $W_{右安门泄量}$ 以及中坝河的分洪量 $W_{中坝河分洪}$，同时也需要剔除本次降雨过程中上游的来水量，如玉渊潭出口闸 $W_{玉渊潭出口闸}$ 和玉渊潭电站 $W_{玉渊潭电站}$ 的下泄量以及长河闸的下泄量 $W_{长河闸}$，还有区间的生活污水 $W_{污水}$ 等，由此则该区间产水量可以表示为：

$$W_{区间} = W_{乐家花园} + W_{右安门泄量} + W_{中坝河分洪} - W_{玉渊潭出口闸} - W_{玉渊潭电站} - W_{长河闸} - W_{污水} \tag{6-2}$$

同样，利用水量平衡法分析大红门闸以上流域产水量，与乐家花园以上流域不同，右

第六章 城市化对降雨径流关系的影响

安门泄洪道作为该区域入流需要从中剔除,以大红门闸为流域出口控制站,扣除一次降水同期区域内的工农业及生活废污水排放量,计算一次降水产生的雨洪量为:

$$W_{区间} = W_{大红门} - W_{右安门泄量} - W_{污水}$$

(6-3)

式中,$W_{区间}$ 为大红门控制流域一次降水产生的雨洪量;$W_{大红门}$ 为一次降水过程中大红门的下泄量;$W_{右安门泄量}$ 为一次降水过程中右安门的下泄量;$W_{污水}$ 为一次降水过程中区域内的工农业及生活废污水排放量。

然而对于近郊区和远郊区而言,生活排水的影响相对较小,本研究不做考虑。但由于流域区间存在水库等水利工程因素的影响,因此在水量计算过程中需要将其考虑进来,如温榆河的桃峪口水库、十三陵水库等,苏密怀区间的北台上水库、沙厂水库、怀柔水库、密云水库,官厅山峡区间的官厅水库、斋堂水库等。在不同流域,部分水库的下泄流量作为区间入流应该去除,如密云水库、怀柔水库、官厅水库,部分水库的蓄水量作为区间的产水量予以考虑,如北台上水库等。

三、径流深计算

通过上述分析计算得到的区间产水量,估计一次降雨过程产生的区间径流深及径流系数为:

$$R = \frac{W_{区间}}{1\,000 \times F}$$

(6-4)

$$\alpha = \frac{R}{P}$$

(6-5)

其中,R 为一次降水过程产生的径流深,mm;$W_{区间}$ 为一次降水时段区间产生的区间径流量,m^3;F 为区域控制流域总面积,km^2;α 为径流系数;P 为场次降水量。

第三节 城区降雨径流关系分析

一、老城区降雨径流关系

根据不同年代降雨径流资料,结合北京水文总站的调查成果,得到乐家花园以上流域在不同年代的降雨径流特征统计情况,如表6-1所示。整体而言,城市区域降雨径流关系与城市化水平及城市不透水面积比例有密切关系。

表6-1 乐家花园流域降雨径流特征统计

时间段	流域面积 /km²	不透水 面积比/%	降雨量 /mm	径流深 /mm	洪峰流量 /(m³/s)	径流系数
20世纪50年代	90.38	61	108.9—139.6	39.3—75.5	166—195	0.45(0.36—0.54)
20世纪80年代	94.03	77	42.5—133.2	15.9—73.5	103—388	0.48(0.38—0.55)
20世纪90年代	94.03	88	34.8—121.5	16.2—77.2	168—288	0.56(0.5—0.69)
2000年后	94.03	86	29.3—182	14.7—98.3	72.5—440	0.49(0.44—0.54)

147

根据不同年代乐家花园流域不透水面积比例为分界,分别计算 20 世纪 50 年代、80 年代、90 年代和 2000 年后四个不同时期的降雨径流关系图,如图 6-6 所示。从图中可以看出,50 年代降雨径流关系表明该时期降雨量相对较大,而径流系数却相对较小。80 年代和 90 年代降雨径流关系表明该时期径流系数存在明显增加趋势,导致相同降雨产生较大的径流深。根据 1959 年地形图和 1983 年的航测图以及 1999 年和 2005 年的卫星遥感图分析表明,50 年代末老城区不透水面积为 61%,1983 年增至 77%,1999 年剧增为 88%,2005 年降为 86%。50 年代末到 90 年代径流系数在逐渐增大,加之 70 年代以后城市河道的陆续整治,汇流时间缩短,因此造成降水不大而洪峰大的现象。然而到 2000 年后随着城区硬化路面的改造和绿化面积的增加,径流系数又有所减少。

此外,根据上述资料估计降雨量与径流深的相关关系,发现当采用幂指数函数时,两者相关系数最高,如图 6-6 所示。由此可根据相应的面平均雨量估算次降雨过程产生的径流深。以 120 mm 降雨为例,50 年代产生的径流深约为 51 mm,80 年代产生的径流深约为 65 mm,90 年代产生的径流深为 75 mm,2000 年以后产生的径流深略小于 80 年代的结果,由此可整体上可反映由于城市不透水面积的变化对径流的影响。

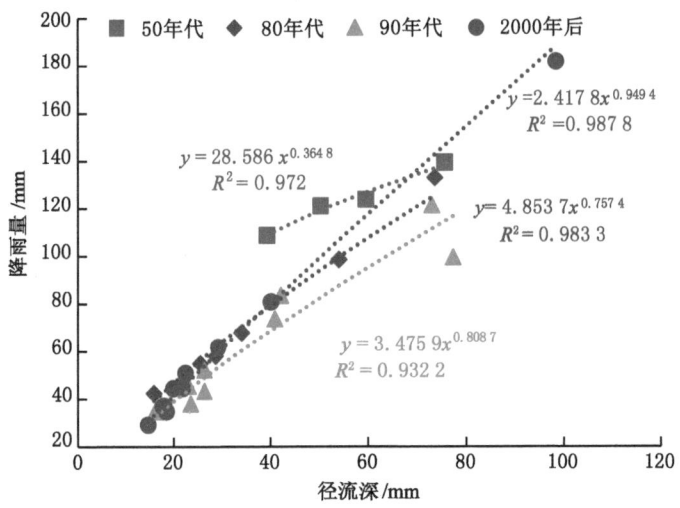

图 6-6　乐家花园流域降雨—不透水面积比例—径流深综合关系曲线

本研究选择典型场次洪水过程分析不同年代降雨径流变化特征,如表 6-2 所示。20 世纪 50 年代末期,北京城区建筑面积相对较小,城区硬化地面对产汇流的影响尚不显著,与 90 年代相比基本上接近于自然状态,因此在相同量级降水中产流量相对偏小,如 19590721 与 19940712 相比,其降水量分别为 121.3 mm 和 121.5 mm,径流深为 50.3 mm 和 72.9 mm,增长 45%,而洪峰流量也由 166 m^3/s 增加到 203 m^3/s,增加了约 22.3%。在对洪峰的影响上更为显著的是 19590813 和 19830804 两场洪水,在降雨量基本相当的情况下,径流深也基本一样,但 80 年代的洪峰流量是 50 年代末的 2.09 倍,说明城市化背景下不透水面积比率的增加使得洪峰流量增加明显。

表 6-2　乐家花园流域部分场次降雨径流关系

洪号	面降水量/mm	径流深/mm	径流系数	洪峰流量/(m³/s)
19590721	121.3	50.3	0.41	166
19590813	139.6	75.5	0.54	186
19830804	133.2	73.5	0.55	388
19840810	98.7	54.1	0.55	320
19850703	58.2	28.8	0.49	181
19870813	55	25.5	0.46	163
19910814	43.3	26.4	0.6	252
19920725	52.3	26.4	0.51	215
19940712	121.5	72.9	0.61	203
19960719	99.6	77.2	0.69	288
20040729	44.6	19.9	0.45	187
20050723	61.9	29.8	0.47	72.5
20060724	44.7	21.8	0.49	191
20120721	182	98.3	0.54	440

注：部分降雨径流数据摘录自《城市化进程对水文特征影响的研究》,北京水文总站,2009。

对于 20 世纪 80 年代,整体上降雨较 50 年代有所下降,但从多年平均降水趋势线可知,80 年代处于北京市的丰水期,单场次降水量较大,且降水范围较广,流域内的下垫面较为湿润。根据查询结果,80 年代北京市的地下水位埋深较低,1980 年 12 月末,北京平原区平均地下水位埋深 7.24 m。因此,与 50 年代比较,场次降水量产生的地表径流量较大。同时因 80 年代北京地区处于城市化初期,城区建筑面积及不透水面积相对于 90 年代较少,农田和绿地面积较大,因此相同量级的降水相对于 90 年代入渗量较大,产生的径流量比 90 年代的小。对比 19840810 和 19960719 两个洪号降雨量基本相同,90 年代的产水量较 80 年代的高 42.7%,然而洪峰流量却是 80 年代的较高,这可能与 19840810 次降雨过程前期流域下垫面较为湿润,使得流域基流量较大,从而提高了场次洪峰流量。而洪号为 19870813 和 19920725 两场雨洪过程对比,则 90 年代的洪峰流量表现较为凸出,也可说明城市不透水面积增加对洪峰流量的增强效应。

对于 90 年代而言,北京地区整体上不透水面积比例最高。根据调查北京城市发展状况和参阅北京市政规划部门资料,80 年代末期到 90 年代中后期中心城区建设发展较快,城市建筑面积、硬化道路面积剧增,绿地和农田面积锐减,其中硬化地面面积增加 18.3%,绿地面积和农田面积分别减少 46.7% 和 81%,由此相同量级的降水产生的径流量比 80 年代的有所增加,如洪号为 19840810 和 19960719 的两次降水相比,降水量分别为 98.7 mm 和 99.6 mm,产生的地表径流深为 54.1 mm 和 77.2 mm,径流深增加 43%。

2000 年后区域降水偏少,北京地区连续十余年干旱。随着城区需水量的增大,加大了地下水开采,地下水位持续下降,使得降水入渗补给量需求增大,地表径流量减少。其次下垫面变化引起场次径流量减少,结合 90 年代至今的下垫面变化情况,内城四区的硬化地面面积减小 1.7%,绿地面积增大 31.6%,使得降水入渗量加大,雨洪产生的径流量减少,如洪号为

19910814、20040729 和 20060724 的三次降雨相比,降雨量基本相同的情况下,90 年代产生的径流量较多。虽说 2000 年后的不透水面积比率高于 80 年代的不透水面积比率,然而其洪峰流量却小于 80 年代的结果。例如,洪号为 19850703 和 20050723 的两次降雨,虽说 20050723 次降雨量较 19850703 次的偏多 3.7 mm,径流深也高 0.5 mm,但其洪峰流量却仅为 19850703 次雨洪过程洪峰流量的 40%。此外,随着"工程水利"向"资源水利"政策的转变和北京水资源日益紧缺,乐家花园上游区间的闸坝和公园景观河湖在降水期间都拦蓄洪水,再加上新建社区雨洪利用工程的实施,以及为了防止雨水将路面的污染物冲进河湖,初期雨洪直接排入污水处理厂,使得流域出口的径流量减少,较大地影响了天然降水径流过程。然而 20120721 次雨洪过程,整体上降雨量较多,其径流深和洪量也较大,说明在极端暴雨情况下,城市化其他工程措施可能效果并不显著,但城市化对降雨径流过程的影响较为凸显,在一定程度上与 19830804 次雨洪过程相类似。

二、新城区降雨径流关系

根据北京水文总站提供的降雨径流数据,选择大红门闸以上流域 20 世纪 80 年代、90 年代和 2000 年后共计 30 场次典型降雨径流过程,分析大红门流域降雨径流关系,如表 6-3 所示。通过 30 场次的典型降水径流过程,以新城区不同年代的不透水率为参照,绘制新城区大红门流域不同年代的降水径流相关线,如图 6-7 所示。可以看出,从 20 世纪 80 年代到 2000 年后,其降水径流关系线从左到右排列,可见同量级的暴雨产生的径流量逐年代增大,其中 80 年代、90 年代、2000 年后的平均径流系数分别为 0.07、0.09、0.15。

对于不同年代的降雨径流关系变化,整体上 80 年代属于北京的丰水期,场次降水量较大。参考丰台区的下垫面情况代表大红门闸流域进行分析,根据北京水文总站完成的下垫面调查资料可知,80 年代农田面积占丰台区总面积的 62%,硬化地面面积占 29%,总体上城市化发展不太明显,对径流的影响较小,基本接近自然的产汇流状态。而到了 90 年代,硬化地面占到全区总面积的 61%,结合下垫面的变化情况可知,从 80 年代到 90 年代,硬化地面面积剧增 139.8%,农田面积锐减 62.7%,同量级暴雨产生的径流量增加较大。例如洪号为 19860703 和 19950816 的两次降水,降水量分别为 43.5 mm 和 42.5 mm,其降水强度和历时几乎接近,但其径流系数分别为 0.047 和 0.07,增大 49%。从 90 年代末到 2005 年,硬化地面增加 1.4%,已占到丰台区总面积的 62%,且水面面积增加也较大。随着新城区的逐步发展,城市排水管网体系得到进一步完善,降水汇流历时缩短明显,同级降水产生的洪水总量增加,且随着降水量的增加,径流量逐步增大,降水量达到一定程度时,径流量递增。从降水径流关系图上可以看出:与 80 年代相比,90 年代的降雨量约超过 70 mm 则径流量增加显著,而在 2000 年后区域内降水量约超过 40 mm 时,径流量相比 80 年代和 90 年代则有明显增加的迹象。

表 6-3 大红门流域降雨径流关系

洪号	降水量/mm	洪峰流量/(m³/s)	径流深/mm	径流系数
19830805	116.8	72.8	10.26	0.09
19840810	102.1	43.6	10.2	0.10
19850825	57.2	22.3	4.568	0.080
19860703	43.5	14.2	2.036	0.047

表6-3(续)

洪号	降水量/mm	洪峰流量/(m³/s)	径流深/mm	径流系数
19860708	31.9	19.8	1.714	0.054
19860809	26.2	13.2	1.322	0.050
19870818	28.9	23	2.360	0.082
19910728	72.9	50.9	8.28	0.11
19920725	35.4	20.6	2.12	0.06
19930705	40.1	21.8	2.49	0.06
19940707	69	20.8	4.88	0.071
19950816	42.5	23	2.98	0.07
19960730	83.9	45.4	11.1	0.132
19960805	96	41.4	13.9	0.144
20000704	62.1	28	9.08	0.15
20000811	22.5	16.8	1.38	0.06
20010724	36.2	25.4	3.88	0.11
20030627	32.4	21.8	2.75	0.08
20040729	64.8	45.4	10.14	0.16
20050803	42.6	43.1	5.33	0.13
20070627	28.4	15.7	2.39	0.08
20070630	40.1	29.6	5.89	0.15
20070730	53.4	58.8	10.7	0.20
20080616	34.6	49.7	4.38	0.13
20080704	32.8	55.5	5.28	0.16
20080714	32.4	49.7	5.87	0.18
20080810	81.5	81	22.2	0.27
20080814	19	14.9	1.78	0.094
20080921	24.5	30.2	3.48	0.142
20120721	197.4	513	49.41	0.25

注:部分降雨径流数据摘录自《城市化进程对水文特征影响的研究》,北京水文总站,2009。

三、城区降雨径流关系图

为了更加全面地分析城区降雨径流关系的变化,结合北京水文总站开展的试验小区[分别为崇文门(商业区)、安定门(住宅区)、太平湖(住宅区)、酒仙桥(城市发展区)、广元桥(城市发展区)]降雨径流研究数据,小区汇水面积为 1.3—28.6 km²,小区不透水面积比例为 38%—81%。研究资料序列为 1986—1991 年,测流多达 800 多次,共测到中小洪峰 89 个[207],其中 1986—1988 年间 5 个试验小区的降雨径流关系数据见图 6-8 所示。从图中的相关关系可以看出,对各个站点而言,在不透水面积比例基本不变的情况下,降雨径流之间基本上保持较好的正相关关系,且随着不透水面积比例的增加,径流系数也呈增加趋势。为了更详细对比各站在不同降雨等级和不同不透水面积比例条件下的降雨—径流关系变化,

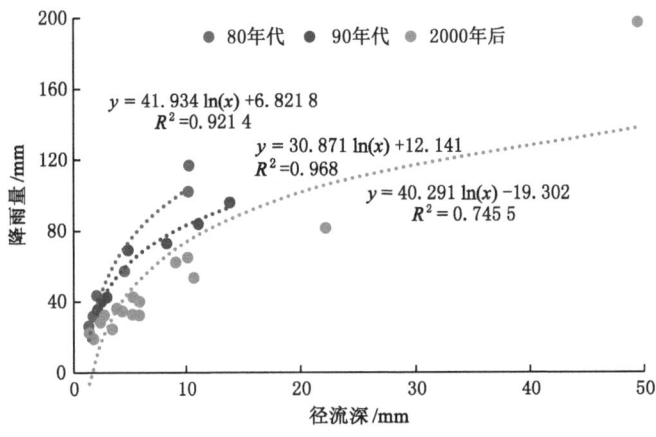

图 6-7　大红门闸流域降雨—不透水面积比例—径流深综合关系曲线

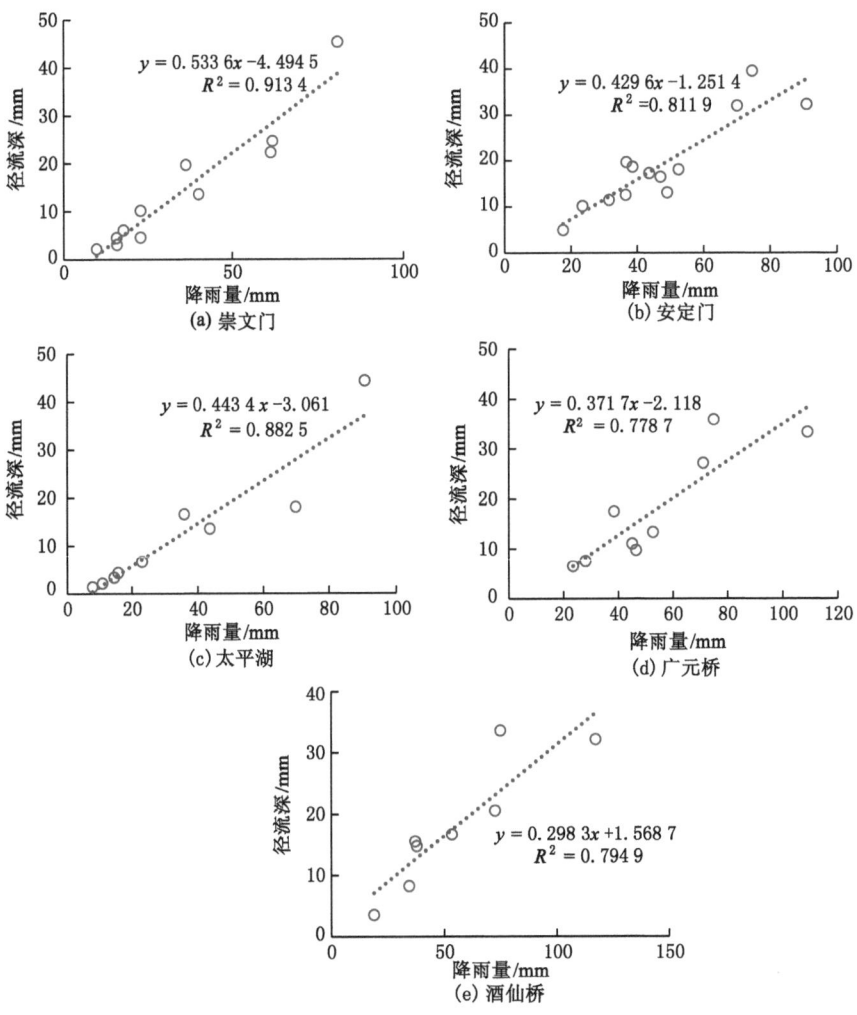

图 6-8　试验小区降雨—径流深关系曲线

根据《北京城区雨洪控制与利用技术研究与示范技术报告》中提供的降雨径流关系数据（表6-4），我们可以分析得出如下结论。

（1）小雨条件下，由于整体上区域的产水量相对较小，不透水面积对径流系数影响不明显。虽说太平湖小区和崇文门小区的不透水面积比例相差较为明显（59%和81%），径流系数也有一定幅度的增加（从0.184提高到0.222），增加幅度约20%，然而崇文门小区的降雨量较太平湖小区的雨量增加约25%，因此，径流系数的增加可能是降雨增加和不透水面积增加共同导致的结果，不透水面积对径流系数增加的影响尚不凸显。

（2）中雨时，径流系数受不透水面积影响的程度逐渐显著，整体上随着不透水面积比率的增加而呈现显著增加趋势，但在不同的降雨量条件下，不透水面积对径流系数增加程度有所不同。当雨量小于20 mm时，崇文门小区与太平湖小区和酒仙桥小区，不透水面积比相差较大（从81%到59%和38%），而降雨量增加值分别为9%和-15%，径流系数增加约21.3%和47.2%。当雨量大于20 mm、小于25 mm时，崇文门小区与太平湖小区、广元桥小区及酒仙桥小区，降水量增加值分别为-0.4%、-2.1%和-6%，径流系数增加值分别为52%、57%和85%，径流系数增加幅度分别为降雨量的10倍、27倍和15倍。由此可知，在中雨条件下因不透水面积比率的增加，径流系数增加幅度较大，这也说明中雨时不透水表面直接产流贡献效应开始显现，相较于天然地表在中雨时下渗-蓄满产流，地表径流增加明显，从而提升了径流系数，增加了产水量。

（3）大雨和暴雨时，崇文门小区与安定门小区、太平湖小区和酒仙桥小区相比，大雨时降雨量增加幅度为1.3%、9.5%和5.4%，径流系数增加幅度分别为3.3%、3.6%和7.8%，暴雨时相应降雨量增加幅度是8.6%、5.7%和8.4%，径流系数增加幅度为5.7%、6.2%和6.3%。降雨增加幅度与径流系数增加幅度相当，由此使得不透水面积增加对径流系数增加的影响程度并不凸显，这在一定程度上也可能是因为在发生大雨或暴雨时，短历时降雨强度相对较大，往往大于自然地表的下渗率，因此，即使在自然地表覆盖下强度较大的大雨或暴雨过程中也仅有很少部分降雨通过下渗补充土壤含水量，而使得地表径流形成较快，因此使得不透水面积比率在大雨或暴雨条件下的影响并不强烈。但从广元桥和安定门的径流系数变化对比方面，仍可以检测出不透水面积比例对径流系数的直接影响。

表6-4　试验小区典型降雨径流关系统计表

试验区	汇水面积/km²	不透水面积比例/%	洪号	降雨类型	降雨量/mm	径流深/mm	径流系数
崇文门	19	81	19880723	小雨	9.9	2.2	0.222
太平湖	2.24	59	19880820		7.9	1.45	0.184
崇文门	19	81	19870906	中雨	15.9	4.52	0.284
			19870818		22.9	10.18	0.445
安定门	5.96	80	19860725		17.6	4.98	0.283
			19870618		23.4	10.2	0.436

表6-4(续)

试验区	汇水面积/km²	不透水面积比例/%	洪号	降雨类型	降雨量/mm	径流深/mm	径流系数
太平湖	2.24	59	19880903	中雨	14.6	3.42	0.234
			19880730		23	6.72	0.292
广元桥	1.3	50	19870701		23.4	6.62	0.283
酒仙桥	28.6	38	19870701		18.7	3.6	0.193
崇文门	19	81	19880707	大雨	36.1	19.71	0.546
安定门	5.96	80	19870701		38.6	18.7	0.484
太平湖	2.24	59	19880802		35.7	16.61	0.465
广元桥	1.3	50	19880707		38.4	17.55	0.45
酒仙桥	28.6	38	19870818		37.1	15.58	0.42
崇文门	19	81	19880806	暴雨	81	45.36	0.56
安定门	5.96	80	19860806		74.6	39.54	0.53
太平湖	2.24	59	19880721		90.6	44.39	0.49
广元桥	1.3	50	19860819		74.9	35.95	0.48
酒仙桥	28.6	38	19880806		74.7	33.62	0.45

　　根据上述不同区域的降雨径流关系研究成果,分析不同不透水面积比例的区域降雨径流关系曲线。考虑到城区的降雨产流特性主要受不透水面积的影响,因此,我们主要以不透水面积比例为参数,建立适合城区的降雨径流相关图,如图6-9所示。根据城区综合降雨径流相关图,以不透水面积为参数,可得到不同降雨条件下不同不透水面积比例降雨径流相关关系表,如表6-5所示。通过城区综合降雨径流相关数据,可简单估算不同城区条件下的次降雨过程产生的径流深,为城市区域小流域洪水预报提供简单的参考,这也便于实际生产应用。

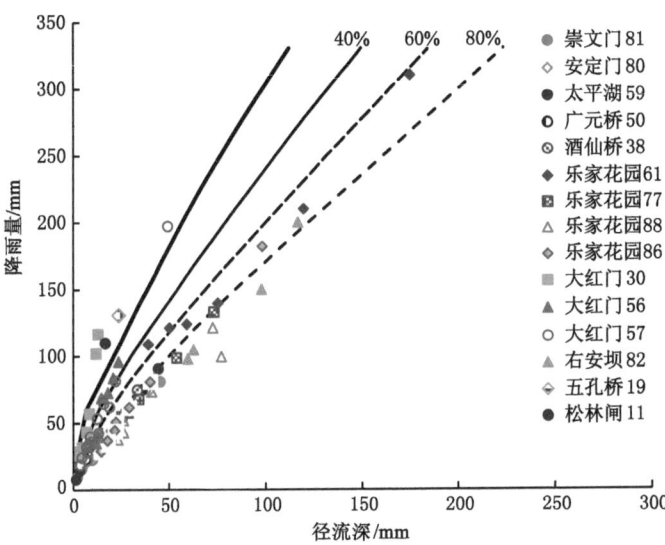

图6-9　北京地区城区降雨—不透水面积比例—径流深综合关系曲线

表 6-5　北京市城区小流域综合降雨径流关系统计表

降雨量/mm	不透水面积比 20%		不透水面积比 40%		不透水面积比 60%		不透水面积比 80%	
	径流深/mm	径流系数	径流深/mm	径流系数	径流深/mm	径流系数	径流深/mm	径流系数
50	5.21	0.10	10.47	0.21	14.78	0.30	20.30	0.41
60	7.08	0.12	13.64	0.23	19.37	0.32	25.56	0.43
70	10.66	0.15	17.81	0.25	24.13	0.34	31.43	0.45
80	14.24	0.18	21.98	0.27	28.89	0.36	37.35	0.47
90	17.82	0.20	26.15	0.29	34.23	0.38	43.67	0.49
100	21.4	0.21	30.32	0.30	39.76	0.40	49.99	0.50
110	24.98	0.23	34.94	0.32	45.43	0.41	56.5	0.51
120	28.3	0.24	39.63	0.33	51.29	0.43	63.14	0.53
130	31.69	0.24	44.52	0.34	57.09	0.44	70.18	0.54
140	35.14	0.25	49.47	0.35	63.21	0.45	77.21	0.55
150	38.92	0.26	54.55	0.36	69.27	0.46	84.51	0.56
200	57.09	0.29	79.49	0.40	100.27	0.50	122.74	0.61
250	77.08	0.31	105.35	0.42	132.12	0.53	161.36	0.65
300	98.71	0.33	132.97	0.44	164.88	0.55	200.51	0.67

第四节　郊区降雨径流关系分析

一、近郊区降雨径流关系分析

对于温榆河流域,在降雨径流关系分析过程中,采用沙河闸以下至北关闸区间作为主要研究区域(基本属于平原区)。对于区间雨量计算,则采用桃峪口水库、十三陵水库、沙河闸、羊坊闸、天竺和通州站点计算。根据统计数据,首先以 1980 年为分界点,选择 50 场洪水过程分析前后两个阶段的降雨径流关系变化情况,如图 6-10 所示。从图中我们可以看出两个阶段的降雨径流关系并未发生明显变化,但径流系数略有下降,平均径流系数从 1980 年前的 0.273 减少到 1980 年后的 0.234。

我们以各年代为分界分析不同年代的降雨径流关系(图 6-10),从结果中可以看到各年代的降雨径流关系发生较为明显的变化。从径流系数变化来看(图 6-11),从 50 年代到 70 年代平均径流系数呈现增加的趋势,而从 70 年代到 2000 年后则出现下降的趋势,即在相同的降雨条件下 70 年代的径流量相较其他年代均较大。此外,考虑到流域前期影响雨量对降雨径流关系的影响,本研究建立了降雨—前期影响雨量—径流关系图,如图 6-10 所示。从图中可以看出,1980 年前后的降雨—前期影响雨量—径流关系也并未表现出显著的差异,而对于不同年代的表现基本和降雨—径流关系相一致。

本研究也分析了温榆河流域年降雨径流关系变化,如图 6-12 所示。从图中可以看出,1980 年后的点基本上位于 1980 年前的左边,这表明在相同的降水条件下,1980 年后的径流量小于前期的径流量,年平均径流系数从 1980 年前的 0.423 下降到 1980 年后的 0.308,下

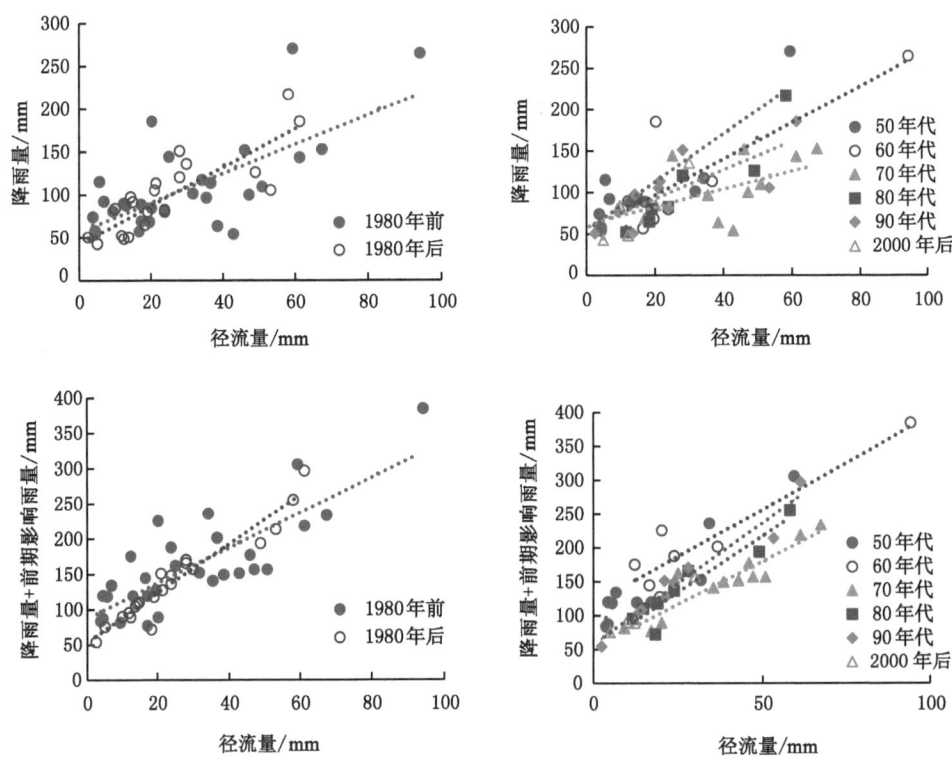

图 6-10　温榆河流域的次洪降雨径流关系图

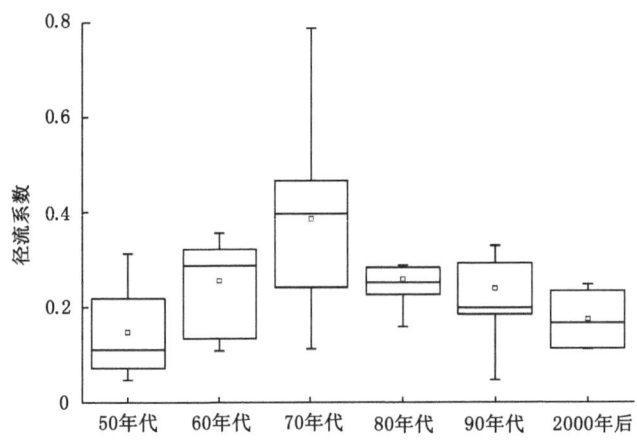

图 6-11　温榆河流域的径流系数变化箱形图

降了 27.2%,这也说明区域人类活动的增强对流域降雨径流关系产生了显著的影响。

二、远郊区降雨径流关系分析

(一)苏密怀区间

苏密怀区间代表山前平原区,考虑到密云水库等工程的建设时间,本研究选择 1960 年

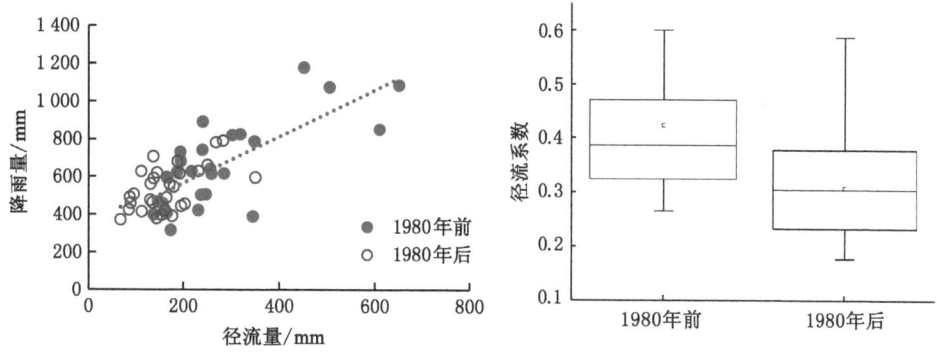

图 6-12　温榆河流域的年降雨径流关系变化图

后的数据开展分析,结合前文提到的密云水库的向外供水情况,本研究同样以 1980 年为界,
分析前后两个时期的降雨径流关系。根据次洪的降雨径流关系分析结果(图 6-13),我们可
以看到,远郊区苏密怀区间的降雨径流关系发生了较为明显的变化,与近郊区的温榆河流域
相类似,1980 年后的点基本上位于 1980 年前点的左边,即相同降雨条件下的前期径流量大
于后期径流量。从径流系数角度分析,1980 年前的平均径流系数为 0.331,而 1980 年后的
平均径流系数为 0.124,下降了约 62.5%。这种降雨径流关系的改变也是由于强烈的人类
活动所造成的。该结论同样可以从苏庄水文站的出流量与上游水库下泄流量的关系得到
(图 6-14),我们可以发现,1963 年之后苏密怀区间的入流量超过区间的出流量,因此导致计
算得出的区间产流量为负值,由于缺少取用水等资料,因此在此不做年尺度的降雨径流关系
变化分析。但从上述变化情况也可以得出,人类活动对径流下降的影响十分显著。

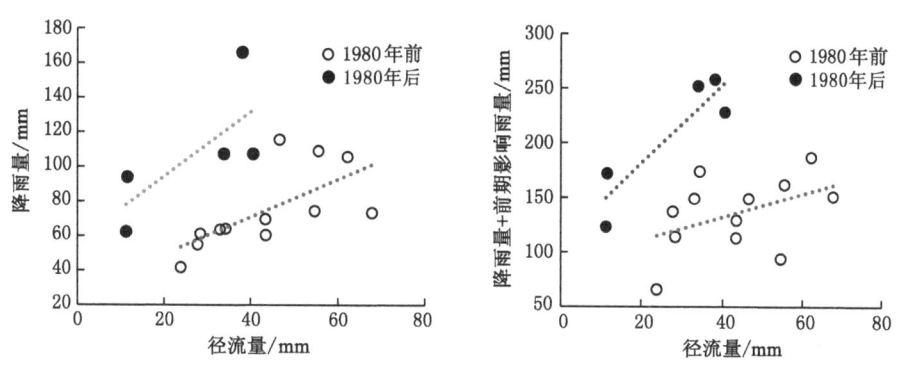

图 6-13　苏密怀区间的次洪降雨径流关系

（二）官厅山峡区间

以官厅山峡区间作为山区代表,两个时期不同的降雨径流关系散点图如图 6-15 所示。
从图中可以看出,在相同的降雨条件下,1980 年后的径流量较 1980 年前的径流量偏小。从
平均径流系数可知,该区域的降雨径流关系变化较为明显,如 1980 年前的平均降雨径流系
数为 0.301,1980 年后的平均降雨径流系数为 0.102,下降了 66.1%。为了分析区间年降雨
径流关系的变化,本研究以官厅水库的下泄流量和三家店水文站的日均流量计算山峡区间
的产流量,其中因部分年份数据缺乏和下泄流量大于三家店出流量,得出两个阶段的年降雨

径流相关关系如图 6-16 所示。从图中可以明显地发现年降雨径流关系发生了较大的变化，1980 年后的产流量几乎很小，后期甚至出现了长期的断流现象。

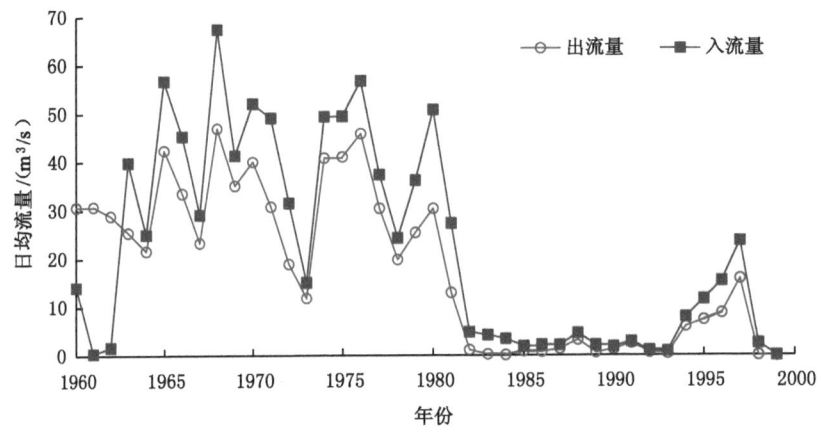

图 6-14　苏密怀区间入流和出流量的关系

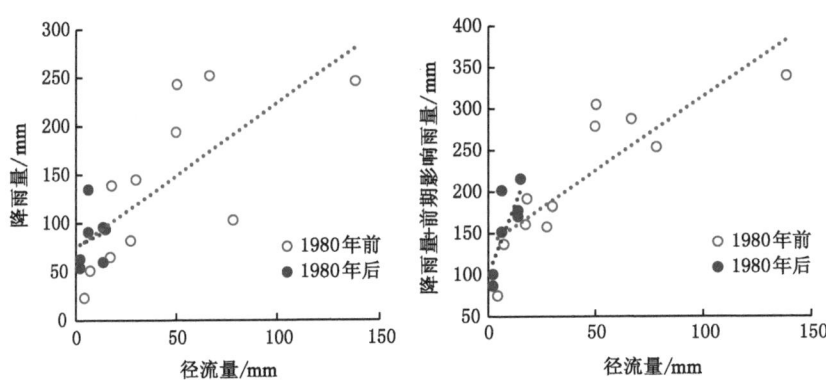

图 6-15　官厅山峡区间的次洪降雨径流关系

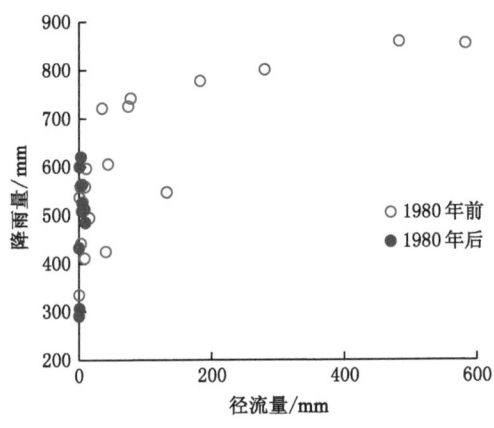

图 6-16　官厅山峡区间的年降雨径流关系

第五节 降雨径流关系影响因素分析

由于气象因素和下垫面条件以及高强度人类活动的影响,城市化区域的径流形成机制变得更复杂,径流系数的时空变化更加显著,引起了国内外的广泛关注[208-213]。如史培军等[208]利用 SCS 模型对深圳市部分流域进行径流过程的模拟,重点分析了土地利用方式、土壤类型、前期土壤湿润程度等下垫面因素以及降雨因素对降雨径流关系的影响。程江[209]和权瑞松[210]利用 SCS 模型与修正模型对上海土地利用变化对区域降雨径流的影响进行分析。权全[211]和武晟等[212]则分析了西安城市化发展过程中土地利用变化对区域降雨径流关系的影响。邵崴等[213]调查福州地区城市化不透水面与降雨径流的关系。在国外,1983年美国国家城市径流计划(NURP)研究表明[214],随着流域内不透水面积百分比的增加,观测的径流系数值也在增加,导致其在研究领域的空间分布上不再单一化。丹佛的城市排水及防洪署经过 12 a 的研究发现[215],径流系数随着降雨量的增加而增大。Schaake 等研究结果表明[216],径流系数还随着暴雨重现期的延长而增大,降雨量的时空分布也对径流系数产生了影响。

降雨是一个随机过程,降雨事件的时间分布、空间分布、雨型、时程分布、降雨强度等都是随机的,这些因素对径流系数都有影响。其中,降雨强度对径流系数的影响比较明显,较高的降雨强度导致产流时的初损和汇流时的渗透损失减小,从而使径流系数较高。此外,不仅本次降雨过程对径流系数存在较大的影响,前期的降雨径流过程对径流过程的影响也较大。一般来说,在确定的时间间隔内,前场降雨事件的降雨量越大,后场降雨事件产生的径流量就越大,相应的径流系数也就越大。

下垫面因素包含很多,对于天然流域和城市化流域,影响径流过程的主要因素也略有差异。对于天然流域,下垫面因素可能包括土壤类型、土地利用类型、地形地貌等,而对于城市化流域或半城市化流域对径流过程影响最大的下垫面因素则是不透水面分布及其比例[217-219]。土壤性质是影响降雨和径流之间关系的一个重要因素,体现在产流和汇流过程中。土壤的质地及物理性质是决定土壤渗水率的基本要素,不同的土壤具有不同的渗水速率。土壤渗水速率越大,产流和汇流过程中的降雨损失量就越大,降雨转化成径流就越少,反之则越多。汇水面坡度对天然流域降雨径流系数也有重要影响,主要体现在汇流过程中。汇水面坡度大会导致汇流速度大,雨水径流通过汇水面的时间就越短,径流渗入地面的机会也会相应降低,降雨将更多地转变成径流,因此汇水面越陡,径流系数越大。城市化快速扩张和新城镇的建设必然会导致下垫面及地表状况迅速变化。随着城市化的发展,城区土地利用情况的改变,如清除树木、平整土地、建造房屋街道以及整治河道、兴建排水管网等,直接改变了当地的雨洪径流形成条件,使得水文情势发生明显变化。这主要体现在下垫面从原有状态逐渐转为不透水层及下水管道汇流。根据城市水循环过程中因建筑物和地面衬砌的影响,不透水面积加大,截断了水分入渗及补给地下水的通道,导致地表径流增大,土壤含水量和地下水补给量减少,这也导致城市降雨径流过程中已逐步演变成排水系统的雨洪过程,绝大部分为地表径流,过程线的历时短且涨落幅度大,基流也很小。上述诸多因素影响导致了城市化区域径流过程较天然流域呈现出"峰高、峰快"的特点。

此外,高强度的人类活动的影响也逐渐成为径流演变的主要驱动因素,这也一定程度上影响了区域的降雨径流关系变化。如鲍振鑫[1]分析海河流域降雨径流关系的变化时强调，土地利用变化、河道取用水和地下水开采对海河流域河川径流的变化影响十分显著。在城市化发展过程中，人口急剧增加，社会经济迅速发展，持续增加的生活用水和工业用水等，使得区域河道取用水量持续增加，水库闸坝等水利工程的调蓄作用十分显著，使得下泄流量减少。根据前文可知，北京地区的年降雨量在过去 60 a 间呈现下降趋势，使得地表水资源量供应不足，地下水开采持续增加，超采现象严重，导致地下水位下降，由此造成包气带厚度增加和土壤含水量减少，进而导致相同条件下产流量的减少，改变了原有的降雨径流关系。

从前文的分析结果可以看出，城市化发展对不同区域的降雨径流关系影响有所差异。对于城区范围而言，整体上受不透水面积比例的增加影响较为明显，即随着城市化发展的加快，区域不透水面积比例的增加，相同条件下的产流量也随之增加，直接反映了城市化对降雨径流关系的影响。而对于近郊区或远郊区而言，城市化发展对区域降雨径流关系的影响并未得到充分体现，但从侧面也反映出城市化发展过程中高强度人类活动的影响表现突出，如近郊区的温榆河流域，整体上看场次降雨径流关系并未发生明显改变。虽说城市化发展使得流域内不透水面积比例呈现增加趋势，但同时受区域水利工程调蓄及人类取用水的影响，使得相同条件下的产流量减小，而对于远郊区的苏密怀区间以及官厅山峡区间而言，下垫面不透水面积的变化相对较小，而取用水和水利工程调蓄等作用影响却非常显著，由此使得降雨径流关系发生明显变化。

第六节　本　章　小　结

本章选择典型流域探讨城市化发展对流域产汇流过程的影响机制，分析城市化发展对不同区域降雨径流关系的影响，结合试验小区和城市化小流域的相关实验数据，探讨城市化小区降雨径流关系的变化特征，建立了以不透水面积比例为状态参数的城区综合降雨径流相关关系。结果表明，城区降雨径流关系主要受降雨因素和不透水面积的影响，径流系数的变化也随降雨和不透水面积的增加而呈现增加趋势；对于近郊区和远郊区而言，城市化发展水平对降雨径流关系的影响并不明显，而其他人类活动的影响较为显著。

第七章　城市流域水文模型研究

水文模型是水文科学发展的必然产物,随着水文科学理论和技术方法的发展而不断发展和完善,已经由最初的单一水文过程模拟(如 Sherman 单位线理论,Horton 下渗理论)发展到后来的水文循环系统模拟(如概念性水文模型,物理性水文模型),再到目前的水文过程、生态环境以及大气-陆面过程的集成系统模拟(如水量水质耦合模型系统,陆面-气候耦合模型系统)。水文模型技术一直也是流域水文过程研究的重要工具,针对复杂下垫面条件的城市流域,如何选择合适的水文模型是城市水文学研究的关键环节。本章从城市流域基本概念出发,探讨城市化及城市流域的相关内涵,分析城市流域水文模拟的主要发展,并以温榆河流域为例,基于 HEC-HMS 模型系统平台,提出适合复杂下垫面条件的流域产汇流方法,构建适合下垫面变化特征的城市流域暴雨洪水模拟模型,为后续城市水文响应影响评估提供支撑。

第一节　概　　况

一、城市流域

城市是人类文明的标志,是人们经济、政治和社会生活的中心。城市化的程度是衡量一个国家和地区经济、社会、文化、科技水平的重要标志,也是衡量国家和地区社会组织程度和管理水平的重要标志。城市化是人类进步必然要经过的过程,是人类社会结构变革中的一个重要线索,经过了城市化,标志着现代化目标的实现。城市化发展在推动社会文明进步的同时也带来一系列的生态环境问题,且随着社会发展和城市化扩张,使得人水矛盾日渐凸显,如城市水资源污染、水资源短缺、城市洪涝等问题。因此,如何科学认识城市发展与城市水系统相互作用,以及理解城市系统水循环过程及其物理演变,为保护人身安全、环境和基础设施安全都至关重要。这些需求也意味着未来几十年里,城市水文学将是水文科学研究中尤为重要的领域。

流域往往作为水文科学研究的基本计算单元,特别是水文循环和水量平衡研究的主体。相对于自然流域而言,目前城市流域或城市化流域由什么组成还没有一个明确的定义。如何定义城市流域或城市化流域?如何识别或判定某一流域是否属于城市流域,即流域里有一个多大的人口城市化聚集群可以看作城市流域?可以依据流域里包含住房和工业的百分比来定义城市流域吗?以上问题目前还没有形成一个统一的认识,目前很多学者把不透水性覆盖的阈值作为划分流域类型的依据,但是每个地区不透水阈值是不同的,而且只占总流域表面很低的百分比,大约为 5%—10%(表 7-1)。

表 7-1　文献中常用城市化流域的有关情况统计

作者	城市流域大小/km²	不透水性覆盖的百分比/%
Tsihrintzis and Hamid[220]	0.08—0.24	36—98
Rodriguez et al.[221]	0.05—0.13	37—39
Mitchell et al.[222]	27	20—24
Lhomme et al.[223]	52	23
Carle et al.[224]	0.07—0.26	4—20.2
Easton et al.[225]	3.3	24
Xiao et al.[226]	1.4×10^{-3}	>50
Chormanski et al.[227]	25	13
Mejia and Moglen[228]	124	17
Zhou et al.[229]	25.2—94.9	5—9.1
Ogden et al.[230]	14.3	34

　　随着计算机能力和遥感数据可用性的发展,分布式水文模型的应用越来越普遍,逐渐成为当前流域水文模拟的重要工具。城市流域的水文模型具有很大的挑战性,因为城市流域具有非常强的异构性和特定的水文过程。城市水循环还没有一个具体的方式描述,因为在这个课题上的研究常常受限于不透水地面上的径流。在这个方向上的发展,通常都集中在特定的城市水文循环方面的专业工具,或者通用软件的结合,更或者整合几个半专业化的组件去描述整个城市水文循环。如有学者强调在城市水文系统模拟中一体化的重要性并提出了基于"一体化程度"来分类模型。然而迄今为止几乎没有一个普遍的概念或者方法来模拟流域尺度下的城市水文循环。

　　城市流域应当考虑当地人为影响的水文通量的明显干扰,且每个城市的水文系统都显著不同,实际上相同的人口和不透水面在水资源上可能产生不同的影响。政府政策的不同可以导致水资源保护有松懈有严格,人们的意识也有高有低。此外,由于水能够通过配水和污水管网跨越流域边界,所以水循环的概念是复杂的。城市流域是由自然和人工表面高度混合而成的,自然和人为改造过程相互作用,如图 7-1 所示[231]。

二、城市水循环

　　当前,城市水循环没有一个标准的定义,一般认为城市水循环既包括自然循环过程(如降雨、径流等),又包括社会循环过程(如用水、给排水等),具有明显的自然-社会二元水循环特征。即城市水循环系统由自然水循环系统和社会水循环系统两个部分组成,如图 7-2 所示[232]。自然水循环系统由降水、蒸发、地表径流与入渗等组成,社会水循环系统则由给水、用水、排水和处理系统组成。

三、城市流域水文模拟

　　当前的诸多研究中,城市水文模型主要用于:① 评估城市化对自然水系统的影响以及增强对复杂系统的认识;② 作为缺乏可靠性数据的一种补偿机制来模拟城市环境的异质性;③ 预测未来情景,如洪水预报、土地利用和气候变化情景影响评估等。针对城市流域水

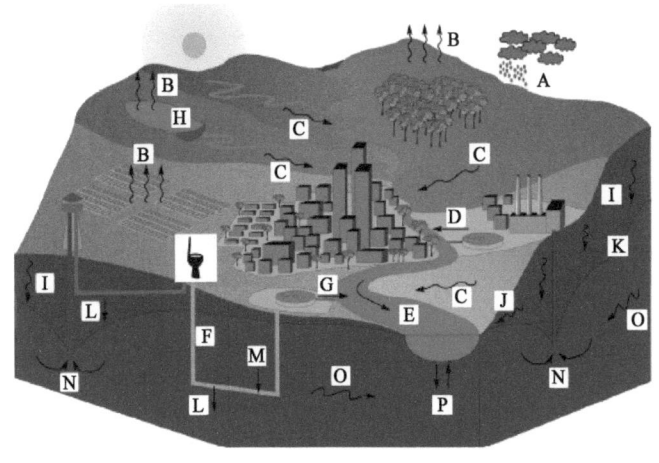

A：降雨
B：蒸发
C：地表径流
D：硬化面上的径流
E：河流
F：排涝和下水道流
G：污水处理排泄
H：洼地蓄水和开放水域
I：土壤入渗
J：壤中流和横向流
K：地下水补给
L：管道渗漏
M：地下水排泄
N：地下水开采
O：地下径流
P：河水地下水交换

图 7-1　城市流域水循环示意图

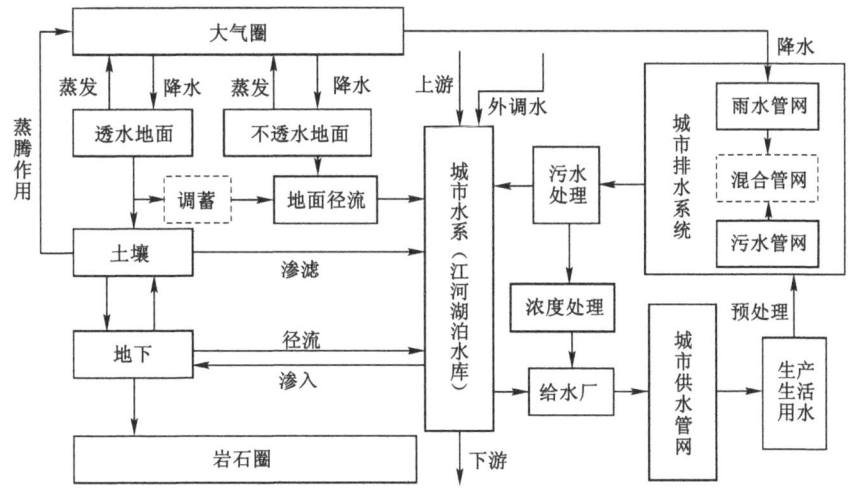

图 7-2　城市水循环示意图

文模拟的常用模型，Elga 等[231]总结了 1987—2014 年间的 66 个研究案例中的 43 个研究模型，其中仅少部分是特定开发用于城市区域，多数则是从一般模型用于城市研究。根据这 43 个模型，从功能性方面划分可包括以下 7 类，如表 7-2 所示。

表 7-2　常用城市流域水文模型种类划分

种类	特点			不足
	主要过程	目的	应用尺度	
基于不透水面或土地利用变化的水文模型研究	详细描述城市入渗过程和城市产流过程	评估土地利用变化影响，开展通用水文模拟	流域尺度	在人工排水路径等方面考虑不足，地下水以及城市土壤特性等常常被简化

表7-2（续）

种类	特点			不足
	主要过程	目的	应用尺度	
概念型集合式水平衡模型	详细设置了人工路径,包括渗漏	水资源管理,污染评价	小城市尺度	概念-经验公式,有限地应用在洪水评价和地下水量模拟
洪水淹没与模拟 暴雨排水设计	基于水力学原理开展地表径流、暴雨排水系统以及管道等方面的计算公式	洪水模拟,暴雨排水/污水设计	小城市尺度,小区域尺度	忽略了部分自然水文现象,管网渗漏和土壤层之间的水流运动很少涉及
城市土壤与地下水	重点描述城市地下水流运动过程	城市地下水系统评价、污染等	小城市范围	城市流域其他过程评价很少涉及
城市气候	基于能量平衡的方法分析城市降水与蒸散发变化	能量平衡,城市气候	中小尺度的流域	侧重于大气过程,对于水文过程简化度较高
基于物理过程的集合模型	基于能量和水量平衡分析城市水文过程,涵盖各个方面	城市流域水文评价,通用模型	流域尺度,空间分布	复杂、不确定性明显,数据需求和计算消耗较大

从表7-2可知,不同功能的模型其侧重点各有不同,本研究重点从流域尺度来研究城市水文过程,但限于已有资料及数据情况,无法充分考虑城市人工排水路径等方面的影响,因此,本研究也是选择一种适合研究城市化背景下土地利用变化的水文响应,即着重从第一种类型出发研究城市水文过程模拟。

四、温榆河流域概况

温榆河流域位于北京市北部,属于海河流域北运河水系上游干流河道,是北京外环水系的重要河流。温榆河全长约47.5 km,流域面积约为2 478 km²。温榆河从北到南依次流经五个区域——海淀、昌平、延庆、朝阳和通州,具体位置见图7-3。自沙河闸至通州北关拦河闸,是北运河的上游及温榆河。温榆河主要支流有7条,上游由东沙河、北沙河、南沙河3条支流汇合而成,沿途依次汇入蔺沟河、清河、龙道河、坝河、小中河等支流。研究区域主要位于昌平、海淀和朝阳区,其地理特点为山地垂直带明显,棕壤及地带性褐土交错分布。山地自高到低,土壤分山地棕壤、淋溶褐土、普通褐土、潮褐土、褐潮土、潮土等类,如图7-4所示。

温榆河流域设有8个水文站和9个雨量站。怀柔水库和顺义水文站位于流域外,十三陵水库、王家园水库、沙河闸、羊坊闸、桃峪口和通州水文站位于流域内;流域外的雨量站包括黄花城站和朝阳站,流域内的雨量站有对白石、德胜口、长陵、响潭、阳坊、温泉站和松林闸站。通州水文站设为流域出口,具体如表7-3和图7-5所示。

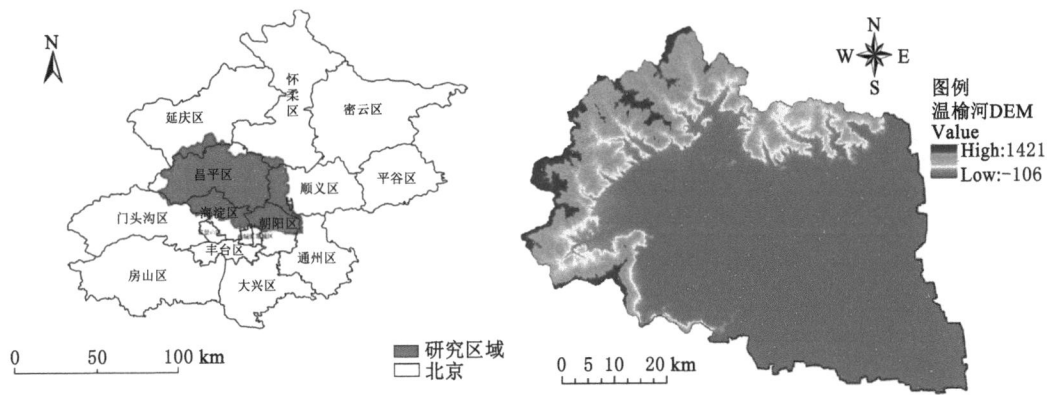

图 7-3 温榆河流域位置及其 DEM 数据

[注:DEM 数据分辨率为 30 m×30 m,来源于地理空间数据云(http://www.gscloud.cn/)]

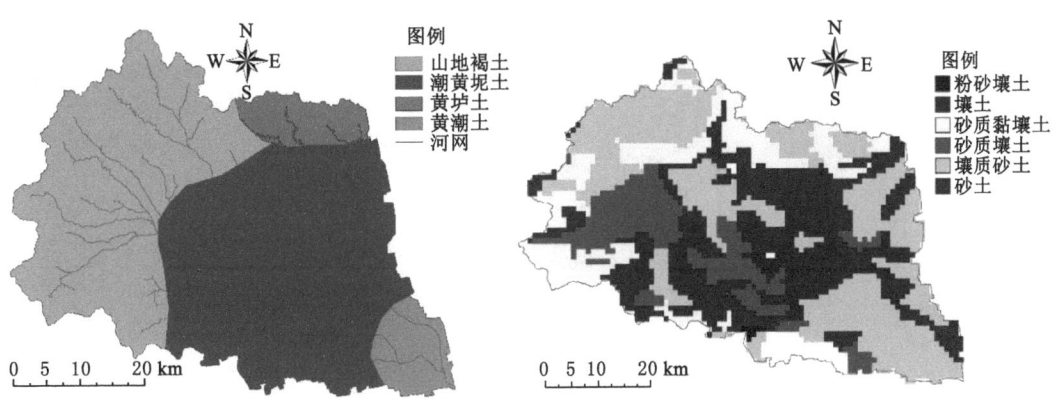

图 7-4 温榆河流域土壤类型及质地划分图

[注:数据来源于联合国粮农组织(FAO)和维也纳国际应用系统研究所(IIASA)所构建的世界土壤数据库(Harmonized World Soil Database version 1.1)(HWSD)和中国境内的第二次全国土地调查的 1:100 万土壤数据(寒区旱区科学数据中心 http://westdc.westgis.ac.cn)]

表 7-3 温榆河流域水文站点情况

编号	站名	站点类型	经度	纬度	建站时间
30330200	怀柔水库	水文站	116°37′	40°18	1925 年
30330800	顺义	水文站	116°45′	40°04′	1924 年
30521100	十三陵水库	水文站	116°16′	40°15′	1959 年
30521600	王家园水库	水文站	115°59′	40°12′	1960 年
30522000	沙河闸	水文站	116°16′	40°07′	1960 年
30503502	羊坊闸	水文站	116°26′	40°14′	1979 年
30503600	桃峪口	水文站	116°24′	40°02′	1982 年
30503100	通州	水文站	116°39′	39°55′	1918 年

表 7-3(续)

编号	站名	站点类型	经度	纬度	建站时间
30329200	黄花城	雨量站	116°20′	40°24′	1955 年
30520800	对白石	雨量站	116°06′	40°22′	1950 年
30520950	德胜口	雨量站	116°11′	40°18′	1997 年
30521000	长陵	雨量站	116°15′	40°18′	1958 年
30521300	响潭	雨量站	116°05′	40°15′	1960 年
30521700	阳坊	雨量站	116°08′	40°08′	1960 年
30521900	温泉站	雨量站	116°10′	40°03′	1972 年
30523050	朝阳	雨量站	116°20′	39°56′	1997 年
30523800	松林闸	雨量站	116°21′	39°57′	1953 年

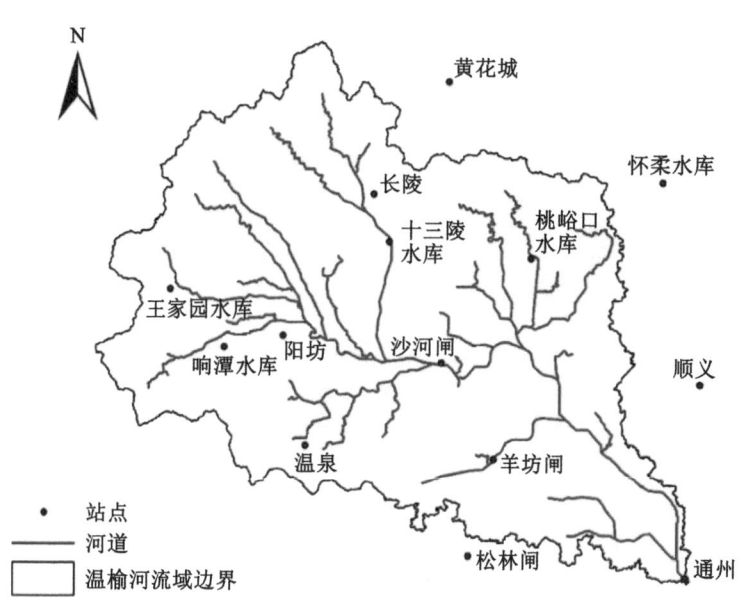

图 7-5　温榆河流域水文站、雨量站位置分布图

　　根据中国科学院遥感所提供的北三河区域的 20 世纪 80 年代和 90 年代各一期土地利用和 2000 年、2008 年土地利用数据,提取温榆河流域的土地利用情况,又重新整理得出 2015 年温榆河流域土地利用数据。由于不同时期土地利用类型分类差异,本研究根据五期土地利用类型,将其重新分类为以下 7 类:建设用地、林地、草地、果园、耕地、水域和其他,如图 7-6 所示。从这五期土地利用数据分析可知,主要表现为建设用地增加显著,耕地呈现显著减少趋势,林地有减少趋势,果园变化不大,草地和水域有少许增加。

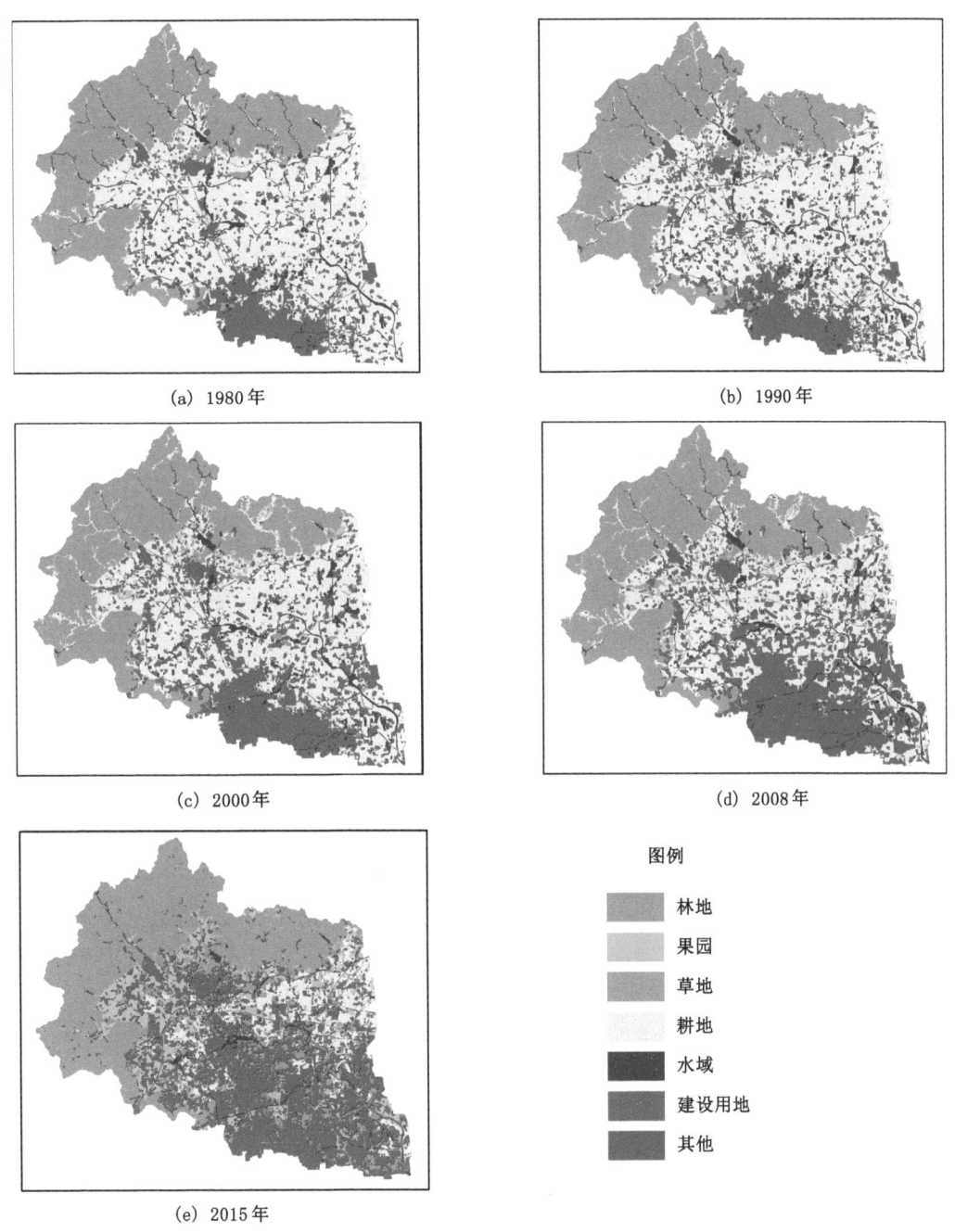

(a) 1980 年　　　　　　　　　　(b) 1990 年

(c) 2000 年　　　　　　　　　　(d) 2008 年

(e) 2015 年

图例

林地
果园
草地
耕地
水域
建设用地
其他

图 7-6　温榆河流域不同年代土地利用类型

第二节　HEC-HMS 模型

HEC-HMS 模型是美国陆军工程兵团开发的 HEC 系列模型之一[233]。随着 GIS 技术的发展,HEC 与 ESRI 合作开发了 HEC-GeoHMS 和 HEC-GeoRAS 模块,用于数字高程模型 DEM 和数字地形模型 DTM 的处理,生成地理空间数据,并与 HEC-HMS 接口,进行流域水文模拟。HEC-HMS 模型的显著优点是除了能够模拟整个研究流域控制断面的流量过程外,还可以计算任一计算单元出口处的径流过程。模型的最大特点是具有模块化结构,每一模块都有多种选择,可根据研究流域的实际情况,采用不同的产流和汇流方案进行分布式、半分布式或集总式模拟。HEC 模型的降雨径流模拟一般包含 HEC-GeoHMS 与 HEC-HMS 两部分。HEC-GeoHMS 模型主要用于地理空间信息的提取与预处理,HEC-HMS 指流域洪水模拟系统,是一个具有物理概念的半分布式次洪降雨径流模型。基本建模思路是:根据 DEM 将流域划分成若干单元或自然子流域,计算每一单元产流量,经坡面汇流和河网汇流,最后演算至流域出口断面。

HEC-HMS 包括流域模型(Basin Model)、气象模型(Meteorologic Model)和控制设置(Control Specifications)。其中,流域模型是实际物理系统的模型概化,将流域中的各种地理特征概化为子流域、河道、水库、节点、分水点、水源地及洼地元素,分别对这些元素进行参数赋值和率定,以 HEC-GeoHMS 生成的资料作为输入,生成预报流域图。该图中包括该流域的分块几何特征以及各子流域的汇流方向,对于每个子流域采用泰森多边形方法划分,计算流域降雨量。在气象模型中输入该流域中相关雨量站的经纬度及雨量、河道流量、蒸散发等实测资料,并且建立雨量站同各个子流域的关系,为每个子流域的降雨量计算做好准备。控制设置对洪水起止时间及计算时间步长进行定义,便于读取和计算每场洪水的降雨径流资料。模型充分考虑了下垫面和气候因素的时空变异性,对于洪水模拟精度的提高有显著效果,可以直接或与其他模型结合应用于洪水预报、城市管网排水研究、水库调度、减灾分析等众多实际工作中。

HEC-HMS 模拟的流域洪水过程包括两部分,即子流域产流、坡面汇流部分和河道汇流部分。① 子流域产流、坡面汇流:该部分控制着每个子流域内净雨的生成及汇集到各出口断面的流量过程。根据下垫面条件将流域分为不透水和透水部分,前者直接产流,后者需扣除降雨损失。② 河道汇流:该部分决定水流从河网向流域出口的运动过程。将各子流域洪水过程汇入河道入口,经汇流演算至总流域出口。此外,模型还考虑到在实际流域中起到调蓄作用的水库、小水源(如泉水)、洼地(如池塘)以及起分流作用的水利工程等对洪水汇流过程的影响,根据其入流和出流的不同情况,建立流量关系,计算出流过程,如图 7-7 所示。

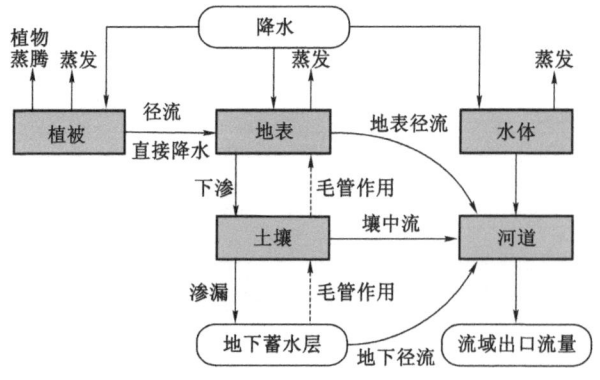

图 7-7 HEC-HMS 模型的降雨径流模拟示意图

第三节 模型计算方法

在 HMS 中分别利用不同的模块计算径流形成过程中的各子过程,概括起来分为四个模块:净雨计算模块、直接径流(坡面流和壤中流)计算模块、基流计算模块和河道洪水演算模块。在每一模块内,根据资料情况以及计算目的要求等,又可以采用不同的计算方法(模型)。

一、降雨计算方法

HEC-HMS 模型提供了 7 种不同的降水计算方法,如自定义雨量分布法(User Hytograph Method)、频率暴雨法(Frequency Storm Method)、雨量站加权法(Gage Weights Method)、栅格降水法(Gridded Precipitation Method)、距离倒数法(Inverse Distance Method)、SCS 暴雨法和标准工程洪水法,具体方法可参见 HEC-HMS 用户指南。考虑到流域的点降雨观测非常有限,本研究选择雨量站加权法来计算流域的面平均降雨量。

根据流域内的降水站点分布,利用泰森多边形进行面积权重分配,具体计算公式如下:

$$P_{ij} = \frac{\sum A_{ik} P_{kj}}{\sum A_i} \tag{7-1}$$

式中,P_{ij} 为子流域 i 在 j 时刻的降雨量,mm;A_{ik} 是雨量站 k 在子流域 i 中的泰森多边形覆盖面积,km^2,P_{kj} 是雨量站 k 在 j 时刻的实测雨量,mm;A_i 是子流域 i 的面积,km^2。

温榆河流域共有 17 个雨量站点数据,根据 17 个雨量站点分布,利用泰森多边形将雨量面积权重进行分配,如图 7-8 所示。

二、产流计算方法

产流模块在 HEC-HMS 模型中即降水损失模型,截留、渗透、蓄水、蒸发和散发的总和即为损失,模型运用降雨量减去损失水量的方法计算径流量。模型将集水区中的陆地和水面等根据下渗性质的不同划分为直接相连的不透水面和透水面两种,前者直接产流,没有下渗、截留、蒸发及其他损耗,而不透水部分由各子流域的不透水面积率来表示,需要扣除降水损失。HEC-HMS 模型中包括了 7 种损耗产流模型,即初损常数法(Initial and Constant)、盈亏常数法(Deficit and Constant)、Green-Ampt 法、SCS 曲线法(SCS Curve Number)、SMA 方法(Soil Moisture Accounting)、栅格 SCS 曲线法、栅格 SMA 法等。

本研究以 SCS 曲线法计算流域产流。SCS 曲线模型认为地表径流量为累计降雨、土壤覆盖、土地利用以及前期土壤含水量的函数,即:

$$Q = \frac{(P - I_a)^2}{P - I_a + S} \tag{7-2}$$

式中,Q 为 t 时刻对应的地表径流深,mm;P 为 t 时刻对应的累计降雨深,mm;I_a 为初始缺水量,mm;S 为最大持水量,mm。模型假定累计降雨超过初始缺水前不产流,从许多实验性的小集水区的分析结果推导出 $I_a = 0.2S$ 的经验关系。由于 S 变化范围很大,实际应用中将 S 转换成了描述不同土壤-覆被组合的地表产流能力的综合指标——径流曲线数 CN,两者的关系可表达为:

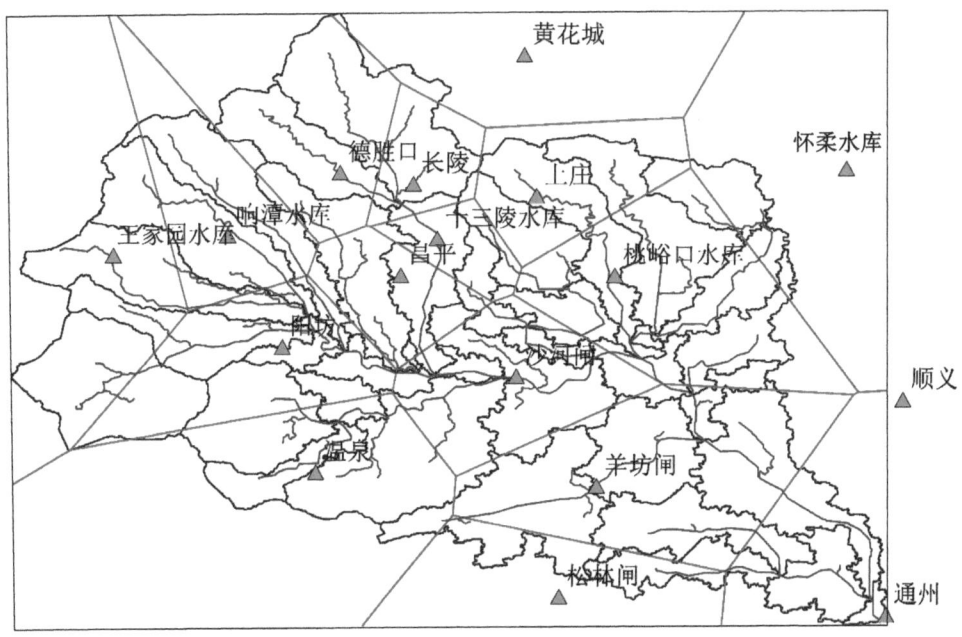

图 7-8 泰森多边形划分结果图

$$S = 25.4 \times \left(\frac{1\,000}{CN} - 10\right) \qquad (7\text{-}3)$$

式中,CN 是反映地表产流能力的综合参数[221],CN 随着 S 的增大呈非线性递减。由此可知,利用 SCS 曲线法的关键在于确定 CN 值。基于观测的降水、径流、土壤质地及下渗等数据,可将土壤依照产流能力从低到高分为 A、B、C、D 四类,如表 7-4 所示。本研究结合中国土壤类型划分结果,将温榆河流域的土壤水文组分成 A、B、C 三类,如图 7-9 所示。

表 7-4 SCS 方法中土壤水文组分类情况

分类	下渗率 /(mm/h)	饱和导水率 /(mm/h)	土壤类型	产流描述
A	>7.62	>180	砂土、壤质砂土和砂质壤土	入渗率大,产流能力低
B	3.81—7.62	18—180	沙壤土	彻底湿透时,具有中等入渗率
C	1.27—3.81	1.8—18	轻、中壤土	彻底湿透时,入渗率低
D	0—1.27	<1.8	黏土、重黏土	高产流能力,彻底湿透时,入渗率非常低

在 SCS 模型中,需要确定前期土壤湿度条件(Antecedent moisture condition,AMC)。美国土壤保持局引入前期降水指数 API 来考虑前期土壤湿度对径流的影响,前期降水指数在数量上为降雨前 5 d 的降雨总量。根据 API,前期土壤湿度条件 AMC(表 7-5)[234]可划分为干旱(AMC Ⅰ)、正常(AMC Ⅱ)和湿润(AMC Ⅲ)。对于不同湿润状况下,CN 值存在一定的转换关系[205],具体的相关关系为:

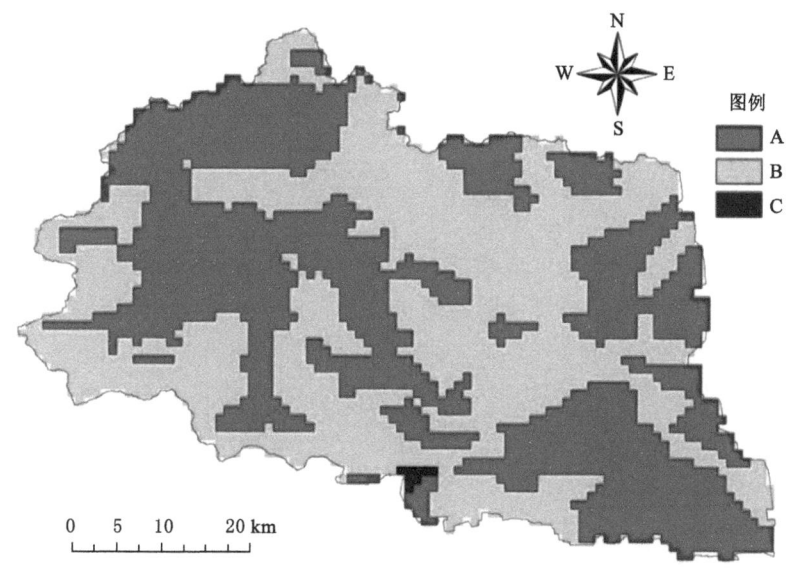

图 7-9 温榆河流域土壤水文组分类结果图

$$CN_{\text{I}} = CN_{\text{II}} - \frac{20 \times (100 - CN_{\text{II}})}{100 - CN_{\text{II}} + \exp[2.533 - 0.063\ 6 \times (100 - CN_{\text{II}})]} \qquad (7-4)$$

$$CN_{\text{III}} = CN_{\text{II}} \exp[0.006\ 73 \times (100 - CN_{\text{II}})] \qquad (7-5)$$

为此,结合北京地区径流曲线数的研究结果[205,234,235]以及温榆河土地利用状况、土壤类型等资料,依据 CN 值的确定方法,给出不同湿润条件下温榆河流域的 CN 值,如表 7-6 所示。

表 7-5 SCS 前期土壤湿度条件分类

土壤水分条件	前期降水指数 API	
	植被生长期	其他时间
AMC I	<35.6	<12.7
AMC II	35.6—53.3	12.7—27.9
AMC III	>53.3	>27.9

表 7-6 不同土壤湿润条件下温榆河流域的 CN 值

土地利用方式	AMC I			AMC II			AMC III		
	A	B	C	A	B	C	A	B	C
建设用地	59.3	73.0	78.0	77	87	90	89.9	95.0	96.3
水域	94.9	94.9	94.9	98	98	98	99.3	99.3	99.3
耕地	53.4	64.3	74.6	72	81	88	86.9	92.0	95.4
果园	12.0	37.4	53.4	32	57	72	50.6	76.1	86.9
草地	19.1	41.5	55.7	39	61	74	58.8	79.3	88.2
林地	10.0	35.3	51.2	30	55	70	48.1	74.5	85.7
其他	29.2	59.3	61.7	49	77	79	69.1	89.9	91.0

三、直接径流计算方法

HEC-HMS 模型中提供了概念模型和经验模型两种方法来计算净雨转换为某个位置处的径流过程。概念模型是指地表流的动波模型,经验模型包括传统的单位线模型以及用户自定义的单位线模型,参数化和合成单位线模型,如 Snyder 单位线、SCS 单位线、Clark 单位线、修正 Clark 单位线等。

本研究提出一种基于流域地形地貌特征的单位线分析方法,根据流域出口流量的组成,单位线的特征取决于流域内各点汇流时间的空间分布,即可认为单位线的推求问题可转换成汇流时间的空间分布问题。最先在这方面做出贡献的是 Clark,于 1945 年提出了时间-面积方法,后来 HEC 模型将其改进为 ModClark 方法。面积-距离关系是流域几何特征和地形特征的具体体现,可将其转化为面积-时间关系,经线性水库调蓄后得到单位线[236]。主要步骤为:

(一)汇流路径

首先需要计算汇流路径长度,在流域 DEM 的基础上,根据 D8 法确定流域各点的流向,沿着流向可得到任意一点到达出口的路径,其汇流路径长度可用下式计算:

$$L = \sum_{i=1}^{n} l_i \tag{7-6}$$

式中,l_i 为路径上第 i 个网格内的长度,为网格边长或对角线长;n 为路径上网格的数量。

根据网格汇流路径,分析得到流域出口点高程与所求网格点高程的差,计算得出汇流路径平均坡度:

$$S = \frac{h - h_0}{L} \tag{7-7}$$

式中,h 为网格点高程;h_0 为出口点高程。流域各点的流向及相应坡度如图 7-10 所示。

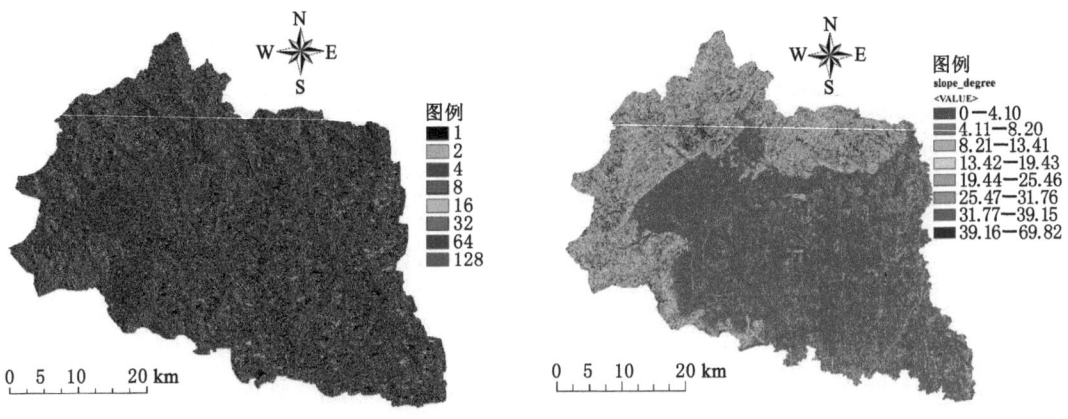

图 7-10 温榆河流域的流向及坡度分布图

(二)汇流速度

流域上各点的净雨深、水流条件,尤其是坡度与坡向不一致,所以各点流速的大小与方向均不相同。利用栅格 DEM 数据提取的流域各点流向,可估计各点的流速,从而得到流域内的流速场。地貌瞬时单位线分析方法中假定流速取决于如糙率、地面坡度和汇水面积等常数变量[237]，因此，根据 Sircar 等参照 Manning 公式提供的坡面流速为地面坡度的函数[238]，即可根据单元的平均坡度，由下式计算该流速值：

$$V = aS^{1/2} \tag{7-8}$$

式中，a 为经验参数，主要反映流域植被、土壤等下垫面对流速的摩阻影响。由此可知 a 值越大，计算得到的流速值也就越大，从而加快了流域的汇流过程。换言之，a 值越大，洪峰到达的时间越早；a 值越小，到达洪峰的时间越晚。

（三）面积-时间和流量-时间的关系

根据流速 V 和单位线时段 Δt（如本研究采取 1 h 作为计算时段），可以得到 $\Delta L = V\Delta t$，将 ΔL 作为距离间隔计算面积-距离关系。事实上面积-距离关系是一个柱状图，由于每一个 ΔL 对应一个 Δt，故可以将面积-距离关系转换成面积-时间关系，如图 7-11 所示。对于空间分布均匀的净雨，可以将面积-时间关系转换为水量-时间关系，从而转换为流量-时间关系，如图 7-11 所示。

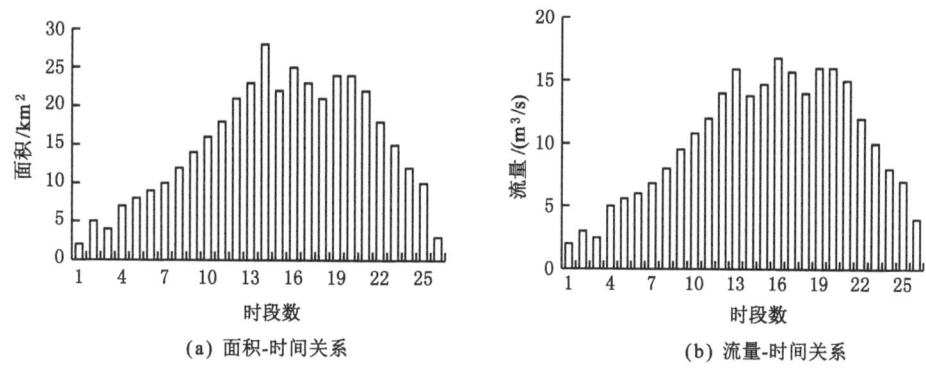

(a) 面积-时间关系　　　　　　　　　　(b) 流量-时间关系

图 7-11　面积-时间关系及流量-时间关系图

（四）分析单位线

由于流域对径流具有调蓄和滞流作用，所以必须利用线性水库对流量-时间关系进行调蓄演算，调蓄公式为：

$$UH_i = cI_i + (1-c)UH_{i-1} \tag{7-9}$$

式中，UH_i 为单位线纵坐标值；I_i 为流量-时间柱状图的纵坐标值；$c = \dfrac{2\Delta t}{2R + \Delta t}$，其中 Δt 为计算时段或单位线时段，R 为线性水库的演算系数，本研究采用各计算单元最大汇流时间的 0.5 倍计算。

通过上述方法，可得到不同 a 值条件下温榆河流域的各点汇流时间及单位净雨条件下（1 mm）各子流域单位线。以 $a = 2.5$ 为例得到各点汇流时间，如图 7-12 所示；选择典型子流域基于不同 a 值估计的单位线，如图 7-13 所示。在后续的计算中，可根据各子流域不同的土壤植被及土地利用类型等下垫面条件分别赋予不同的 a 值估计各子流域单位线，如对于草地果园林地等区域，采用较小的 a 值，而对于水域或建设用地区域，则采用较大的 a 值。

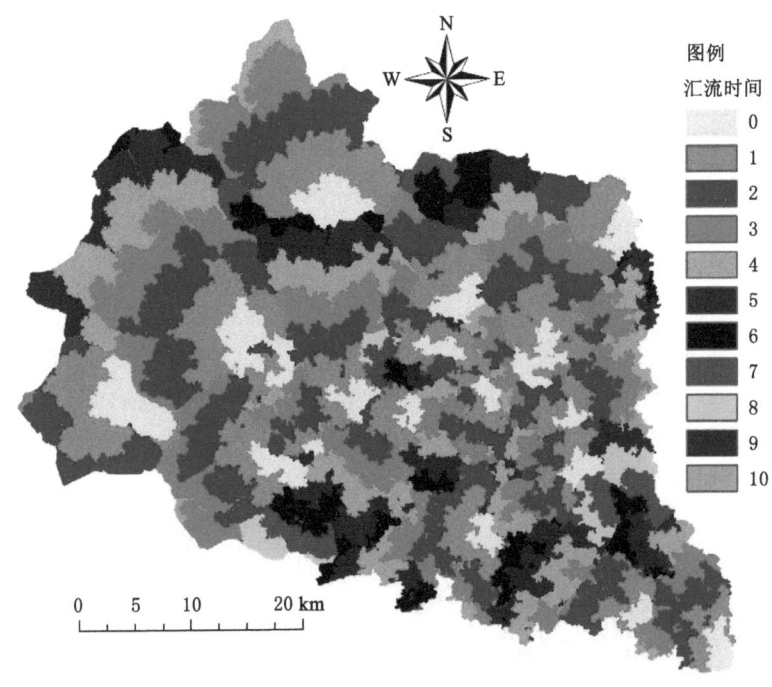

图 7-12　温榆河流域各点汇流时间空间分布图

四、基流计算方法

降雨通过流域非饱和土壤进入地下水层,并通过地层的孔隙、溶洞和岩土裂隙等下渗形成地下水,地下水补给是少雨和干旱季节河道径流的主要来源之一。基流就是指地下水流入河道的部分,HEC-HMS 模型提供了常数月变化模型、线性水库模型和指数退水模型三种计算方法。本研究采用指数消退模型,模型认为任一时刻 t 的基流流量 Q_t 与初始值间的关系为:

$$Q_t = Q_0 b^t \tag{7-10}$$

式中,Q_0 为初始基流流量,m^3/s;b 为指数衰减常数。总的径流量为基流和地表直接径流的总和。在 HMS 中,定义 b 为当日 t 时刻的基流与前一天同一时刻的基流的比值,b 值一般比较稳定,可取平均值作为该流域的 b 值(初值取 0.3)。初始基流量 Q_0 是模型的一个初始条件,可以取流量值或单位面积上的流量。

五、河道汇流计算方法

在 HMS 中包含了许多可供选择的河道洪水演算模型,分别为不考虑损失的滞后模型。Muskingum 马斯京根模型、改进的 Puls 模型、运动波模型、马斯京根-康吉模型,本研究选择马斯京根法作为河道流量演算方法。应用马斯京根模型的关键在于参数 k 和 x 的估计。考虑到实际河道长度与特征河长度不一致,选择分段连续演算方法进行求解。本研究结合前期研究成果,基于流域地形地貌特征以及河段特征估计参数 k 和 x,具体估算过程如下[239-241]。

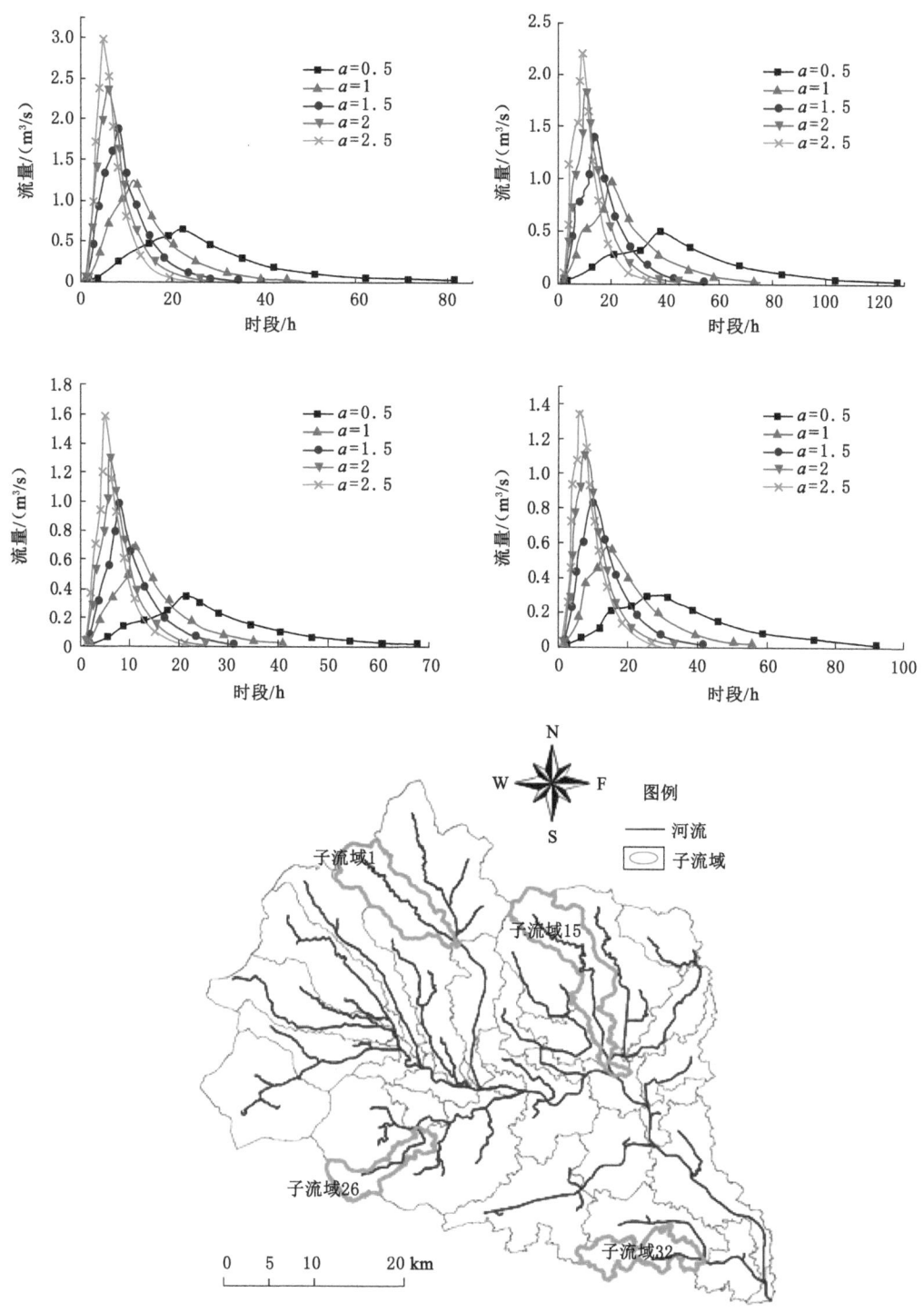

图 7-13 典型子流域的分析单位线

河段传播时间 k 的计算公式为：

$$k = \frac{\Delta L}{V_w \times 3\,600} \tag{7-11}$$

式中，ΔL 为河道长，m；V_w 为波速，m/s。

根据不同的河道断面[240]，可以采用不同的计算公式确定波速与平均流速的关系。因河道治理等因素，河道断面规则化程度较高（梯形断面），本研究将其概化为矩形断面，由 Chezy 公式可得到波速 V_w 与平均流速 V_{av} 的关系为：

$$V_w = \frac{4}{3} V_{av} \tag{7-12}$$

由曼宁公式可推算出平均流速的计算公式如下：

$$V_{av} = 0.54 \times \frac{1}{n^{0.6}} \times S^{0.3} \times Q_0^{0.2} \tag{7-13}$$

式中，n 为曼宁粗糙系数，根据曼宁系数的相关研究[241]，本研究中取 0.03；S 为河道坡度，m/m；Q_0 为参考稳定流流量，m³/s，本研究以温榆河通州北关闸的汛期 6—9 月多年平均日流量为参考稳定流量（计算得到的均值为 19.58 m³/s，本研究取 20 m³/s）。则可推导出矩形断面的 k 值为：

$$k = \frac{3}{4} \times \frac{\Delta L n^{0.6}}{1\,944 S^{0.3} Q_0^{0.2}} \tag{7-14}$$

流量比重因素 x，一般与洪水波的坦化变形程度有关，计算公式为：

$$x = 0.5 - \frac{Q_0}{2 \times S \times 4.76 \times Q_0^{0.5} \times V_w \times \Delta L} \tag{7-15}$$

进一步化简可得：

$$x = \frac{1}{2} - \frac{3 n^{0.6} Q_0^{0.3}}{4 \times 5.14 \times S^{1.3} \Delta L} \tag{7-16}$$

河段数 N 的计算公式为：

$$N = \frac{k}{\Delta t} \tag{7-17}$$

式中，Δt 为计算时段。从上述公式可以看出，在上下游不同河段，因河长、坡度等地形地貌特征的不同，k、x 均取不同值。具体各子流域的马斯京根模型参数估计结果如表 7-7 所示。

表 7-7　马斯京根法参数

子流域	坡度	河段长/m	k	x	N	子流域	坡度	河段长/m	k	x	N
R310	0.006 3	1 576.32	0.19	0.480	1	R560	0.018 5	2 762.76	0.24	0.497	1
R320	0.001 8	3 352.33	0.58	0.451	1	R580	0.004 0	247.09	0.03	0.272	1
R340	0.000 7	11 528.44	2.64	0.452	3	R600	0.001 2	6 650.05	1.29	0.459	2
R350	0.000 2	17 706.08	6.19	0.303	7	R610	0.000 4	5 632.86	1.58	0.263	2
R370	0.004 3	2 115.63	0.28	0.475	1	R670	0.001 5	1 365.82	0.25	0.345	1
R390	0.008 2	7 535.06	0.82	0.497	1	R700	0.001 2	6 842.00	1.34	0.459	2
R400	0.002 7	5 139.49	0.78	0.482	1	R720	0.001 8	5 416.22	0.93	0.471	2

表7-7(续)

子流域	坡度	河段长/m	k	x	N	子流域	坡度	河段长/m	k	x	N
R420	0.000 1	7 313.94	2.73	0.450	4	R750	0.001 5	3 323.49	0.60	0.439	1
R430	0.002 6	3 901.32	0.60	0.474	1	R770	0.002 0	3 526.25	0.59	0.460	1
R440	0.001 1	1 897.72	0.38	0.329	1	R840	0.001 8	6 047.26	1.04	0.474	2
R470	0.007 9	3 799.44	0.42	0.494	1	R870	0.001 6	8 078.90	1.44	0.477	2
R520	0.000 7	7 260.26	1.67	0.422	2	R980	0.001 0	4 817.30	0.98	0.431	2
R530	0.003 2	18 678.94	2.72	0.496	4	R990	0.001 8	3 826.54	0.66	0.459	1
R540	0.003 7	1 628.87	0.23	0.461	1	R1000	0.000 2	16 644.56	5.24	0.367	6
R550	0.007 7	5 357.07	0.60	0.495	1	R1010	0.004 6	2 189.20	0.28	0.478	1

第四节 流域水文模拟系统构建

一、数字流域提取

数字高程模型是地表单元上高程的集合,是模型进行流域划分、水系生产和水文过程模拟的基础。通过 DEM 数据可以提取流域的数学特征,包括确定单元格网的流向、汇流路径、河网拓扑结构、子流域边界等,从而为水文模型提供下垫面等基础数据输入。本研究基于温榆河 30 m×30 m 的 DEM 数据,通过 ArcGIS 软件和 HEC-GeoHMS 模块,考虑到北京平原地区人工水系的影响较大,需要利用全国河湖普查数据进行重新刻画 DEM 数据,以使得提取的河网水系吻合实际水系布局。首先需要利用 HEC-Geo-HMS 模块中的 DEM Reconditioning 刻画生成新的 DEM 数据,然后再根据 HEC-GeoHMS 的 Preprocessing 预处理开展数字流域提取与构建工作,具体包括填注、提取水流方向、生成矢量河网、划分集水区域、确定河网阈值、生成流域边界和形成数字流域。相应流程如图 7-14 所示,提取的水系和划分子流域如图 7-15 所示。

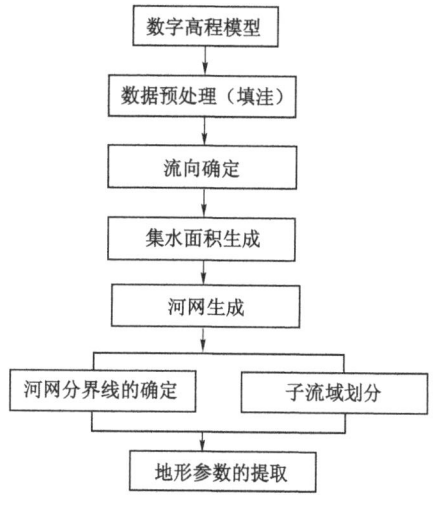

图 7-14 数字流域提取过程图

二、模型与数据库构建

根据上述步骤完成 HEC-HMS 模型构建,包括流域模型、气象模型及控制模块等,建立温榆河流域的 HEC-HMS 模型系统如图 7-16 所示。

为了更好地存储模型输入输出的数据,HEC-HMS 模型团队开发了专门的数据存储软件,即 HEC-DSSvue 软件,该软件主要用于储存、处理 HEC-HMS 模型所用的降雨、径流和时间等数据。HEC-DSSvue 数据库中的每一条数据有且只有一个路径名,例如:/W/怀柔/

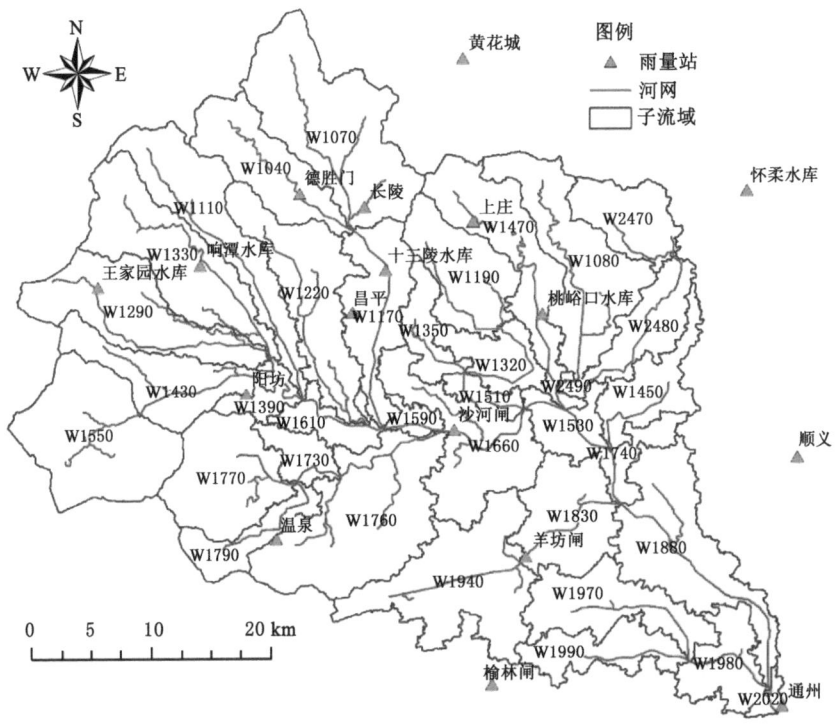

图 7-15　提取的温榆河流域数字河网与子流域划分图

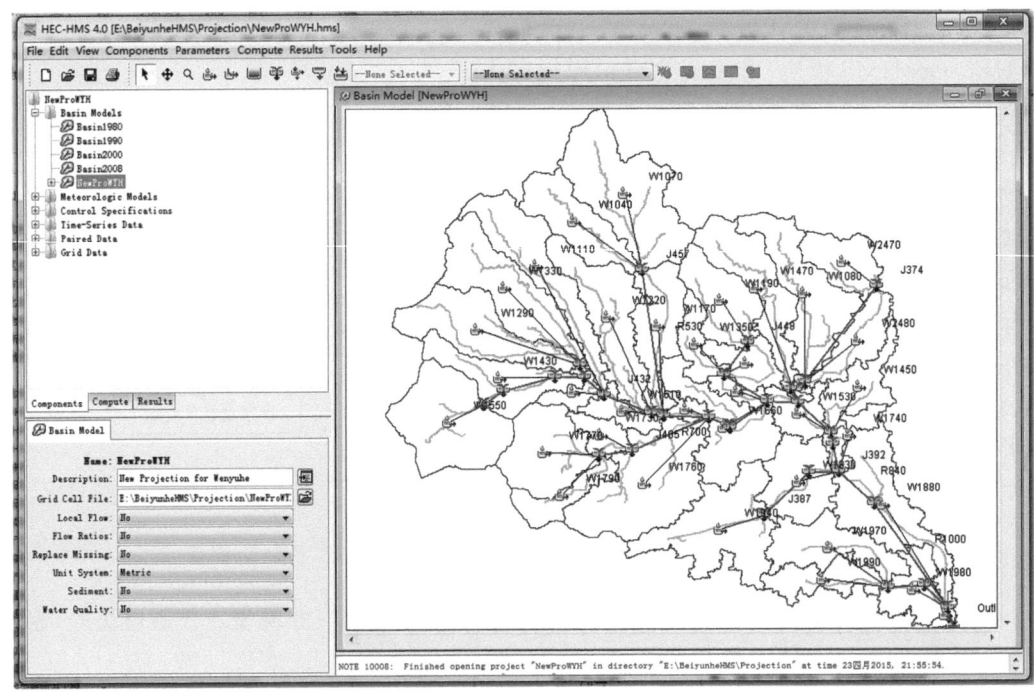

图 7-16　HEC-HMS 模型界面

PRECIP-INC/10JUL1994—22JUL1994/1HOUR/1994/,表示记录怀柔站点的降雨数据，降雨开始时间为 1994 年 7 月 10 号,结束时间为同年 7 月 22 号,降雨数据的时间间隔为 1 h,如图 7-17 所示。

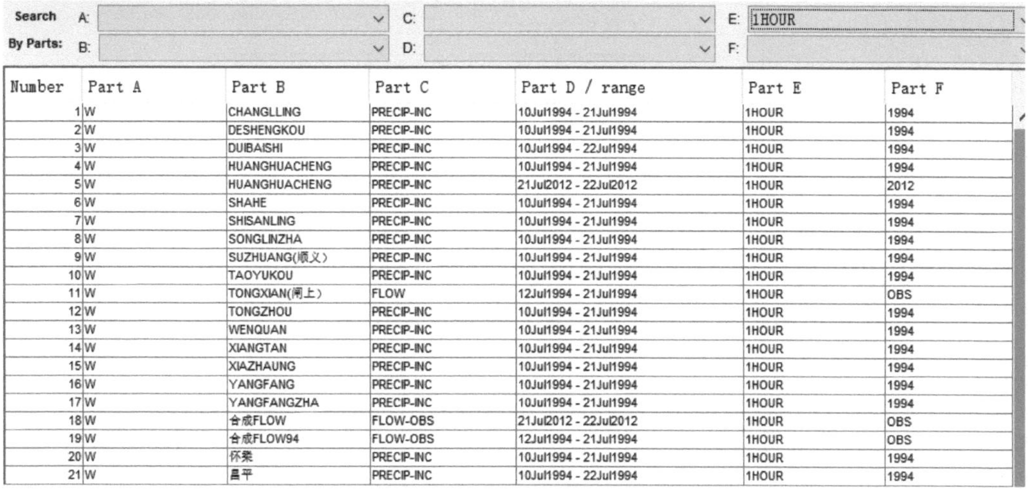

Number	Part A	Part B	Part C	Part D / range	Part E	Part F
1	W	CHANGLLING	PRECIP-INC	10Jul1994 - 21Jul1994	1HOUR	1994
2	W	DESHENGKOU	PRECIP-INC	10Jul1994 - 21Jul1994	1HOUR	1994
3	W	DUIBAISHI	PRECIP-INC	10Jul1994 - 22Jul1994	1HOUR	1994
4	W	HUANGHUACHENG	PRECIP-INC	10Jul1994 - 21Jul1994	1HOUR	1994
5	W	HUANGHUACHENG	PRECIP-INC	21Jul2012 - 22Jul2012	1HOUR	2012
6	W	SHAHE	PRECIP-INC	10Jul1994 - 21Jul1994	1HOUR	1994
7	W	SHISANLING	PRECIP-INC	10Jul1994 - 21Jul1994	1HOUR	1994
8	W	SONGLINZHA	PRECIP-INC	10Jul1994 - 21Jul1994	1HOUR	1994
9	W	SUZHUANG(顺义)	PRECIP-INC	10Jul1994 - 21Jul1994	1HOUR	1994
10	W	TAOYUKOU	PRECIP-INC	10Jul1994 - 21Jul1994	1HOUR	1994
11	W	TONGXIAN(闸上)	FLOW	12Jul1994 - 21Jul1994	1HOUR	OBS
12	W	TONGZHOU	PRECIP-INC	10Jul1994 - 21Jul1994	1HOUR	1994
13	W	WENQUAN	PRECIP-INC	10Jul1994 - 21Jul1994	1HOUR	1994
14	W	XIANGTAN	PRECIP-INC	10Jul1994 - 21Jul1994	1HOUR	1994
15	W	XIAZHAUNG	PRECIP-INC	10Jul1994 - 21Jul1994	1HOUR	1994
16	W	YANGFANG	PRECIP-INC	10Jul1994 - 21Jul1994	1HOUR	1994
17	W	YANGFANGZHA	PRECIP-INC	10Jul1994 - 21Jul1994	1HOUR	1994
18	W	合成FLOW	FLOW-OBS	21Jul2012 - 22Jul2012	1HOUR	OBS
19	W	合成FLOW94	FLOW-OBS	12Jul1994 - 21Jul1994	1HOUR	OBS
20	W	怀柔	PRECIP-INC	10Jul1994 - 21Jul1994	1HOUR	1994
21	W	昌平	PRECIP-INC	10Jul1994 - 22Jul1994	1HOUR	1994

图 7-17　HEC-DSSvue 数据库界面

三、模型率定与验证

HEC-HMS 模型的每个模块都包括了许多参数,其中有些参数无法根据流域或者河道自然特征的实测资料获得,必须进行参数的率定。HEC-HMS 模型率定的过程如图 7-18 所示,即在收集流域降雨、径流同步观测资料的基础上,对模型的初始参数进行估计,并根据给定的边界条件(降雨、上游的入流等)计算流域的径流过程,继而结合流域的实测资料计算目标函数,判断模型的拟合程度,如果模型拟合得不好,则在参数允许变化的范围内对参数进行调整,并进行下一次的迭代过程,此过程一直到拟合度达到最佳为止[242]。本研究选用 HEC-HMS 模型的洪峰权重均方根误差目标函数作为控制指标进行优选,该函数采用一个基于平均流量的因子来修正标准均方根误差:

$$Z = \sqrt{\sum_{i=1}^{n}\left[Q_{\mathrm{o}}(t) - Q_{\mathrm{s}}(t)\right]^2 \frac{Q_{\mathrm{o}}(t) + Q_{\mathrm{A}}}{2Q_{\mathrm{A}}} / n} \tag{7-18}$$

$$Q_{\mathrm{A}} = \frac{1}{n}\sum_{t=1}^{n}Q_{\mathrm{o}} \tag{7-19}$$

式中,Z 为目标函数;$Q_{\mathrm{o}}(t)$为 t 时刻的实测流量;$Q_{\mathrm{s}}(t)$为 t 时刻的计算流量;Q_{A} 为平均实测流量。这一方法考虑了实测流量过程与计算流量过程之间的洪峰流量、整体水量体积及洪峰出现时间的调整。当流量大于平均值时,该因子大于 1.0;当流量小于平均值时,该因子介于 0.5—1.0 之间。

根据我国水文情报预报规范,选择确定性系数(E)、洪量的相对误差(D_{v})、洪峰流量的相对误差(D_{p})及峰现时间误差(ΔT)等 4 个指标作为模型精度的评价指标:

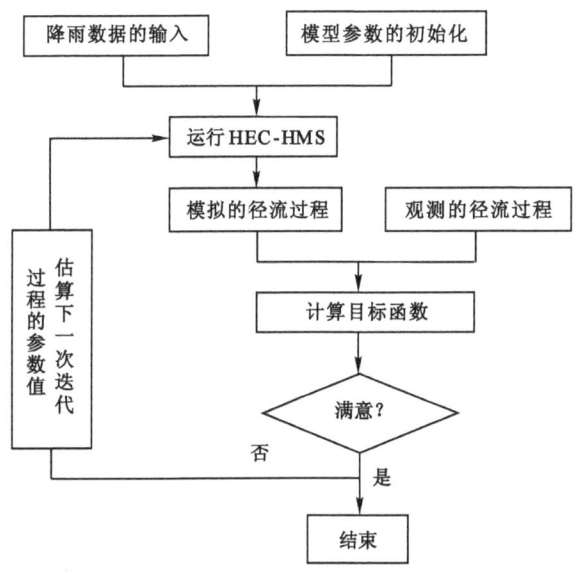

图 7-18　HEC-HMS 模型率定过程示意图

$$E = 1.0 - \sum_{i=1}^{N}(Q_{si} - Q_{oi})^2 \Big/ \sum_{i=1}^{N}(Q_{oi} - \overline{Q_o})^2 \qquad (7\text{-}20)$$

$$D_v = \Big(\sum_{i=1}^{N}Q_{si} - \sum_{i=1}^{N}Q_{oi}\Big)\Big/ \sum_{i=1}^{N}Q_{oi} \times 100\% \qquad (7\text{-}21)$$

$$D_p = (Q_{sp} - Q_{op})/Q_{op} \times 100\% \qquad (7\text{-}22)$$

$$\Delta T = T_{sp} - T_{op} \qquad (7\text{-}23)$$

式中，Q_{si} 和 Q_{oi} 分别是 i 时刻模拟和观测的流量；$\overline{Q_o}$ 为模拟期间实测流量的平均值；Q_{sp} 和 Q_{op} 分别是模拟期间模拟和观测的最大峰值；T_{sp} 和 T_{op} 分别为模拟期间模拟和观测到最大峰值到达所需要的时间。

第五节　模型应用

一、研究数据

根据《北京水旱灾害》和《北运河水旱灾害》统计[177,243]，北运河是平原地区洪水灾害较重的河流之一。考虑到水文气象数据的可用性及暴雨洪灾的代表性，本研究选择七场典型暴雨洪水事件(1963 年"63·8"暴雨,1984 年"84·8"暴雨,1994 年"94·7"暴雨,1998 年"98·7"暴雨,2012 年"7·21"暴雨,2015 年"7·19"暴雨和 2016 年"7·20"暴雨,相应的洪水编号为 196308,198408,199407,199807,201207,201507 和 201607)进行分析。其中,1963 年和 1984 年的土地利用数据以 20 世纪 80 年代的土地利用数据作为基础,1994 年采用 90 年代的土地利用数据,1998 年采用 2000 年的土地利用数据,2012 年采用 2008 年的土地利用数据,2015 年和 2016 年则采用 2015 年的土地利用数据。

二、典型场次一

1963 年 8 月上旬,受西南低涡气流的影响,河北省太行山地区降下了百年一遇的特大暴雨。北京位于河北省的中部,受大环流的影响也发生了特大暴雨。从温榆河各代表站的降雨资料分析,流域内暴雨强度大,最大 1 d 降雨一般在 200—400 mm,最大 3 d 降雨在 260—430 mm,最大 7 d 降雨在 350—490 mm。根据 8 月 8 日雨量计算,流域平均降雨深 223 mm。根据通州水文站的实测洪水流量资料分析,此次洪水产生水量为 2.09 亿 m^3,上游十三陵、沙峪、桃峪口、响潭、王家园 5 座中小型水库共拦蓄洪水 0.28 亿 m^3,通过北关分洪闸分洪 0.89 亿 m^3,可知此次洪水总量为 3.26 亿 m^3。然而,由于此次洪水导致蔺沟河至天竺河铁路桥之间的温榆河两岸因无堤而形成行洪滩地,宽 1—2 km,以及部分决口处形成的滞蓄洪水量并未进行有效统计。

因实际可用数据不足,本研究采用的 HEC-HMS 模型系统中并未考虑上游水库等调蓄作用以及人工调度分洪等影响,根据场次降雨量和 20 世纪 80 年代的土地利用数据等分析得到该次洪水过程的洪量约为 4 亿 m^3,模拟得到的通州水文站的洪峰流量为 1 856.5 m^3/s(调查洪峰流量为 1 800 m^3/s),具体结果如表 7-8 和图 7-19 所示。

表 7-8　63.8 暴雨洪灾模拟结果分析

	洪峰/(m^3/s)	洪量/亿 m^3	峰现时间	Nash-Sutcliffe 系数
计算结果	1 856.5	4.00	8 月 10 日 18 时	−4.4
实测结果	626	2.18*	8 月 10 日 20 时	
调查结果	约 1 800	>3.26	8 月 10 日 20 时	—

* 为通州水文站在本次洪水过程中实测流量的统计洪量(汇水面积同模型提取区域,与实际汇水面积略有不同),不包含上游水库蓄水量、分洪滞蓄水量等。

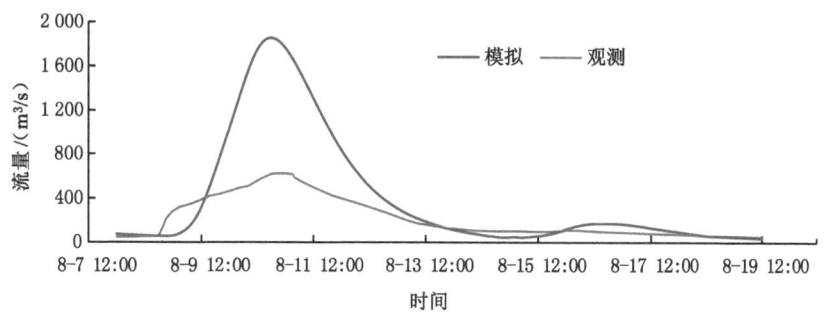

图 7-19　实测与模拟洪水过程对比图

虽说与站点的实际控制出流差距显著,但其结果仍具有一定的可信度。究其原因主要是此次洪水过程的闸坝调控等因素未考虑,由于人为控制使得洪水演进过程并不符合自然状态下的洪水演进规律,导致自然演进计算结果较大,且采用 20 世纪 80 年代的土地利用数据结果代替当时实际的土地利用情况估计 SCS 曲线法中的 CN 值,因耕地减少,建设用地增加,一定程度上使得区域不透水面增加,从而使得区域产水量增加。此外,HEC-HMS 模型还可提供各子流域的产汇流特征,如子流域降雨量、降雨损失、净雨量以及直接径流量和总径流量,如表7-9所示,部分子流域的降雨径流过程如图7-20所示。

表7-9 "63·8"暴雨各子流域的计算结果统计

子流域	洪峰流量/(m³/s)	峰现时间	降雨总量/mm	降雨损失/mm	净雨量/mm	直接径流/mm	基流/mm	径流深/mm
W1040	35	1963-8-10 0:00	275.9	201.4	74.5	73.8	0.8	74.6
W1070	89.5	1963-8-10 0:00	254.8	157.9	96.9	96.3	0.5	96.8
W1080	74.5	1963-8-10 4:00	283.3	112.3	171	169.8	1	170.8
W1110	34.5	1963-8-10 9:00	222.1	145.2	76.9	76.2	0.7	76.9
W1170	71.1	1963-8-10 9:00	281.5	71.9	209.6	209.5	0.9	210.4
W1190	81.4	1963-8-9 20:00	288.2	101.6	186.6	186.5	1.3	187.8
W1220	77.6	1963-8-10 13:00	288.4	101.7	186.7	184.6	0.7	185.3
W1290	65.1	1963-8-10 0:00	297.4	154	143.4	143.2	0.6	143.8
W1320	52.6	1963-8-10 1:00	332.3	55.6	276.7	276.8	2.1	278.9
W1330	50.7	1963-8-10 4:00	262.3	165.4	96.9	96.5	0.6	97.1
W1350	54.7	1963-8-9 23:00	357	87.5	269.5	269.5	3	272.5
W1390	11.7	1963-8-9 19:00	180.2	76.8	103.4	103.5	3.7	107.2
W1430	52.6	1963-8-9 18:00	280	128.4	151.6	151.6	1	152.6
W1450	43.8	1963-8-10 4:00	278.9	77.7	201.2	200.2	1.3	201.5
W1470	49.1	1963-8-10 18:00	289	138.3	150.7	148.6	0.8	149.4
W1510	42.5	1963-8-9 20:00	442.2	71.8	370.3	370.3	7.4	377.7
W1530	54	1963-8-9 23:00	328.6	55.8	272.8	272.4	1.8	274.2
W1550	111.5	1963-8-9 14:00	309.9	161.3	148.6	148.6	0.6	149.2
W1590	42.9	1963-8-9 16:00	442.2	43.6	398.6	398.9	47.2	446.1
W1610	42	1963-8-10 0:00	328.6	61.9	266.7	266.8	2.9	269.7
W1660	132.2	1963-8-10 13:00	423.5	59.2	364.3	363.6	0.7	364.3
W1730	17.5	1963-8-9 20:00	188.1	58.5	129.6	129.6	2.1	131.7
W1740	41.3	1963-8-9 21:00	341.1	58.6	282.5	280.8	4.5	285.3
W1760	133.2	1963-8-10 17:00	319	74.9	244.1	242.8	0.3	243.1
W1770	57.7	1963-8-9 20:00	188.1	85.6	102.5	102.4	0.8	103.2
W1790	21.3	1963-8-9 22:00	195.9	87.8	108.1	108	2.3	110.3
W1830	132.9	1963-8-10 5:00	400.5	62.3	333.2	332.4	1.2	333.6
W1880	86.6	1963-8-11 3:00	298.8	68.8	230	221.3	0.5	221.8
W1940	192.6	1963-8-10 1:00	365.6	39.1	326.5	325.2	0.7	325.9
W1970	91.8	1963-8-10 12:00	349.5	76.7	272.8	269.2	1.4	270.6
W1980	25.1	1963-8-10 4:00	211.2	72.4	138.8	129.9	1.4	131.3
W1990	70.9	1963-8-10 5:00	346.4	41.7	304.7	301.6	2.1	303.7
W2020	9.2	1963-8-9 14:00	211.2	76.3	134.9	126.4	29.2	155.6

表7-9(续)

子流域	洪峰流量 /(m³/s)	峰现时间	降雨总量 /mm	降雨损失 /mm	净雨量 /mm	直接径流 /mm	基流 /mm	径流深 /mm
W2470	40.7	1963-8-9 17:00	246.4	133.5	112.9	110.6	1.9	112.5
W2480	43.6	1963-8-10 6:00	257.8	65.3	192.5	190.4	1.3	191.7
W2490	6.5	1963-8-9 13:00	274.9	65.1	209.8	209.6	29.4	239

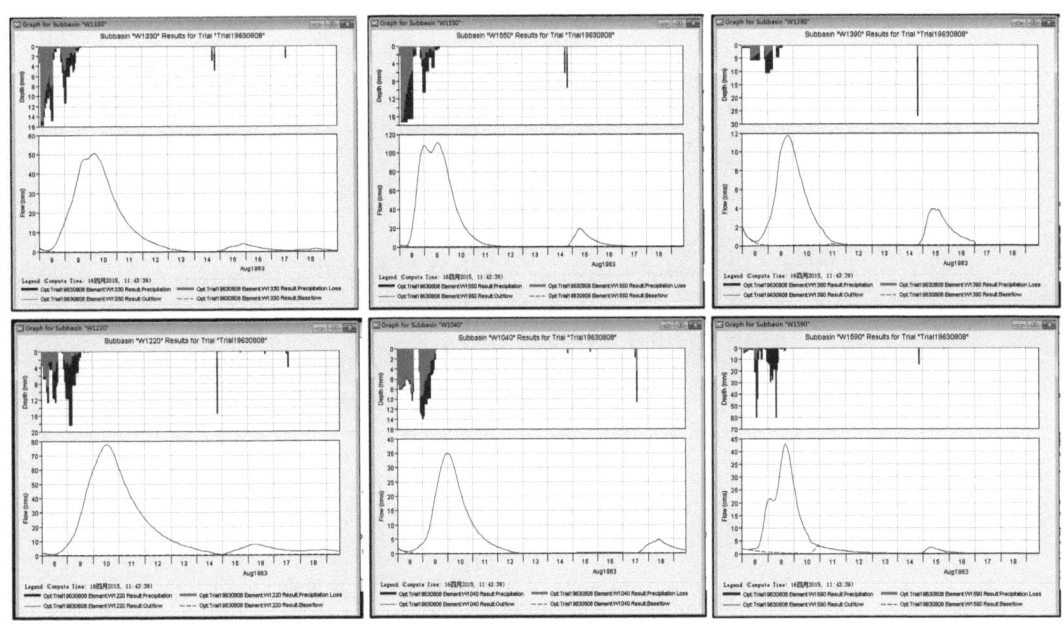

图 7-20 典型子流域的降雨径流过程模拟结果

根据以上四个评价目标函数评定可知模型运行结果较差,然而为了更合理地分析模型性能和模拟结果,结合北京水利部门完成的"63·8"洪水调查结果[243],分析评估模型结果的优劣。图 7-21 给出了北运河通州水文站以上区域在此次洪水的演进示意图,从图中可以看出,温榆河干流及支流都出现了较大的洪峰流量,超出了安全泄量,造成河道漫溢决口,有些支流正与干流洪峰相遇,加重了灾情,使得北运河流域支流大面积积水。根据洪水调查结果,8 月 10 日凌晨 1 时,天竺公路桥洪峰流量达到 1 700 m³/s,桥下游朝阳区东窑村以南两侧大堤溃决 16 处,淹没面积达 50 km²,沿河 42 个村庄受洪水包围。由于受大量洪水滞蓄,洪水流至京承铁路 6 号桥处洪峰流量仅为 1 123 m³/s。10 日 19 时北关闸分洪枢纽处洪峰流量为 1 035 m³/s,拦河闸下泄 626 m³/s,由运潮减河分洪闸下泄 380 m³/s,减轻了北运河的排水负担。

选择上述洪水调查结果,分析 HEC-HMS 模型中典型节点的洪水过程模拟结果,根据位置相邻原则选择 J400 节点代替沙河闸,J488 节点代替外环铁路桥,J493 节点代替楼辛庄桥,J490 节点代替天竺桥,模型结果与调查结果对比如图 7-22 和表 7-10 所示。结果显示,选择的计算节点模拟结果在洪峰流量方面基本符合洪水调查结果,但也存在一定的差异,特别是节点的模拟峰现时间与洪水调查的峰现时间相差较为明显,分析产生上述结果的主要原因可能是:① 由于 HEC-HMS 模型的模拟节点与实际洪水调查结果的地点存在差异,并不完全重合,且由于研究资料所限,无法一一对应相关调查地点与模型模拟节点;② 模型计算过程中可能存在部分经验参数的估算误差导致模拟结果的误差;③ 由于模型在具体计算过程中未能充分考虑已有水利工程措施的调蓄作用影响,使得模型结果并不完全符合调查结果。但整体而言,上述结果也可间接地证明 HEC-HMS 模型模拟结果具有较高的可信度,可以为温榆河流域防洪调度及水利工程调蓄等提供参考和借鉴。

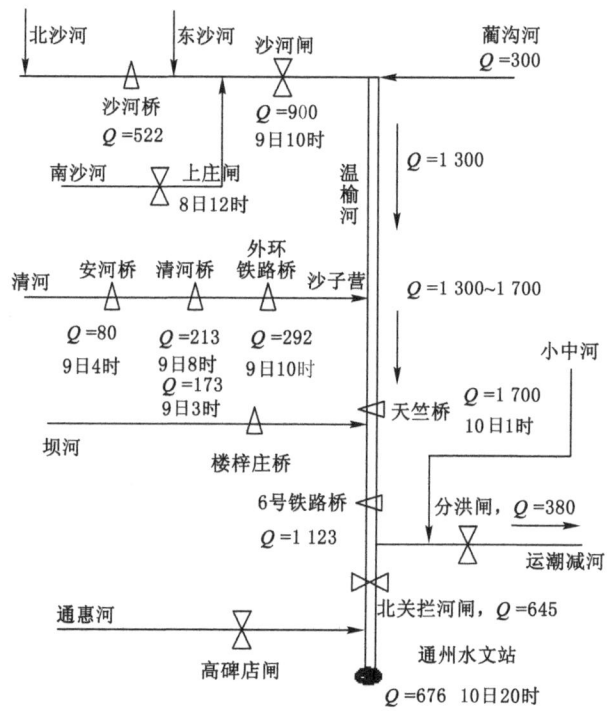

图 7-21 通州水文站以上区域"63·8"暴雨洪水演进示意图

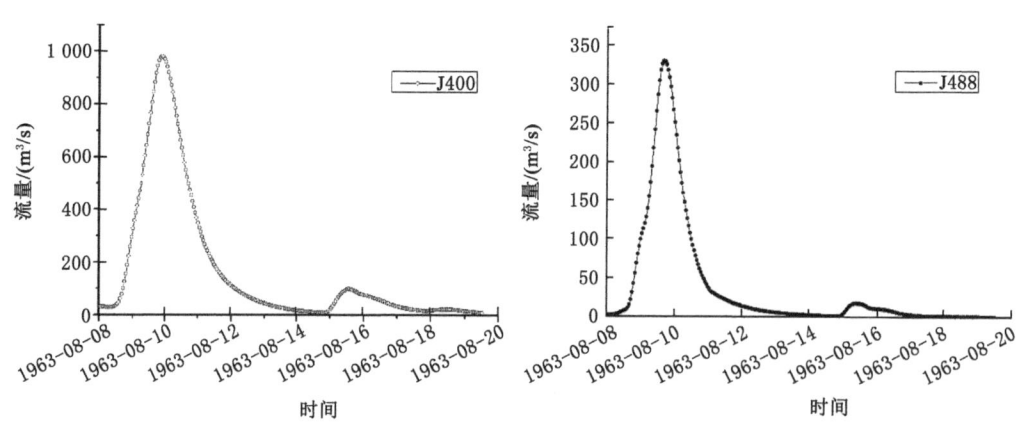

图 7-22 典型节点模拟结果图

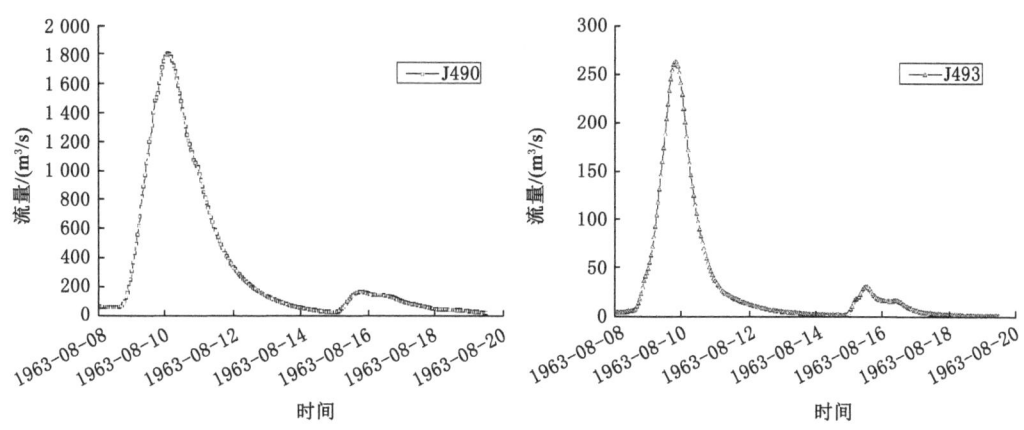

图 7-22（续）

表 7-10 典型节点的模拟结果与洪水调查结果对比

	模拟结果			洪水调查结果	
节点	洪峰/(m³/s)	峰现时间	位 置	洪峰/(m³/s)	峰现时间
J400	979.1	9 日 21 时	沙河闸	900	9 日 10 时
J488	329.9	9 日 15 时	外环铁路桥	292	9 日 10 时
J493	262.6	9 日 19 时	楼辛庄桥	170	9 日 3 时
J490	1806.5	10 日 2 时	天竺河公路桥	1700	10 日 1 时

三、典型场次二

根据流域内各雨量站的记录数据,流域降雨最早发生在流域上游的碓臼石(8 月 8 日 15 时),随后降雨向下游移动,至 9 日 5 时通州站开始发生降雨。根据各站降雨分布情况,可计算流域平均降雨,如图 7-23 所示。整体上此次降雨过程总量相对较小,截至 12 日 0 时约为 152 mm。根据温榆河出口闸以及运潮减河分洪闸的流量数据,合成区域出口的流量过程如图 7-23 所示。从图中我们可以看出,此次洪水过程的洪峰流量相对较小,属于一般性洪水。

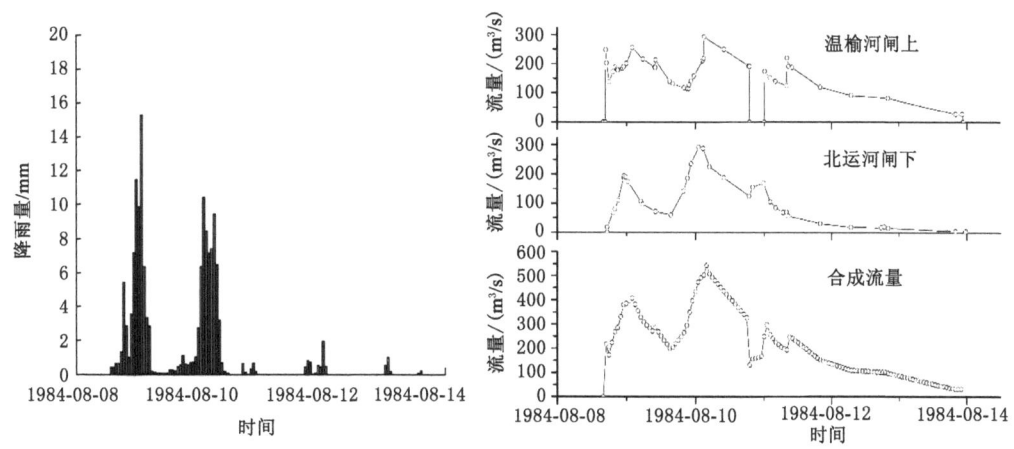

图 7-23 流域平均降雨与出口断面实测流量过程

利用本研究提出的计算方法,结合 HEC-HMS 模型,得到模型的模拟结果和优化计算,结果如图 7-24 和表 7-11 所示。模拟洪水峰现与实测峰现时间一致,洪峰流量误差为 11.60%。从洪量方面分析可知,误差相对较大,达到 18.2%,但仍满足我国水预报规范误差 20% 的要求。从 Nash-Sutcliffe 系数来看,虽然洪水模拟结果合格,但从洪峰时间和流量看模拟效果还是较差的。主要因为 9 日的次洪峰模型计算的结果较差,造成的原因可能为:随着降雨过程向下运移,温榆河控制闸在下游降雨开始前加大泄洪流量,从 9 日 4 时 42 分的 0 m³/s 增加到 4 时 48 分的 248 m³/s,使洪水过程中出现突变式的增长。

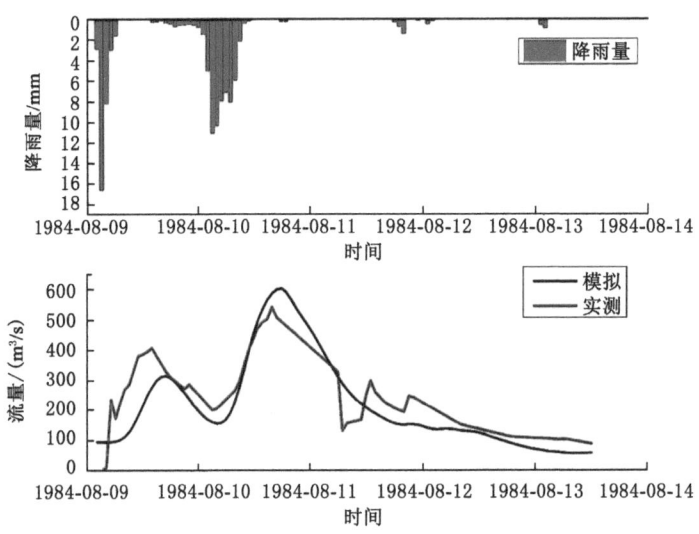

图 7-24　流域洪水过程结果对比图

表 7-11　"84·8"暴雨洪水过程模拟与实测结果统计分析

	洪峰/(m³/s)	洪量/(mm)	峰现时间	Nash-Sutcliffe 系数
实测	541.4	46.6	10 日 16 时	
模拟	604.2	39.2	10 日 18 时	0.677

四、典型场次三

1994 年 7 月第 6 号台风在福建省登陆后,西太平洋副热带高气压不断北移,将大量水汽带到华北地区。北京地区受此影响,出现了大范围暴雨天气,自 7 月 11 日夜晚开始至 13 日清晨普降大到暴雨,东部地区出现大暴雨或特大暴雨,暴雨中心位于顺义区的大孙各庄和平谷区的马昌营一带,暴雨历时 30 多个小时,最大降雨量为顺义杨镇的 413 mm、大孙各庄的 405 mm,最大 24 h 雨量(12 日 8 时至 13 日 8 时)大孙各庄为 391 mm,全市平均约为 140 mm(图 7-25),北运河流域平均为 161 mm。但由于上半年区域大旱,使得表层土壤墒情极差,入渗量加大(根据平原区地下水观测井的动态水位资料分析,雨后 5 d 平原区地下水位平均上升约 0.7 m),加上工程拦蓄、河道阻水、河道漫溢、田间积水等,北运河干支流未出现险情。7 月 13 日干支流最大洪峰流量为:沙河 260 m³/s,清河 130 m³/s,通惠河 350 m³/s,凉水河 330 m³/s,同时北关分洪闸开启,由运潮减河向潮白河分洪,最大分洪流量 430 m³/s,分洪总量为 3 470 万 m³。

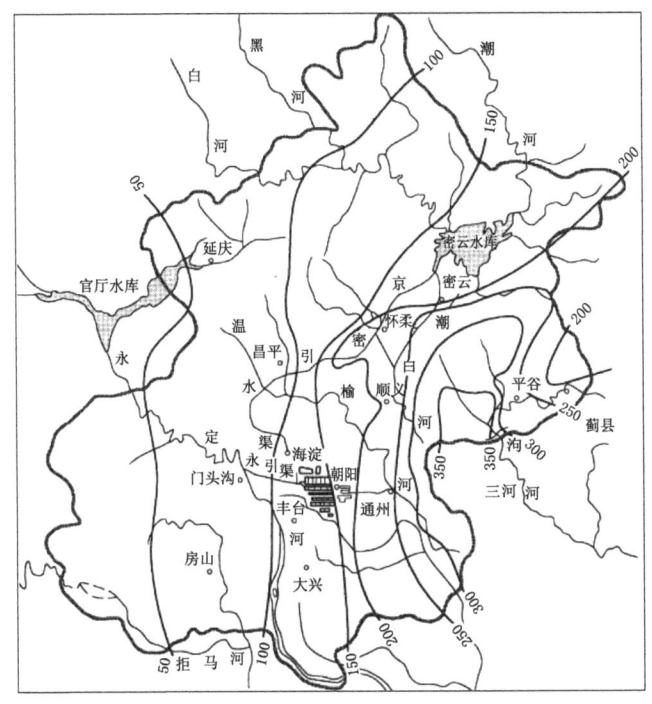

图 7-25 "94 • 7"暴雨最大 24 h 雨量等值线图

(数据来源:北运河水旱灾害,2003)

根据模型模拟结果(图 7-26 和表 7-12)可知,本次模拟洪水洪峰流量的模拟数据与实测洪水数据误差为-7.82%,洪量误差是为 2.01%。从 Nash-Sutcliffe 系数来看,达到了 0.9以上,模拟结果较好;但从洪水峰现时间来看,模拟的峰现时间与实测洪水的峰现时间差

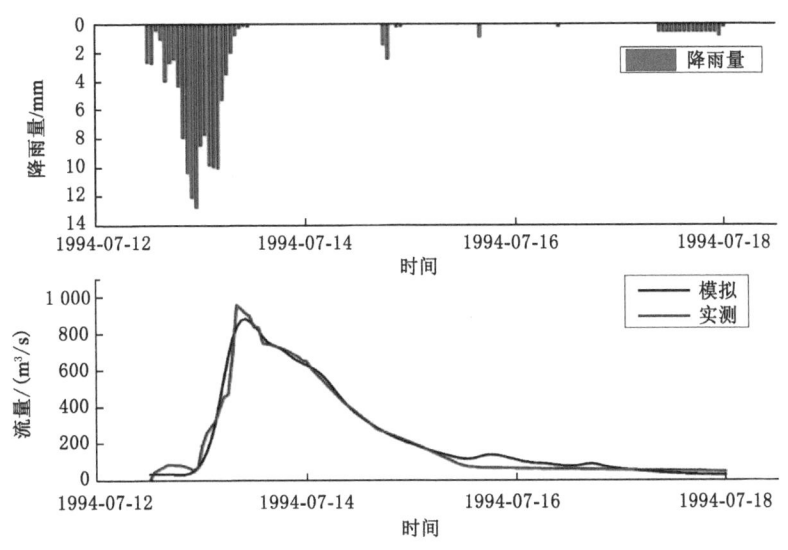

图 7-26 "94 • 7"暴雨实测与模拟流量过程图

2 h,根据我国洪水预报规范,两次模拟结果皆符合规定。通过模拟结果与实测数据的差异可以看出,因受人为调控等因素影响,使得洪水流量在 13 日 8 时突然大量增涨,而模拟洪水涨峰过程较为平滑;从退水曲线来看,模拟的退水曲线较平缓,实测数据的退水过程很明显受到闸坝的控制。

表 7-12 "94・7"暴雨洪水过程模拟与实测结果统计分析

	洪峰/(m³/s)	洪量/mm	峰现时间	Nash-Sutcliffe 系数
实测	959	52.6	13 日 8 时	
模拟	884	51.6	13 日 10 时	0.978

五、典型场次四

对于"98・7"暴雨事件,我们采用 2000 年的土地利用数据,根据各站降雨资料统计结果分析流域前期降雨存在不足,因此采用干旱条件下的 CN 值进行后续计算。根据图 7-27 流域降雨平均图可知,本次降雨历时相对较短,但平均降雨强度较大。从图 7-27 洪水过程图和表 7-13 可知,HEC-HMS 模型模拟计算的洪峰流量为 933.5 m³/s 接近实测洪峰流量 933.3 m³/s,误差仅为 0.21%。从洪峰时间来看,模型模拟的峰现时间与实测洪峰时间差距则提高至 1 h;对于洪量而言,模拟值和与实测洪量的误差小于 5%,因前 3 个评估指标误差较小,Nash-Sutcliffe 系数高达 0.934。

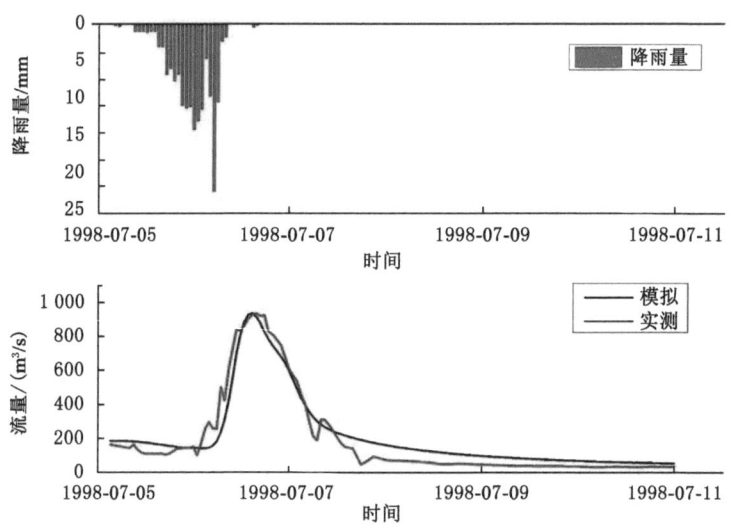

图 7-27 "98・7"暴雨实测与模拟洪水过程对比分析图

表 7-13 "98・7"暴雨洪水过程模拟与实测结果统计分析

	洪峰/(m³/s)	洪量/mm	峰现时间	Nash-Sutcliffe 系数
实测	933.3	45.9	6 日 16 时	
模拟	933.5	44.5	6 日 15 时	0.934

六、典型场次五

2012 年 7 月 21 日,北京地区普降大暴雨,多条河道发生洪水,造成重大人员财产损失。根据灾情通报数据显示,此次暴雨造成房屋倒塌 1 万余间,160 多万人受灾,经济损失 116.4 亿元。从 7 月 21 日 9 时至 7 月 22 日 4 时,根据水文和气象部门共 346 个雨量站资料计算得到北京地区平均降雨量为 170 mm,是新中国成立以来的最大降雨,城区平均降雨 215 mm,是 1963 年以来的最大降雨,暴雨中心位于房山区河北镇,达 541 mm,超过 500 年一遇。统计结果显示,城区及其南部区域平均降雨量均超过 200 mm,由此导致城区多条河道出现较大的洪峰流量,如城区河道中通惠河乐家花园站最高水位为 34.30 m,洪峰流量为 440 m^3/s;凉水河大红门站最高水位为 35.10 m,洪峰流量为 513 m^3/s;清河沈家坟闸最高水位为 28.60 m,洪峰流量为 629 m^3/s;坝河楼梓庄站最高水位为 20.92 m,洪峰流量为 478 m^3/s;北运河通州站发生新中国成立以来实测最大洪水,拦河闸洪峰流量为 1 200 m^3/s,分洪闸洪峰流量为 450 m^3/s,其合成洪峰流量为 1 650 m^3/s,接近 50 a 一遇,如图 7-28 所示。

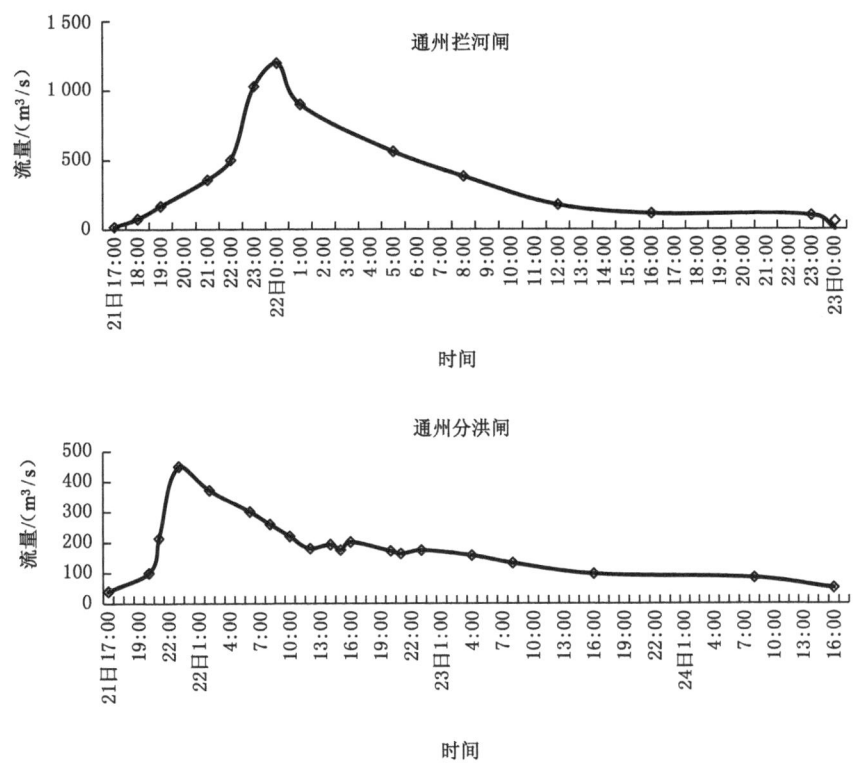

图 7-28　通州站"7·21"暴雨实测流量过程图

考虑到"7·21"暴雨之前 5 d 内温榆河流域范围并未发生有效降雨,因此在 SCS 曲线方法中,采用 AMCI 条件下的 CN 值进行模型模拟。基于栅格 CN 值估计各子流域综合 CN 值,并根据不透水面积比例估算各子流域的不透水面积比例,如表 7-14 所示。

表 7-14　各子流域综合 CN 值及不透水面积比例

子流域	CN 值	不透水面积比例/%	子流域	CN 值	不透水面积比例/%	子流域	CN 值	不透水面积比例/%
W1040	20.1	2.5	W1430	37.3	4.8	W1770	44.4	10.2
W1070	30.9	3.6	W1450	50.8	20.2	W1790	46.2	11.3
W1080	46.2	10.1	W1470	41.8	7.8	W1830	61	39.2
W1110	30.1	7.3	W1510	61	17.8	W1880	58.9	33.5
W1170	56.9	31.4	W1530	63.9	26.2	W1940	66.9	54.1
W1190	48.1	9.3	W1550	34.3	1	W1970	58.7	46.8
W1220	47.1	12.4	W1590	67.1	41.3	W1980	58.9	38
W1290	30.1	3.2	W1610	60.6	15	W1990	65.5	59.9
W1320	64	21.8	W1660	64.7	29.2	W2020	60.5	32.9
W1330	27.2	5.7	W1730	56.2	18.3	W2470	35.9	5.5
W1350	52.3	10.4	W1740	62.6	29.5	W2480	57.7	21.6
W1390	47.9	15.8	W1760	56.3	26.6	W2490	60.9	8.1

根据 HEC-HMS 模型计算结果与实测流量过程对比可知(图 7-29 和表 7-15),模拟计算得到的洪峰流量结果偏大,与实测洪峰流量的误差为 1.81%。从洪量看来,模拟值与实测值的误差为 8.50%;对于洪峰时间而言,模拟的峰现时间比实测峰现时间提前 1 h,本次模拟的 Nash-Sutcliffe 系数高达 0.881。

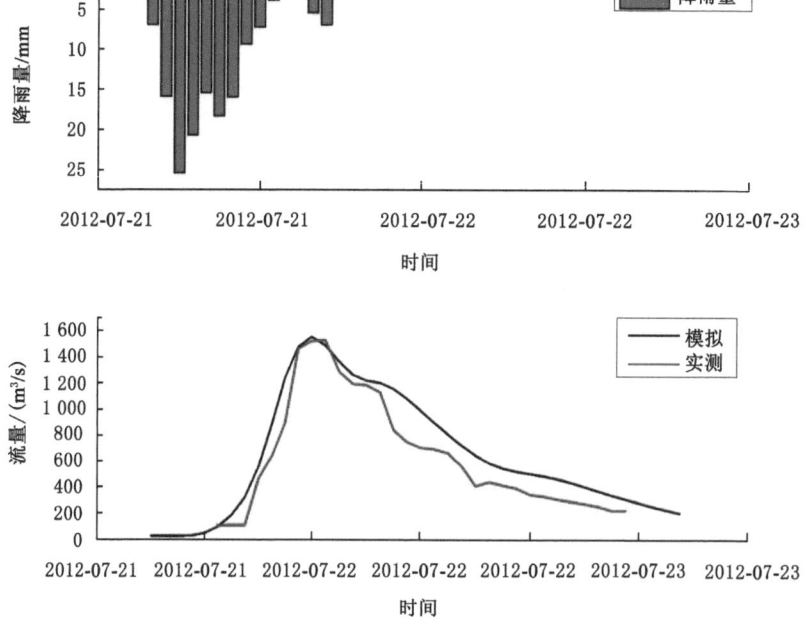

图 7-29　HEC-HMS 模型模拟结果与实测流量过程线

表 7-15 "7 · 21"暴雨洪水过程模拟与实测结果统计分析

	洪峰/(m³/s)	洪量/mm	峰现时间	Nash-Sutcliffe 系数
实测	1 526.1	33.6	22 日 1 时	
模拟	1 553.7	36.5	22 日 0 时	0.881

七、典型场次六

2015 年 7 月 17 日,北京出现短时强降雨,雨量超过 20 mm。根据温榆河流域内各雨量站降雨数据,可计算流域平均降雨量。整体上此次降雨总量相对较小,降雨历时较长,从图 7-30 可以看出,本次洪水过程的洪峰流量较小,属于小型洪水。根据 HEC-HMS 模型计算,得到模型的模拟结果如图 7-30 和表 7-16 所示。本次模型模拟洪水过程的洪峰流量偏高,模拟洪峰流量误差为 10.11%。在洪峰时间方面,模拟的峰现时间与实测值一致;对于洪量而言,本次模拟误差为 11.91%,均满足误差小于 20% 的要求。Nash-Sutcliffe 系数为 0.661,模型结果基本可信。造成模拟效果差的原因为:实测洪水过程中经常发生流量陡涨陡落,受人为控制显著。

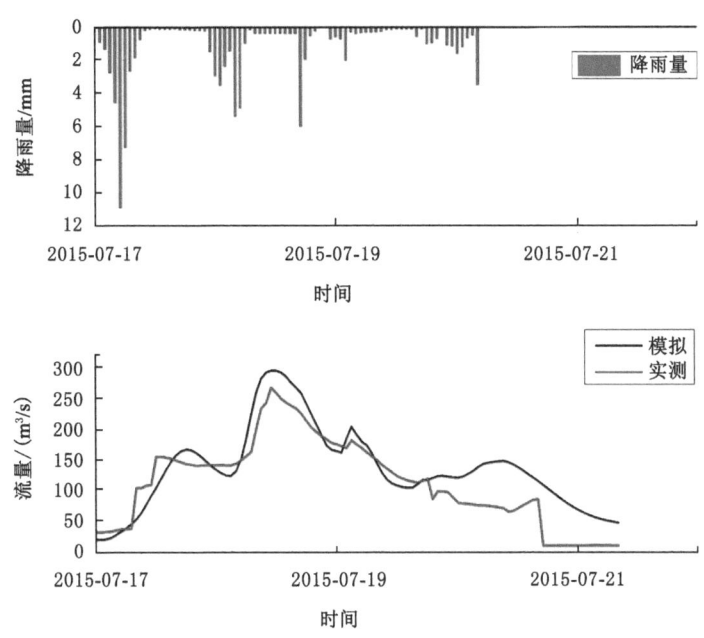

图 7-30 "201507"洪水流域平均降雨量和洪水过程对比图

表 7-16 "201507"洪水过程模拟与实测结果对比

	洪峰/(m³/s)	洪量/mm	峰现时间	Nash-Sutcliffe 系数
实测	270.8	20.6	18 日 11 时	
模拟	298.2	24.5	18 日 11 时	0.661

八、典型场次七

2016 年 7 月 19 日至 21 日,北京地区出现强降雨天气,局部地区出现特大暴雨。根据全市雨量站资料统计计算得到,全市平均降雨量为 212.6 mm,团城湖南闸发生此次最大降雨量为 326.2 mm。此次暴雨具有降雨历时长(共计 55 h)、范围广、总量大的特点,降雨总量超过北京"7·21"暴雨洪水。根据温榆河出口闸及运潮减河分洪闸的流量数据,合成流域出口流量数据,如图 7-31 所示。从图中可以看出,本次洪水过程的洪峰流量较大,但小于"7·21"流域出口的洪峰值。模拟结果如图 7-32 和表 7-17 所示,可以看出,模拟的洪峰流量为 1 267.5 m³/s,峰现时间为 20 日 21 时,而实测的洪峰流量为 1 216.0 m³/s,峰现时间是 20 日 20 时;对于洪量,模拟值与实测值间的误差为 13.24%,满足小于 20% 的要求,从而使得 Nash-Sutcliffe 系数为 0.864。通过对比模型计算结果与实测数据的差异,可以发现模拟洪水过程受降雨影响,峰前增长速度较快,且退水曲线相对平缓,而实测数据受水闸调控影响显著,峰前涨幅缓慢,在 21 日 14 时出现次洪峰,之后北运河闸下洪水过程出现陡落,从 205.0 m³/s 减少到 28.6 m³/s。

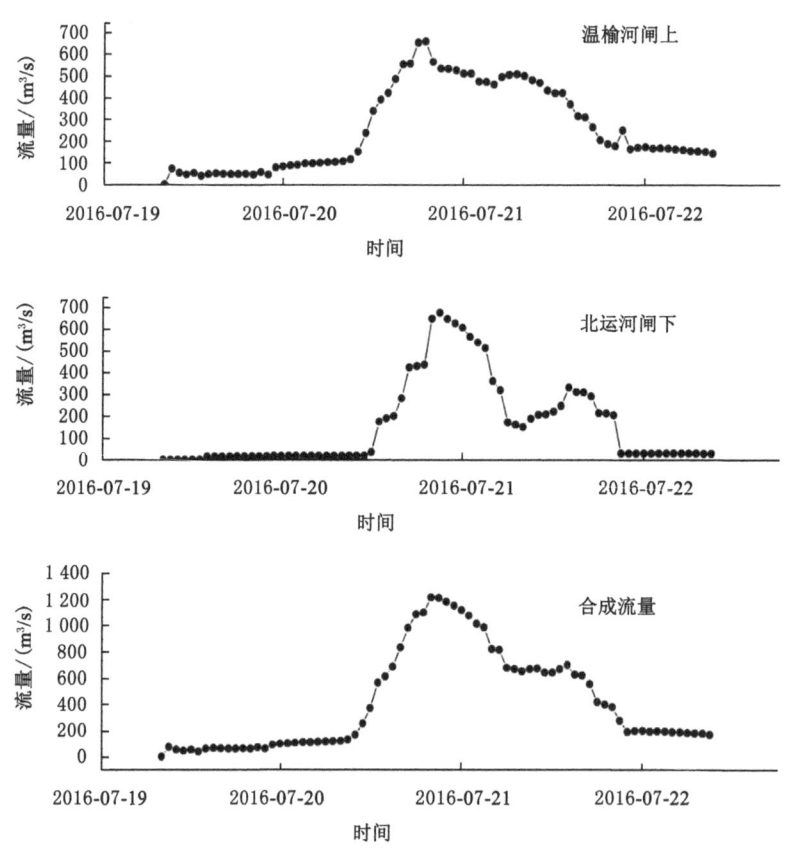

图 7-31　温榆河流域出口断面实测流量过程图

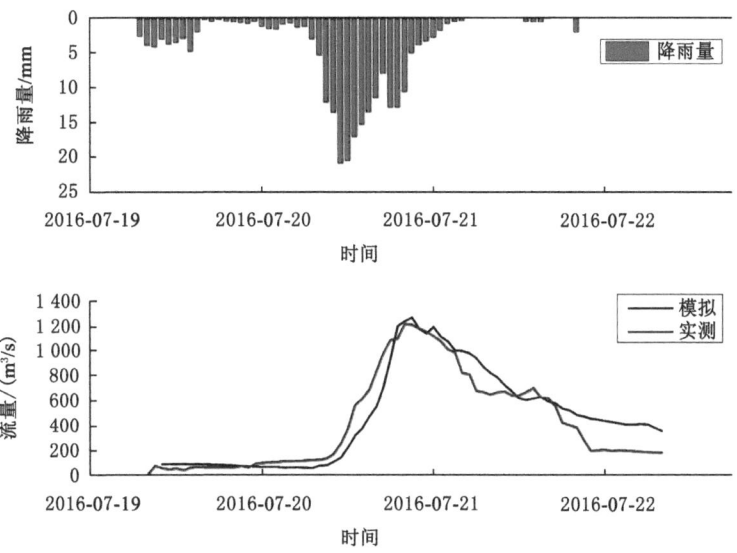

图 7-32 "20160720"洪水流域平均降雨量和洪水过程对比图

表 7-17 "20160720"洪水过程模拟与实测结果对比

	洪峰/(m³/s)	洪量/mm	峰现时间	Nash-Sutcliffe 系数
实测	1 216.0	54.2	20 日 20 时	
模拟	1 267.5	61.4	20 日 21 时	0.864

第六节 本 章 小 结

城市流域水文模拟是当前水科学研究的热点,本章重点针对复杂下垫面条件下的水文过程模拟开展探讨,以北京温榆河流域为例,利用流域地形地貌特征建立适合复杂下垫面条件的流域产汇流计算方法,并基于 HEC-HMS 模型平台构建温榆河流域水文模拟系统。

基于构建的温榆河流域 HEC-HMS 模型,通过选择的 7 场流域典型降雨径流资料,对模型进行率定。结果表明,7 次降雨径流模拟在洪水洪峰流量、洪量和洪峰出现时间均效果较好,本研究建立的 HEC-HMS 模型及选择的计算方法在温榆河流域具有较好的适用性,为后续流域洪水预报研究提供了支持。

第八章　环境变化对城市降雨径流过程影响评估

　　近百年来,以平均气温升高和降水变化为主要特征的气候变化和以城市化发展为主要标志的高强度人类活动对地球系统产生了深远的影响,其中水循环是受气候变化与人类活动影响最直接和最重要的领域之一,而城市区域水循环受气候变化和人类活动影响最为激烈,其研究难度也最大,因此,变化环境下城市水循环响应机理研究成为水科学研究的热点与难点。如何有效评估环境变化对城市水循环的影响,识别城市降雨径流过程的主要驱动因子,是城市水文学研究的主要工作。本章利用水文模型技术及情景分析方法,探讨了城市化发展和气候变化引起的下垫面变化及降水变化对区域降雨径流过程的影响机制,量化了下垫面变化和降水变化对降雨径流过程变化的贡献程度,为后续城市防洪减灾与水资源综合管理提供基础支撑。

第一节　研　究　方　法

　　为了更好地评估环境变化对城市降雨径流过程的影响,本研究基于前期构建的分布式水文模型,利用历史典型洪水事件以及设计暴雨情景分析不同城市化背景下降雨径流过程变化,识别与量化下垫面变化和降水变化对城市流域降雨径流过程的影响,具体如图 8-1 所示。

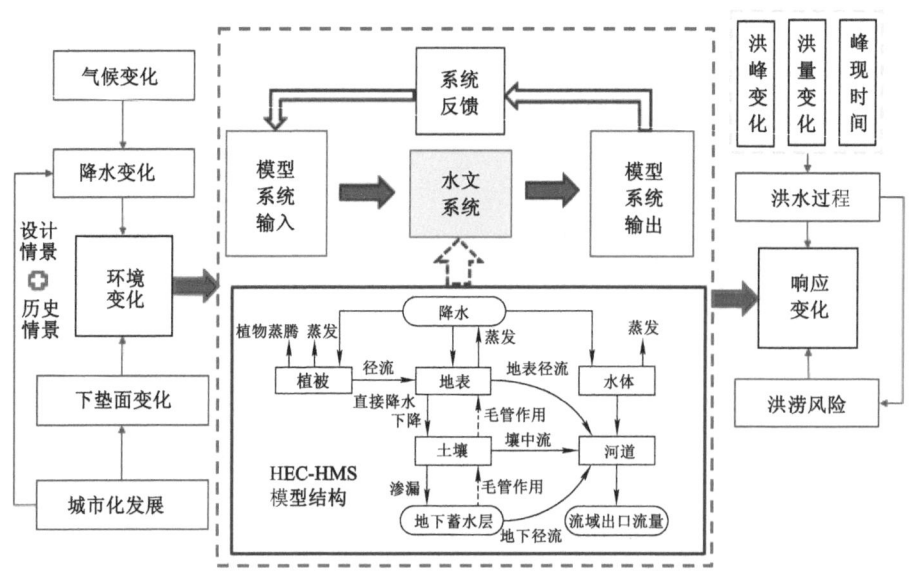

图 8-1　环境变化对流域降雨径流过程的影响评价思路

结合已有数据分析结果，针对历史情景，选择后 6 场历史洪水（"198408""199407""199807""201207""201507"和"201607"）进行分析，针对设计情景选择三个不同频率和重现期条件下（$T=10$、$T=50$ 和 $T=100$）的设计降水作为情景，在土地利用情景方面则基于 1980 年、1990 年、2000 年、2008 年和 2015 年五期土地利用情景，评估在不同土地利用条件和降水条件下城市流域降雨径流过程的响应变化特征与影响程度。

第二节　历史情景影响评估

一、历史情景设计

本研究基于"198408""199407""199807""201207""201507"和"201607"六场温榆河流域典型历史暴雨洪水数据（具体情景设计如表 8-1 所示），通过前文构建的温榆河 HEC-HMS 模型系统分析各场洪水过程在不同城市化阶段变化特征。本研究将不同城市化阶段采用不同时期土地利用变化特征进行表征。针对不同土地利用条件下的降雨径流过程模拟，采用第七章介绍的流域产汇流方法，相同土地利用情景不同场次采用相同的参数方案，不同土地利用情景采用不同的 SCS 曲线的 CN 值来反映流域下垫面变化特性，进而比较不同土地利用条件下流域降雨径流过程变化程度，评估城市化背景下流域土地利用变化对降雨径流过程的影响。

表 8-1　基础情景设计

	土地利用 1980	土地利用 1990	土地利用 2000	土地利用 2008	土地利用 2015
198408	基准 S_0	情景 S_1	情景 S_2	情景 S_3	情景 S_4
199407	情景 S_1	基准 S_0	情景 S_2	情景 S_3	情景 S_4
199807	情景 S_1	情景 S_2	基准 S_0	情景 S_3	情景 S_4
201207	情景 S_1	情景 S_2	情景 S_3	基准 S_0	情景 S_4
201507	情景 S_1	情景 S_2	情景 S_3	情景 S_4	基准 S_0
201607	情景 S_1	情景 S_2	情景 S_3	情景 S_4	基准 S_0

根据第七章温榆河流域五期土地利用类型，结合研究区土壤类型以及不透水面变化情况，计算分析各个子流域综合 CN 值和不透水率，如表 8-2 所示。此外，本研究计算的单位线方法经验参数 a 值的估计也与研究区域的土地利用情况密切相关，结合历史洪水率定参数 a 值，据此本研究假定参数 a 值与区域不透水面积比率存在正相关关系，如表 8-3 所示。

表 8-2　温榆河子流域综合 CN 值与不透水率面积比例 a

子流域	20 世纪 80 年代		20 世纪 90 年代		2000 年		2008 年		2015 年	
	CN 值	$a/\%$	CN 值	$a/\%$	CN 值	$a/\%$	CN 值	$a/\%$	CN 值	$a/\%$
1	62	1.36	63	2.74	64	3.49	64	4.08	66	6.04
2	66	20.04	66	21.05	69	22.86	71	31.54	73	33.95
3	72	4.8	73	17.1	73	23.5	72	35.44	72	41.36

表8-2（续）

子流域	20 世纪 80 年代		20 世纪 90 年代		2000 年		2008 年		2015 年	
	CN 值	α/%	CN 值	α/%	CN 值	α/%	CN 值	α/%	CN 值	α/%
4	69	24.39	70	31.01	72	32.36	75	55.75	75	59.92
5	70	16.15	72	17.83	76	19.09	80	41.84	81	43.74
6	77	35.64	78	57.44	80	63.97	84	79.29	85	80.28
7	74	26.88	74	61.65	76	69.9	84.5	85.34	85	87.36
8	73	13.59	74	16.33	75	35.73	76	45.21	76	49.6
9	48	1.33	49	1.61	51	2.62	52	2.62	52	2.68
10	68	3.64	70	4.56	71	10.84	71	13.51	72	12.84
11	70	15.04	71	16.09	73	28.43	74	35.54	75	36.51
12	66	5.93	66	8.94	69	11.85	71	13.6	72	14.59
13	52	8.87	54	10.5	55	14.61	56	18.19	58	18.89
14	76	6.51	77	13.49	78	18.18	77	26.39	79	28.06
15	77	20.95	78	25.52	80	27.59	83	52.45	83	54.18
16	76	19.97	77	18.9	78	20.73	77	41.04	81	44.99

表 8-3　区域不透水面积比率与单位线经验参数 a 的相关关系

不透水面积比率	单位线参数 a
<20%	0.5
20%—50%	1
50%—80%	1.5
>80%	2

二、结果分析

基于上述情景,利用第七章构建的温榆河流域水文模型系统,结合五期土地利用数据,分别模拟 6 场历史暴雨洪水,得出不同下垫面条件下流域洪水过程线,具体结果如图 8-2 和表 8-4—表 8-9 所示。

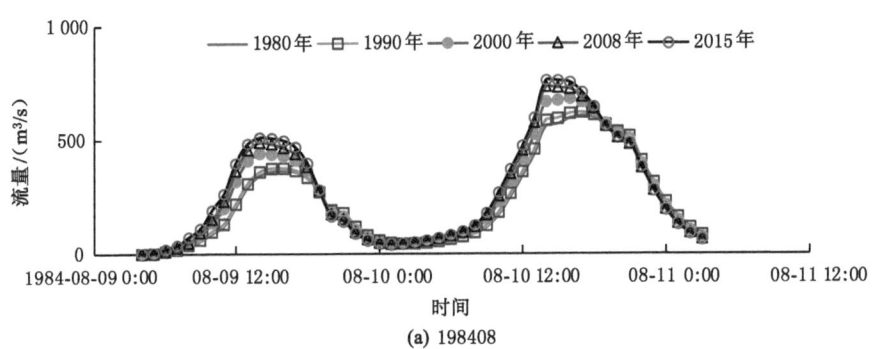

(a) 198408

图 8-2　不同下垫面条件下典型洪水过程模拟

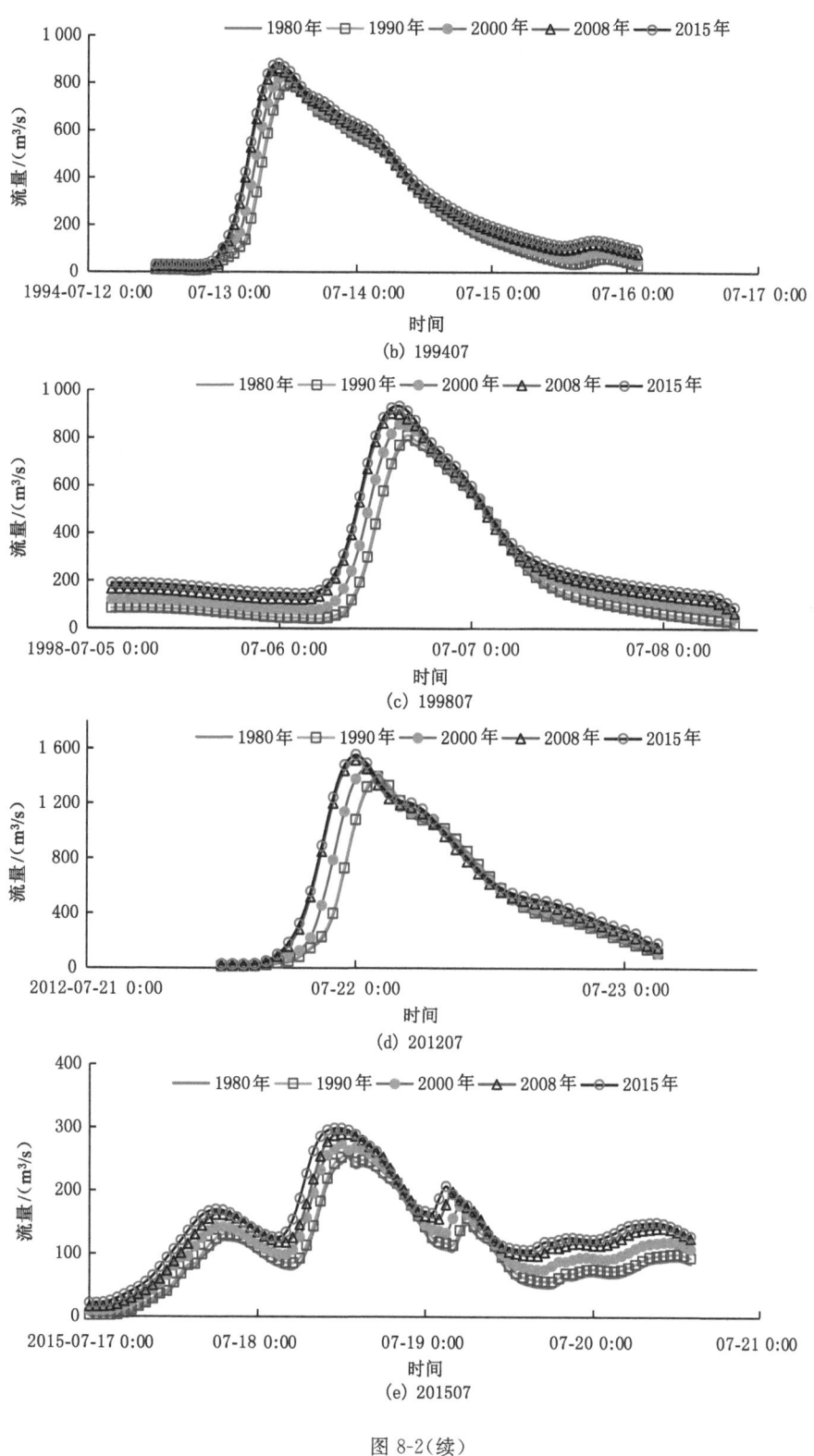

(b) 199407

(c) 199807

(d) 201207

(e) 201507

图 8-2(续)

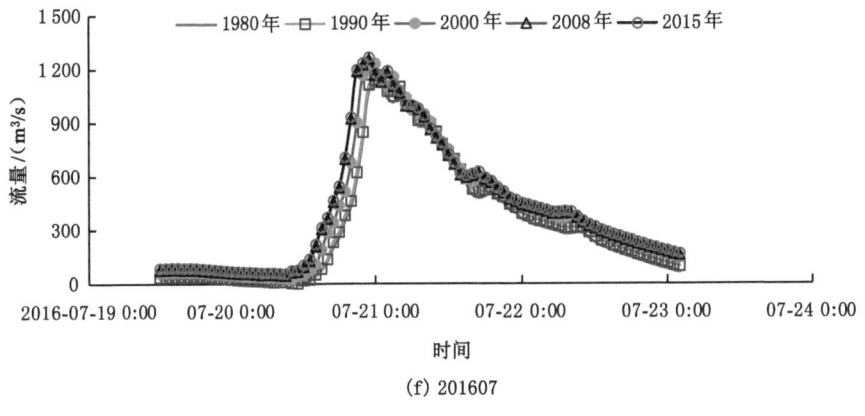

(f) 201607

图 8-2(续)

表 8-4　198408 洪水模拟结果对比分析

	基准 S_0	情景 S_1	情景 S_2	情景 S_3	情景 S_4	与基准对比/%			
	(1980 年)	(1990 年)	(2000 年)	(2008 年)	(2015 年)	S_1	S_2	S_3	S_4
洪峰流量 /(m³/s)	608	622.3	681.1	735.3	762.7	2.4	12.0	20.9	25.4
洪量/mm	41.4	42.6	47.5	50.2	52.5	2.9	14.7	21.2	26.8
峰现时间	10 日 17 时	10 日 17 时	10 日 16 时	10 日 14 时	10 日 14 时	0	−1 h	−3 h	−3 h

注：−1 h 为提前 1 h，下同。

表 8-5　199407 洪水模拟结果对比分析

	基准 S_0	情景 S_1	情景 S_2	情景 S_3	情景 S_4	与基准对比/%			
	(1990 年)	(1980 年)	(2000 年)	(2008 年)	(2015 年)	S_1	S_2	S_3	S_4
洪峰流量 /(m³/s)	798.4	778.5	827.3	860.6	884	−2.4	3.6	7.8	10.7
洪量/mm	51.6	49.3	53.2	54.1	55.8	−4.5	3.1	4.8	8.1
峰现时间	13 日 12 时	13 日 12 时	13 日 11 时	13 日 10 时	13 日 10 时	0	−1 h	−2 h	−2 h

表 8-6　199807 洪水模拟结果对比分析

	基准 S_0	情景 S_1	情景 S_2	情景 S_3	情景 S_4	与基准对比/%			
	(2000 年)	(1980 年)	(1990 年)	(2008 年)	(2015 年)	S_1	S_2	S_3	S_4
洪峰流量 /(m³/s)	849.4	770.2	790.3	899.8	933.5	−9.3	−7.0	5.9	9.9
洪量/mm	46.3	42.6	44.5	48.2	50.1	−8.0	−3.9	4.1	8.2
峰现时间	6 日 16 时	6 日 17 时	6 日 17 时	6 日 15 时	6 日 15 时	1 h	1 h	−1 h	−1 h

表 8-7　201207 洪水模拟结果对比分析

	基准 S_0 (2008 年)	情景 S_1 (1980 年)	情景 S_2 (1990 年)	情景 S_3 (2000 年)	情景 S_4 (2015 年)	与基准对比/%			
						S_1	S_2	S_3	S_4
洪峰流量 /(m³/s)	1 514.2	1 370.7	1 391.7	1 452.1	1 553.7	−9.5	−8.1	−4.1	2.6
洪量/mm	36.5	32.7	33.4	34.1	38.2	−10.4	−8.5	−6.6	4.7
峰现时间	22 日 0 时	22 日 2 时	22 日 2 时	22 日 1 时	22 日 0 时	2 h	2 h	1 h	0

表 8-8　201507 洪水模拟结果对比分析

	基准 S_0 (2015 年)	情景 S_1 (1980 年)	情景 S_2 (1990 年)	情景 S_3 (2000 年)	情景 S_4 (2008 年)	与基准对比/%			
						S_1	S_2	S_3	S_4
洪峰流量 /(m³/s)	298.3	238.1	248	263.8	289.4	−20.2	−16.8	−11.6	−3.0
洪量/mm	24.5	18.6	19.8	21.6	23.1	−24.1	−19.2	−11.8	−5.7
峰现时间	18 日 11 时	18 日 15 时	18 日 15 时	18 日 14 时	18 日 12 时	4 h	4 h	3 h	1 h

表 8-9　201607 洪水模拟结果对比分析

	基准 S_0 (2015 年)	情景 S_1 (1980 年)	情景 S_2 (1990 年)	情景 S_3 (2000 年)	情景 S_4 (2008 年)	与基准对比/%			
						S_1	S_2	S_3	S_4
洪峰流量 /(m³/s)	1 267.5	1 126.4	1 166.8	1 232.4	1 256	−11.1	−7.9	−2.8	−0.9
洪量/mm	61.4	46.7	52.4	58.6	60.4	−23.9	−14.6	−4.6	−1.6
峰现时间	20 日 23 时	21 日 1 时	21 日 1 时	21 日 0 时	20 日 23 时	2 h	2 h	1 h	0

从 6 场典型暴雨事件的洪水过程模拟结果可以发现,总体上后期土地利用情景下的洪水过程呈现峰高量大的特点,如以 198407 次洪水为例,洪峰流量较基准期增加了 2.4%—25.4%,洪量则增加了 2.9%—26.8%,峰现时间提前则为 0—3 h。再以 201607 次洪水为例,其基准期是最新的土地利用情景,在之前的土地利用背景下,相较于基准期均有所下降,如 1980 年土地利用背景下洪峰下降约 11.1%,洪量减少约 23.9%,峰现时间滞后 2 h。总体而言,随着城市化不断推进,从 1980 年到 2015 年的土地利用类型变化使得下垫面条件改变,不透水面有所增加,洪峰流量与洪量均有所上升。从峰现时间来看,在同一场暴雨事件条件下,随着流域城市化的快速发展,洪水过程的涨峰速度变快,峰现时间提前 1—3 h;同时从模拟结果还发现,6 场模拟洪水过程线整体逐渐在"变高变窄",不透水面增加导致地表径流的流量快速上升,从而导致洪水过程呈现逐渐"窄尖"变化特征。

为了更好地分析不同等级洪水的情况变化,结合以上 6 场洪水过程,根据实测洪峰流量和洪量将其定性地分为小洪水、中洪水和大洪水三个等级。若洪峰流量超过 1 000 m³/s 或单次洪量超过 50 mm,则将其划分为大洪水;若洪峰流量超过 500 m³/s 或单次洪量超过 30

mm,则将其归为中洪水;其他洪峰流量小于 500 m³/s 或单次洪量小于 30 mm 的则为小洪水。本研究中 6 场洪水过程,其中属于大洪水的是 199407、201207 和 201607,属于中洪水的是 198408 和 199807,而 201507 则属于小洪水。针对不同等级洪水模拟结果,为便于统一比较,以 1980 年土地利用情景模拟结果为参考基础,其他土地利用情景模拟结果作为评估依据,分别评估不同等级洪水过程对下垫面变化的响应程度,具体结果如表 8-10 所示。从结果可知,土地利用变化对中小洪水影响更大,其变化程度更为明显,如表中 201507 次洪水,相较于 1980 年的土地利用情景,1990—2015 年条件下洪峰流量提高了 4.2%—25.3%,洪量增加了 6.5%—31.7%,峰现时间则提前了 0—4 h。相对而言,对于大洪水的 201207 次洪水过程,洪峰流量则提高了 1.5%—13.4%,洪量增加了 2.1%—16.8%。

表 8-10　不同等级洪水过程对比分析

等级	洪水要素	洪水编号	与 1980 年对比 /%			
			1990 年	2000 年	2008 年	2015 年
小洪水	洪峰流量/(m³/s)	201507	4.2	10.8	21.5	25.3
	洪量/mm		6.5	16.1	24.2	31.7
	峰现时间		0	−1 h	−3 h	−4 h
中洪水	洪峰流量/(m³/s)	198408	2.4	12.0	20.9	25.4
		199807	2.6	10.3	16.8	21.2
	洪量/mm	198408	2.9	14.7	21.2	26.8
		199807	4.6	8.7	13.1	17.6
	峰现时间	198408	0	−1 h	−3 h	−3 h
		199807	0	−1 h	−2 h	−2 h
大洪水	洪峰流量/(m³/s)	199407	2.6	6.3	13.6	10.5
		201207	1.5	5.9	10.5	13.4
		201607	3.6	9.4	11.5	12.5
	洪量/mm	199407	4.7	7.9	9.7	13.2
		201207	2.1	4.3	11.6	16.8
		201607	12.2	25.5	29.3	31.5
	峰现时间	199407	0	−1 h	−2 h	−2 h
		201207	0	−1 h	−2 h	−2 h
		201607	0	−1 h	−2 h	−2 h

第三节　设计情景影响评估

一、设计降水情景

根据前文中极端降水频率分析结果,设计不同重现期条件下的降水结果,并结合北京市典型日降水过程分配来设计不同频率下的降水日过程。根据北京市典型日降雨时程分布可知北京 24 h 降雨量中 60%—80% 的雨量集中在 3—15 h 之内,降雨量集中,强度大,其中最大 12 h 降雨量占 84%,最大 6 h 降雨量占 64.3%,最大 3 h 降雨量占 48.8%,最大 1 h 降雨量占 20.6%,如图 8-3 所示[205]。根据上述时程分配对设计日雨量进行时程分配,并利用设计日雨量估计不同下垫面条件下的洪水过程,从而定量评估下垫面变化对洪水过程的影响程度。本研究基于 95% 阈值的样本序列计算温榆河内各站点重现期为 10 a、50 a 和 100 a 的设计日雨量,得到设计雨量的 24 h 分配方案。典型站点设计雨量分配如表 8-11 所示。

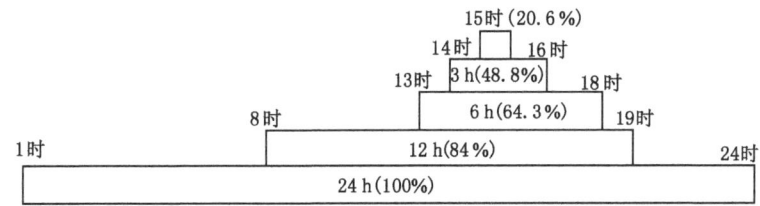

图 8-3　北京地区 24 h 设计暴雨时段及时程分配比例图

表 8-11　典型站点不同重现期条件下的降雨过程时程分配　　　　单位:mm

时刻	通州			沙河			桃峪口			温泉		
	T_{10}	T_{50}	T_{100}	T_{10}	T_{50}	T_{100}	T_{10}	T_{50}	T_{100}	T_{10}	T_{50}	T_{100}
	122.4	211.2	263.6	120.8	200.1	242.4	118	195	236.8	136.6	236.4	293.8
1	1.6	2.8	3.5	1.6	2.7	3.2	1.6	2.6	3.1	1.8	3.1	3.9
2	1.6	2.8	3.5	1.6	2.7	3.2	1.6	2.6	3.1	1.8	3.1	3.9
3	1.6	2.8	3.5	1.6	2.7	3.2	1.6	2.6	3.1	1.8	3.1	3.9
4	1.6	2.8	3.5	1.6	2.7	3.2	1.6	2.6	3.1	1.8	3.1	3.9
5	1.6	2.8	3.5	1.6	2.7	3.2	1.6	2.6	3.1	1.8	3.1	3.9
6	1.6	2.8	3.5	1.6	2.7	3.2	1.6	2.6	3.1	1.8	3.1	3.9
7	1.6	2.8	3.5	1.6	2.7	3.2	1.6	2.6	3.1	1.8	3.1	3.9
8	4.0	6.9	8.6	4.0	6.6	8.0	3.9	6.4	7.8	4.5	7.8	9.6
9	4.0	6.9	8.6	4.0	6.6	8.0	3.9	6.4	7.8	4.5	7.8	9.6
10	4.0	6.9	8.6	4.0	6.6	8.0	3.9	6.4	7.8	4.5	7.8	9.6
11	4.0	6.9	8.6	4.0	6.6	8.0	3.9	6.4	7.8	4.5	7.8	9.6
12	4.0	6.9	8.6	4.0	6.6	8.0	3.9	6.4	7.8	4.5	7.8	9.6
13	6.4	11.0	13.7	6.3	10.4	12.6	6.1	10.1	12.3	7.1	12.3	15.3
14	17.3	29.8	37.2	17.0	28.2	34.2	16.6	27.5	33.4	19.3	33.3	41.4
15	25.2	43.5	54.3	24.9	41.2	49.9	24.3	40.2	48.8	28.1	48.7	60.5
16	17.3	29.8	37.2	17.0	28.2	34.2	16.6	27.5	33.4	19.3	33.3	41.4
17	6.4	11.0	13.7	6.3	10.4	12.6	6.1	10.1	12.3	7.1	12.3	15.3
18	6.4	11.0	13.7	6.3	10.4	12.6	6.1	10.1	12.3	7.1	12.3	15.3
19	4.0	6.9	8.6	4.0	6.6	8.0	3.9	6.4	7.8	4.5	7.8	9.6
20	1.6	2.8	3.5	1.6	2.7	3.2	1.6	2.6	3.1	1.8	3.1	3.9

表8-11（续）

时刻	通州			沙河			桃峪口			温泉		
	T_{10}	T_{50}	T_{100}	T_{10}	T_{50}	T_{100}	T_{10}	T_{50}	T_{100}	T_{10}	T_{50}	T_{100}
	122.4	211.2	263.6	120.8	200.1	242.4	118	195	236.8	136.6	236.4	293.8
21	1.6	2.8	3.5	1.6	2.7	3.2	1.6	2.6	3.1	1.8	3.1	3.9
22	1.6	2.8	3.5	1.6	2.7	3.2	1.6	2.6	3.1	1.8	3.1	3.9
23	1.6	2.8	3.5	1.6	2.7	3.2	1.6	2.6	3.1	1.8	3.1	3.9
24	1.6	2.8	3.5	1.6	2.7	3.2	1.6	2.6	3.1	1.8	3.1	3.9

二、结果分析

利用构建完成的不同土地利用情景下的温榆河流域水文模型系统，结合设计降水数据，分析在不同下垫面条件下的设计暴雨产生的洪水过程，模拟结果如表8-12和图8-4所示。根据模型模拟结果可知，20世纪80年代和90年代土地利用情景下的洪峰流量和洪量相对较小，而2000年、2008年和2015年土地利用情景下的洪峰流量和洪量相对较大。以80年代的为基础，90年代条件下的洪峰流量比80年代的偏小（减少了约1%），而90年代条件下的洪量则比80年代增加了约1%。这也与80年代和90年代两期土地利用类型变化并不显著有关，从这两期土地利用情景下的各子流域综合CN值和不透水面积比率可得到两者基本相似。而2000年之后的两期土地利用类型发生了较大的变化，城市化水平和区域不透水面积比率有了显著增加，因此，2000年条件下洪峰流量较80年代增加了约5.37%—7.41%，而2008年和2015年背景下的洪峰流量增加更为显著，分别达到了16.09%—23.43%和23.38%—29.53%。在洪量方面的变化，2000年和2008年条件下的结果与洪峰变化趋势保持一致。我们还发现，对于低重现期条件下，土地利用变化对洪峰流量和洪量的变化影响较为明显，这也可证明洪水过程的变化也受降雨条件变化等其他因素的影响。同时发现，在这四期土地利用情景下，随着城市化发展程度的日益提高，洪水过程的涨峰速度加快，使得峰现时间提前1—5 h。

表8-12　不同土地利用情境下设计暴雨产生的洪水过程模拟结果统计

指标	重现期	土地利用情景					与20世纪80年代情景对比/%			
		20世纪80年代	20世纪90年代	2000年	2008年	2015年	20世纪90年代	2000年	2008年	2015年
洪峰/(m³/s)	T_{10}	875.4	871.8	940.3	1 080.5	1 133.9	−0.41	7.41	23.43	29.53
	T_{50}	1 373.8	1 362.2	1 458.2	1 633.2	1 732.7	−0.84	6.14	18.89	26.12
	T_{100}	1 777.7	1 759.5	1 873.2	2 063.7	2 193.3	−1.02	5.37	16.09	23.38
洪量/mm	T_{10}	64.9	65.8	69.55	73.16	75.2	1.36	7.10	12.66	15.87
	T_{50}	99.1	100.2	105.3	109.6	113.9	1.10	6.24	10.53	14.93
	T_{100}	128.5	129.8	135.9	140.5	148.0	0.96	5.70	9.34	15.18

表8-12(续)

指标	重现期	土地利用情景					与 20 世纪 80 年代情景对比/%			
		20 世纪 80 年代	20 世纪 90 年代	2000 年	2008 年	2015 年	20 世纪 90 年代	2000 年	2008 年	2015 年
峰现时间	T_{10}	2 日 23 时	2 日 22 时	2 日 20 时	2 日 18 时	2 日 18 时	−1 h*	−3 h	−5 h	−5 h
	T_{50}	2 日 23 时	2 日 23 时	2 日 21 时	2 日 19 时	2 日 19 时	0	−2 h	−4 h	−4 h
	T_{100}	2 日 23 时	2 日 23 时	2 日 21 时	2 日 19 时	2 日 19 时	0	−2 h	−4 h	−4 h

＊注:−1 h 表示提前 1 h,其他类同。

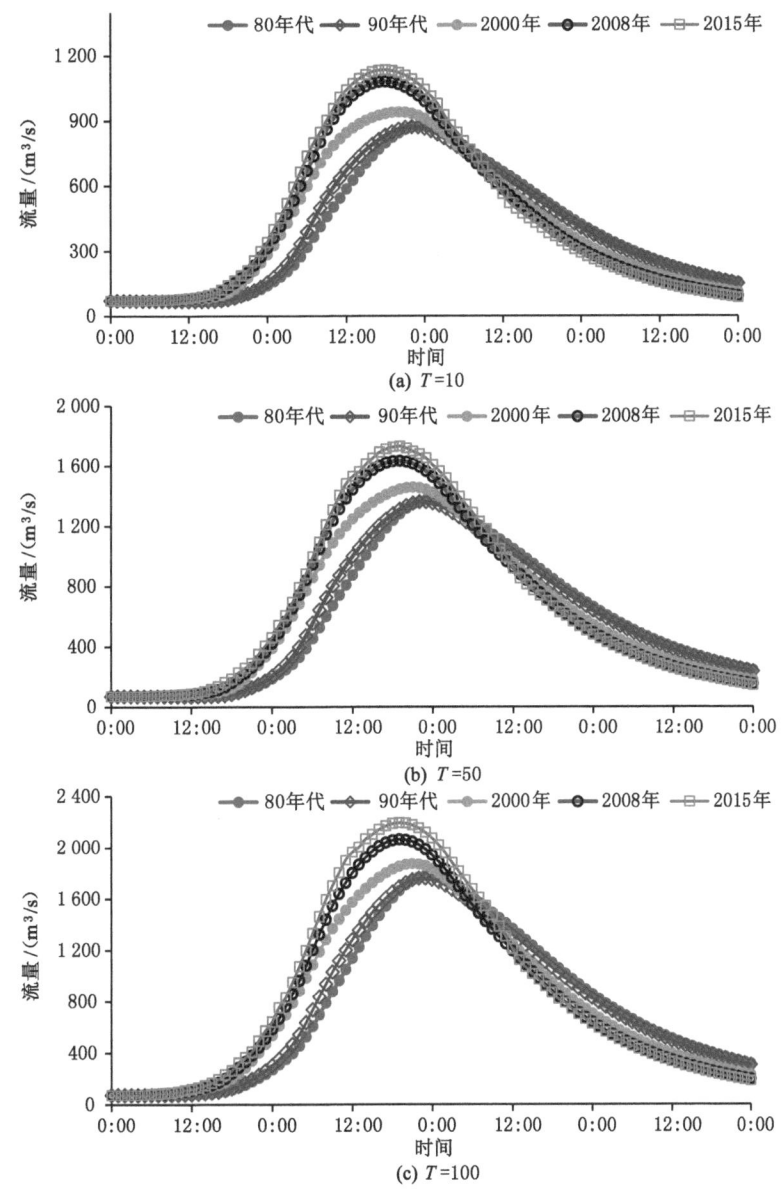

图 8-4　不同重现期设计暴雨条件下的洪水过程模拟结果

第四节 本 章 小 结

受气候变化和人类活动的综合影响,水循环过程产生重要变化,为此需要综合评估环境变化对流域降雨径流过程的影响。本章重点针对因气候变化和城市化引起的降水变化以及因城市化发展引发的下垫面变化等共同作用对流域产汇流过程的影响。基于前文构建的温榆河流域水文模型,利用历史暴雨洪水过程和不同重现期条件下的设计暴雨过程开展流域水文过程模拟,分析在不同下垫面情景下流域降雨径流过程变化程度,主要结论如下:

(1)对于6场历史暴雨洪水模拟,随着城市化程度不断提升,下垫面不透水率逐渐增加,相应的暴雨洪水过程在洪峰流量和洪量方面均呈现不同程度增加,而峰现时间则有所提前,使得城市化后期的洪水过程线整体呈现变高变窄的趋势。

(2)在设计暴雨情景下的水文过程模拟结果也证实土地利用变化使得洪水过程线呈现一定程度的增高,同时也表明不同重现期设计暴雨的降雨径流过程对土地利用变化的响应表现出不同程度,相对而言,低重现期的设计暴雨对土地利用变化的水文响应更为剧烈。

第九章　结论与展望

第一节　主 要 结 论

　　流域水文过程是气象因素和下垫面条件共同作用的结果,城市化的快速发展导致了流域下垫面土地利用类型与河流水系的变化,使得流域内的降雨径流规律发生改变,从而引起流域内水文过程的变化及一系列的水问题,如淡水资源短缺、洪涝灾害频繁、水体污染、河道断流、湿地萎缩、荒漠化扩展、地下水超采、海水入侵、水土流失以及河流生态系统破坏等。因此,城市化水文效应成为全球气候与环境变化研究领域的前沿和热点问题之一。

　　本研究以城市化发展最为显著、人水关系矛盾最为突出的北京市作为研究区域,重点围绕城市化发展对流域下垫面、水文产汇流规律及暴雨洪水规律的影响,开展我国华北地区城市化发展下水文效应研究,初步获得了城市化对流域下垫面及水文过程影响的特征规律,从而为华北地区防洪减灾、水资源保护与利用和经济持续发展提供支持。通过揭示北京地区城市化发展进程及下垫面变化特征,探讨区域长期和短期的降雨演变特征,分析区域不同典型流域洪水特征的演变趋势,并阐释环境变化(气候变化、城市化发展及下垫面变化)对区域降雨和洪水演变的影响机制,识别不同城市化发展程度下城市小区降雨径流相关关系,量化城市化发展对降雨径流系数的影响程度,基于多种技术手段构建城市化流域暴雨洪水模拟模型,探讨下垫面变化对降雨径流过程的影响。主要研究成果如下:

　　(一)城市化进程及下垫面变化特征

　　北京地区在城市化发展过程中,随着城市规模的不断扩张,下垫面特性发生了巨大变化。从城市人口比重、城市建成区面积、土地利用类型变化三个方面,系统分析了北京地区的城市化进程及下垫面变化特征,并从土地利用变化和下垫面不透水面变化分析了北京六环内下垫面变化规律,主要结论如下:

　　(1)从城市人口分析,城市化进程主要经过以下四个阶段:第一阶段(1949—1978年)缓慢发展阶段,城市化水平整体上处于缓慢的增长阶段,城市化率维持在50%左右水平;第二阶段是高速推进时期(1978—1990年),城市化率从55%提高到73.5%,该时期的主要特点是人口城镇化速度快,城镇化水平和质量较低,城市基础设施水平较低,城市扩张不明显;第三阶段是成熟完善阶段(1990—2005年),城市化率从73.5%提高到83.6%,该阶段城市区域快速扩张,郊区城镇化加快,但区域发展差距逐渐扩大;第四阶段是质量提升阶段(2005—2019年),进入城乡一体化建设阶段,城市化率继续呈缓慢上升态势,城市基础设施达到较高水平。

　　(2)从建成区面积角度分析,北京建成区扩展基本上以旧城区为中心向四周逐步扩展,但不同时期的扩展速度差异明显。城市化发展初期（20世纪80年代前），北京市建成区主要以旧城区和沿二环外侧的建成区为主。改革开放初期，城市扩展有所加速，但仍然延续此前的平稳发展态势。90年代开始城市建设进入快速发展期，受社会经济发展和城市人口急剧增加的影响，城市建成区面积扩展迅速。2000年后城市扩展进入高速发展期，呈现出跳跃式的发展模式，建成区面积急剧上升。2005年后城市建成区扩张速度略有回落，进入了稳定协调发展阶段。

（3）从土地利用变化角度分析，北京市土地利用类型发生了显著变化：从空间分布来看，耕地主要位于东南部平原区，城市建设用地也主要分布在此区，是北京社会经济发展的核心地带，林地和草地主要分布在周边山区。从土地利用结构上看，北京市土地利用类型、利用方式复杂多样，整体表现为建设用地增加，耕地减少。各类型土地面积净变化量最大的为林地、耕地和建设用地，建设用地是面积增加最多的土地利用类型，耕地是面积减少最多的土地利用类型，草地次之，水域和未利用地面积均减少较少。

（4）主城区下垫面变化特性：从不透水面角度分析，整体上不透水面的空间分布与建成区分布基本相一致，即中心城区的不透水率相对较高，2017年六环内不透水面积占比则达到65％以上，其中不透水率从中心城区向外环逐渐减小，五环至六环之间的不透水率则最小。

（二）北京市降雨演变特征及影响因素

基于不同时间和空间尺度数据，运用多种统计分析方法，探讨变化环境下北京地区降雨时空演变规律，得到的主要结论如下：

（1）长期序列变化：近300 a来北京气象站年降雨量有缓慢增加趋势，上升速率约为1.4 mm/10 a，且呈现出明显的旱涝交替的年代际变化，如1724—1753年和1994—2012年期间属于严重枯水年，1784—1813年、1874—1903年、1934—1963年属于多水年份。根据全年和季节降雨序列的Mann-Kendall检验结果可知，除了冬季之外，春、夏、秋和全年的降雨趋势呈现增加趋势，尤其是夏季和全年的降雨趋势非常明显。根据周期性分析结果，北京气象站年降雨量存在多个时间尺度的变化周期，其中72 a的周期震荡最强，为第一主周期，30 a和18 a的周期分别为第二和第三主周期。在不同时间尺度下，得到的降雨量偏多或偏少存在一定差异，这也说明研究降雨的周期性变化需要综合考虑多种时间尺度下的周期变化规律。

（2）短期序列变化：基于北京地区16个典型雨量站的观测资料计算区域平均降雨序列，与长期序列资料的变化趋势不同，北京地区63 a来年降雨量总体呈现下降的趋势，年均减少约为2.85 mm，其中夏季和汛期平均降雨下降最为显著，约为3.28 mm/a和2.97 mm/a。Mann-Kendall检验结果也证实了7月和8月降雨序列表现出显著的下降趋势（$\alpha=0.05$）。由于年内降雨分布不均匀，汛期（6—9月）降雨量约占全年降雨量的83.4％，其中7月和8月降雨占全年降雨61.3％以上，导致北京地区长期干旱和短历时洪涝灾害风险较大。北京地区平均年降雨量存在4 a、8 a和15 a左右的波动周期，其中15 a为第一主周期，4 a和8 a分属第二和第三主周期。

（3）空间变化特征：整体上北京地区降雨的空间分布呈现出从东南向西北递减的趋势，但存在明显的地区差异，且北京地区降雨的空间变化特征主要受地形影响和城市化发展影响，形成了多个小区域降雨中心——一是在平原区与山区迎风坡的接壤地带，在怀柔和密云水库及其周边地区以及房山附近,二是在城市周边及其下风向区域,如城区及其北部近郊局部地区。

(4)极端降雨变化:北京地区汛期各种极端降雨指标的空间分布基本类似于年降雨量的空间分布特征,受地形等因素影响密切,但极端降雨频次和极端降雨贡献率的分布与极端降雨阈值和极端降雨量的分布并不完全对应。50多年来,各类极端降雨指标整体呈现出下降趋势(Mann-Kendall 结果则为先升后降),包括极端降雨频次、强度以及贡献率,且极端降雨指标的年际及年代际差异显著,说明北京地区极端降雨的大尺度变化趋势受区域气候背景影响明显。根据不同阈值估计不同重现期下极端降雨设计值的空间分布形态可以看出,随着阈值和重现期的增加,局部地区的极端降雨差异愈加明显,等值线越密集。

(5)城市化发展对降雨变化的影响:城市化对城市不同区域的降雨影响不同,在城市下风向的近郊区(北郊)与城区的差异相对较小,而与南部近郊的差异则比较明显。相似的结论也表现在极端降雨方面,城市化导致城市及其城市下风向近郊区的极端降雨频数、强度相对较高,且城市化发展不同阶段极端降水频数、强度和贡献率具有不同的分布形态,在一定程度上与区域气候背景和大气环流变化密切相关。近年来由于全球变化等影响,高强度极端降雨事件的影响日益显现,局部高风险区域的极端暴雨事件呈现增多趋势。

(三)北京市洪涝演变特征及其驱动因素

通过对北京地区典型流域洪水极值事件的变化趋势及其突变特征分析,揭示了变化环境下北京地区洪水极值事件的演变特征,探讨区域一致性序列和非平稳条件下的洪水设计频率问题,为区域防洪规划等提供参考,具体结论如下:

(1)趋势诊断与突变分析:根据年最大值选样法,采用线性趋势、Mann-Kendall 检验、累积距平分析法和滑动 t 检验法,分析北京地区 8 个典型控制站点年最大洪峰流量和年最大 1 d、3 d 和 7 d 洪量序列的变化趋势,研究结果表明,除了凉水河的大红门闸和榆林庄站的年最大洪峰流量呈现上升趋势外,其余 6 个站点的年最大洪峰流量均表现为下降趋势,其中沙河闸、苏庄、下会和张家坟呈现显著的下降趋势($\alpha=0.05$)。整体上看年最大洪量序列与年最大洪峰流量序列变化趋势基本保持一致,除了大红门闸的最大 1 d 洪量序列存在上升趋势外,其余各站年最大洪量序列(1 d、3 d 和 7 d)均出现不同程度的下降趋势。由此分析 8 个典型站点的洪峰序列和洪量序列的突变情况,根据累积距平分析法和滑动 t 检验分析的结果表明,累积距平分析得到的结果可能存在突变情况,而滑动 t 检验的突变结果是经过统计显著性水平检验的,不同方法得到可能不一致的结果说明我们需要综合考虑多种方法对研究序列趋势诊断的影响,从而更准确地评估序列的突变特征,做出更客观全面的评价。同时,两种方法在某种程度上也相互证实了年最大值的洪峰和洪量序列存在较大的非平稳性问题。

(2)一致性条件下的洪水频率设计:采用年最大值法(AM)和超门限阈值法(POT)确定北京地区洪水极值事件的研究序列,在假定序列是一致性的条件下,基于 L-矩法分析洪水序列的拟合线型分布和设计频率问题。根据 L-矩法的 L-峰度和 L-偏度的散点对应关系以及 KS 检验可以得出对于 90% 和 95% 阈值下的 POT 序列,GNO 分布较佳,而 99% 阈值的 POT1 序列和 POT2 序列以及年最大值的 AM 序列中,GPD 和 PE3 分布拟合效果都表现较好,即采用 GNO、GPD 和 PE3 分布能够较好地描述区域的洪水极值事件。基于年最大值法的 AM 序列以及超门限阈值的 POT 序列,分析 8 个典型站点的洪水极值频率,不同的样本序列,采用不同的拟合分布线型,可得到不同频率条件下的设计洪水值,且各种线型在超大洪水的设计频率计算方面存在较大差异,我国常用的 PE3 型分布曲线较其他极值分布线型在超大洪水频率设计上偏低,即相同流量下的重现期较高。此外,针对不同抽样序列的设计洪水频率也有不同,整体上 POT2 序列相较于 AM 序列得到的洪水设计值偏大,而 AM 序列与 POT1 序列的差异较为复杂(因序列长度不一致),这也说明在序列长度一致的情况下,超门限阈值法的抽样序列的洪水设计值比年最大值序列得到的设计值更高。

(3)非平稳条件下的洪水频率设计:在变化环境情况下,洪水重现期往往不是描述一场洪水的一个固定不变的属性。用水文情势变化前估计的洪水重现期往往不能很好地描述变化环境后洪水频率的特征,需采用非平稳性水文序列频率计算。采用 GAMLSS 模型,选择两参数(均值和方差)的五种分布线型,建立均值和方差随时间变化的非一致性模型,研究北京地区 8 个典型控制站点的洪水频率特征,结果发现两参数的 Lognormal 分布在北京地区多数站点效果均较好,非一致性模型比一致性模型更能描述区域的洪水特征。根据均值和方差随时间线性变化和非线性变化的非一致性模型(Model1 和 Model2),更能反映洪水特征的变化趋势,其中线性变化模型(Model1)条件下,所有站点的设计洪水值呈现单调变化趋势,而对于非线性模型(Model2)条件下,所有站点的设计洪水值表现出更为波动性的变化趋势。不同重现期下的非线性模型的设计洪水值往往包含线性模型的设计值,在一定程度上非一致性模型也可以反映人类活动等外界因素对洪水频率的影响,即在非平稳条件下的洪水重现期和频率问题需要得到不断更新。

(4)洪水演变的驱动因素分析:区域洪水特征演变的主要因素包括气候因素和下垫面因素。区域气候条件的变化是洪水演变的驱动因素之一,降雨量作为洪水过程的主要输入来源,其决定着洪水的量级等,但北京地区的洪水变化不仅仅是因为区域降雨的变化,同时也是区域下垫面变化和人类活动共同作用导致的。在区域降雨量减少的情况下,由于人类活动增强,北京地区需水量增加,进一步恶化了区域水资源安全形势,使得区域各项水利工程的蓄水作用增强,削弱了河道洪峰流量,减少了河川径流量。然而在城市化发展显著区域,如新城区的大红门闸和榆林庄,随着城市化程度的提高,洪峰流量呈现上升趋势,说明城市化增强了城市化流域的洪峰流量,加快了区域汇流速度,产生更多的地表径流。由此可知,变化环境下采用现有的水文分析方法将导致设计洪水频率存在失真风险。

(5)城市内涝变化及其成因分析:随着城市化不断推进,城市内涝积水呈现增加趋势,且伴随着城市化空间扩张,城市内涝也呈现向外扩张态势。针对城市内涝成因,除了强降雨等极端气象事件的影响外,不合理的城市开发等人类活动的影响也不容忽视。城市化加速推进的过程中,导致不透水面积比例增加,微地形和排水方式在改变,加上我国排水设计标准本身偏低,其结果是:一方面地面渗透和滞留雨水的能力大大降低,产流量和洪峰流量增加,汇流时间缩短,孕灾环境和致灾因素在增强;另一方面,排水系统脆弱性在增加,洪涝灾害承受能力在不断降低。更为重要的是,暴雨预测预警能力偏低,洪涝灾害防控实用技术缺乏,洪涝应急预案不健全,洪涝调度管理水平不高,也是我国城市暴雨致灾的重要原因。

(四)城市化对流域产汇流过程的影响与模拟

城市下垫面变化是城市区域降雨径流关系变化的主要影响因素。随着城市的扩大,土地利用方式发生结构性改变,使得区域不透水面积增加,相同降雨条件下,降雨填洼和下渗等损失减小,地表径流增加,径流系数明显增加,洪峰提高,汇流历时缩短,加剧了暴雨洪水的形成。利用不同区域降雨径流数据分析典型城市区域降雨径流关系变化,同时以北运河北关闸以上流域为研究区,利用流域地形地貌特征,提出了综合 SCS 曲线法和分布式单位线方法的流域产汇流计算方法,并基于 HEC-HMS 模型系统构建了适合城市化流域的温榆河洪水模拟模型,评估变化环境对城市暴雨洪涝过程的影响机制。具体结论如下:

(1)城市降雨径流关系分析:根据北京市老城区、新城区和郊区典型流域的降雨径流数据,分析了城市化发展对降雨径流关系的影响。老城区城市化发展程度较高,径流系数总体较大,新城区城市化水平相对较低,径流系数相对偏小,但较郊区仍表现出较大增加。根据不同降雨等级和不同下垫面条件下的城市区域降雨径流关系变化,城市化小区或流域降雨径流关系主要受降雨因素和不透水面积的影响,径流系数的变化也随降雨和不透水面积的增加而呈现增加趋势。由此制定了城区综合径流系数与降雨量和不透水面积比例的关系图,为城市小区的简单降雨径流计算提供参考。对于近郊区和远郊区而言,城市化发展水平对降雨径流关系的影响并不明显,而其他人类活动的影响较为显著,其降雨径流关系变化主要受降雨变异及其水利工程措施等方面影响较大。

(2)城市流域水文过程模拟系统研究:基于流域地形地貌特征和土地利用类型及土壤数据,利用 GIS 和 RS 技术分析了流域下垫面变化特征,针对不同时期不同土地利用类型和土壤类型估算 SCS 曲线法的 CN 参数,结合分布式单位线理论和马斯京根演算方法,提出了适合城市化流域或无资料地区的流域汇流计算方法,进而基于 HEC-HMS 平台构建城市化流域降雨径流过程模拟系统。利用构建的城市化流域降雨径流模拟系统,选择流域内典型的暴雨洪灾事件作为研究对象,验证模型系统的适用性及合理性。典型洪水场次模拟结果表明,HEC-HMS 模型具有较高的适用性,但由于模型系统并未考虑人为调控或水利工程调控等影响,部分场次模拟效果欠佳。整体而言,HEC-HMS 模型系统的产汇流计算方法能够适应城市化流域的暴雨洪水过程模拟研究。

(3)环境变化对城市暴雨洪水过程的影响评估:利用 HEC-HMS 模型系统,定量评估土地利用变化和降水变化对流域暴雨洪水过程的影响程度。研究结果表明,在同样的降雨条件下,城市化发展导致的土地利用变化对流域出口洪水流量过程的影响,表现为洪峰流量、洪量随着不透水面积比率的增加而增加,峰现时间有所提前。对于低重现期的设计降雨,城市化对洪峰流量和洪量的影响程度较大。

第二节 主要创新点

本研究针对变化环境下北京地区暴雨洪水演变规律及响应机理开展研究,主要创新点如下:

(1)鉴于前人关于国内外城市水文效应的研究成果,本研究综合利用气象学、测绘学、环境科学、城市水文学的方法,建立了不同时间和空间尺度的水文气象综合数据库,系统全面地探讨了北京地区的暴雨洪水时空分布变化特征,对于揭示变化环境下城市化发展对城市水文环境的影响将有深远的实现意义。本研究成果具有一定的区域特色创新,北京地区作为典型的特大型城市,位于半湿润半干旱地区,对半湿润半干旱地区的城市化水文效应研究具有较强的参考价值。

(2)本研究从多种时间和空间尺度的历史观测资料入手,采用多源信息融合和多方法集成,整合数据分析、实验分析及模型模拟等技术手段,建立了关于城市化水文效应的较为系统完整的研究思路和分析方法,构建了适合城市化发展区域的流域降雨径流模拟系统,为综合开展城市水文学及城市暴雨洪水过程模拟研究提供了有效途径。

(3) 利用 HEC-HMS 模型对各种外部条件变化情景下典型流域暴雨洪水的情景进行模拟分析,将更好地理解不同自然和人类活动因素控制下的城市暴雨洪水的响应机制,对未来城市水文灾害风险预警及市政基础设施建设具有十分重要的实践意义,为北京地区城市防洪减灾提供支持,为流域的城镇扩展、土地持续利用和防洪规划提供了理论依据。

第三节 研 究 展 望

气候变化和人类活动对水文水资源的影响是当前国际社会普遍关注的热点问题。本研究重点研究了城市化发展条件下暴雨洪水演变规律及响应机理,揭示了变化环境下北京地区城市暴雨洪水的演变规律,阐述了城市水文学中的一些基本科学问题,创新了一些技术手段,并分析了有关结论。但是,变化环境下的水文学研究涉及水文学、气候学、地理学和计算科学等多个学科,在城市水文学领域仍然有一些问题悬而未决,需要做进一步深入的研究。

(1) 诸多结果证实,城市化水文效应具有明显的区域特点,不同地区存在较大的差异,如何将研究成果归纳总结出规律性的结论是今后的重点方向。如城市化降水效应研究需要建立新的观测体系,以监测气溶胶变化、云层微观物理过程和降水动态过程;开发新的模型,精确分析与模拟上述变化进程,以深入理解相互之间的响应和反馈机制;建立区域城市冠层动力模式及其参数化方案研究城市降水演变机制,耦合多源信息(气象卫星、观测站点、自动监测设备等)建立高精度的信息共享体系,为城市降水效应评估和社会应用提供广泛支持。对于城市化的产汇流机制研究需要探讨城市不透水面的空间分布,融合多源信息(地理信息、地形资料、河网水系、遥感影像等)建立城市有效不透水表面的估计方法,并开发城市区域分布式水文模型,剖析城市产汇流规律及响应机制。

(2) 城市水文学研究涉及众多学科,是一个复杂的综合学科交叉问题。宏观上水文科学与大气科学交叉合作,研究区域"城市化-气候变化-水文过程"耦合系统的作用机理,微观上水文科学与环境科学、生态学结合,研究河流健康与流域生态系统。同时,城市水文学研究也涉及城市规划、社会科学、人文科学领域,需要综合考虑水量过程、水质变化、水生态演变和水资源安全及其相互之间的影响等多个问题,如何更好地量化上述各种影响机制,需要多学科领域的交叉研究及相互合作,才能更好地理解和认识城市化水文效应机制,为城市可持续发展和建设生态城市、保障城市水安全提供基础。

(3) 城市暴雨洪水监测与预测预警技术方法研究是城市雨洪模拟的关键,也是城市水文学研究的主要难题之一。需要探讨城市水文站网布设与城市排水系统监测网络的规划设计,实现城市暴雨洪水过程全方位多角度监测,并开展多源信息技术集合应用和临近降雨定量预报研究;强化城市雨洪模拟技术和模型方案的系统研究,耦合随机性模型与确定性模型,集合水文学和水动力学方法,结合一维模型和二维模型,基于理论分析、试验研究和数值模拟技术,建立能够模拟城市地区水循环规律和下垫面变化条件下的产汇流特征以及城市管网水流运动规律的城市雨洪模型,实现地表水与地下水耦合以及地面与管网耦合洪水演进研究;系统开展缺资料或无资料信息条件下的城市雨洪模型参数优化与不确定性评估,形成城市雨洪模型集合预报方案,减小模型预测结果的不确定性,提高预报精度及可靠性;耦合地面观测、气象雷达、遥感卫星、地形地貌、排水管网及城市发展等多源信息,基于 GIS 的空间分析和可视化模块,构建城市暴雨洪水监测与预测预警综合系统,为城市防洪减灾和应急管理提供决策依据。

(4)气候变化和城市化发展对水循环的综合影响评估。如 2008 年 IPCC 发布的 Climate Change and Water 特别报告系统阐释了全球范围内气候变化对水循环和水资源系统的影响,此后诸多学者针对这些问题展开了广泛探讨。然而相较于其他地区而言,城市区域对气候变化的响应更脆弱,因此需要重点分析气候变化对城市水循环及水生态系统的影响机制。特别是气候变化加剧了城市区域短历时极端暴雨的发生频率和强度,进而增加了城市洪涝灾害概率,且增加了城市水资源的脆弱性和风险程度,危及城市水资源安全,同时也影响了城市水生态系统结构和生态环境,进而影响城市水生态安全。因此,需要高度重视气候变化对城市水安全的影响,需要结合分布式水文模型、管网水力模型、河道水力学模型的相互响应关系与耦合建立集成模型,建立洪涝灾害损失评估与风险分析模型,并基于风险管理理念开展城市雨洪优化管理与利用。考虑气候变化和城市化发展对城市水安全的影响机制,开展城市水安全的影响驱动因素定量评估分析,明确变化环境下城市水安全问题的主要成因,探讨可持续性城市水安全应对措施。基于洪涝风险和水安全研究,分析建立城市综合水资源管理系统,保证城市水安全和水生态文明建设,促进城市人水和谐发展。

参 考 文 献

[1] 鲍振鑫. 海河流域水文循环要素演变机理及气候变化影响研究[D]. 南京：南京水利科学研究院，2013.

[2] 宋晓猛，占车生，夏军，等. 流域水文模型参数不确定性量化理论方法与应用[M]. 北京：中国水利水电出版社，2014.

[3] SMARTY C J，GREEN P，SALISBURY J，et al. Global water resources：vulnerability from climate change and population growth[J]. Science，2000，289(5477)：284-288.

[4] 张建云，王国庆. 气候变化对水文水资源影响研究[M]. 北京：科学出版社，2007.

[5] 宋晓猛，张建云，占车生，等. 气候变化和人类活动对水文循环影响研究进展[J]. 水利学报，2013，44(7)：779-790.

[6] PACHAURI R K，REISINGER A. Climate change 2007：synthesis report[M]. Geneva，Switzerland：IPCC，2008.

[7] 董锁成，陶澍，杨旺舟，等. 气候变化对我国中西部地区城市群的影响[J]. 干旱区资源与环境，2011，25(2)72-76.

[8] UNITED NATIONS，DEPARTMENT OF ECONOMIC AND SOCIAL AFFAIRS，POPULATION DIVISION. World urbanization prospects：the 2011 Rivision[R]，2012.

[9] COHEN J E. Human population：the next half century[J]. Science，2003，302(5648)：1172-1175.

[10] GRIMM N B，FAETH S H，GOLUBIEWSKI N E，et al. Global change and the ecology of cities[J]. Science，2008，319(5864)：756-760.

[11] MONTGOMERY M R. The urban transformation of the developing world[J]. Science，2008，319(5864)：761-764.

[12] SMITH K. The population problem[J]. Nature Climate Change，2008，1(806)：72-74.

[13] GRIMM N B，FOSTER D，GROFFMAN P，et al. The changing landscape：ecosystem responses to urbanization and pollution across climatic and societal gradients[J]. Frontiers in Ecology and the Environment，2008，6(5)：264-272.

[14] IHDP. Science plan：urbanization and global environmental change：IHDP report No. 15[R]. Bonn：IHDP Secretariat，2005.

[15] 李双成，赵志强，王仰麟. 中国城市化过程及其资源与生态环境效应机制[J]. 地理科学进展，2009，28(1)：63-70.

[16] 李杨帆，朱晓东，马妍. 城市化和全球环境变化与 IHDP[J]. 环境与可持续发展，2008，33(6)：42-44.

[17] IHDP. The IHDP strategic plan 2007-2015:IHDP update 1,2008[R]. Bonn:IHDP Secretariat,2008.

[18] IHDP. The implications of global environmental change for human security in coastal urban areas:IHDP update issue 2 September 2007[R]. Bonn:IHDP Secretariat,2007.

[19] IHDP. Urbanization and global environmental change-an exciting research challenge: IHDP newsletters 2, 2006[R]. Bonn:IHDP Secretariat,2006.

[20] DALE V H,BROWN S,HAEUBER R A,et al. Ecological principles and guidelines for managing the use of land[J]. Ecological Applications,2000,10(3):639-670.

[21] PICKETT S T A,BURCH W R,DALTON S E,et al. A conceptual framework for the study of human ecosystems in urban areas[J]. Urban Ecosystems,1997,1(4): 185-199.

[22] PICKETT S T A,CADENASSO M L,GROVE J M,et al. Urban ecological systems: linking terrestrial ecological,physical,and socioeconomic components of metropolitan areas[J]. Annual Review of Ecology and Systematics,2001,32:127-157.

[23] PICKETT S T A,CADENASSO M L,GROVE J M,et al. Beyond urban legends:an emerging framework of urban ecology, as illustrated by the Baltimore ecosystem study[J]. BioScience,2008,58(2):139-150.

[24] LEROY POFF N,DAVID ALLAN J,BAIN M B,et al. The natural flow regime[J]. BioScience,1997,47(11):769-784.

[25] VITOUSEK P M,MOONEY H A,LUBCHENCO J,et al. Human domination of earth's ecosystems[J]. Science,1997,277(5325):494-499.

[26] WILEY M J,HYNDMAN D W,PIJANOWSKI B C,et al. A multi-modeling approach to evaluating climate and land use change impacts in a Great Lakes River Basin[J]. Hydrobiologia,2010,657(1):243-262.

[27] YANG GUOXIANG. Hydrologic response of watershed to urbanization in the upper Great Lakes region[D]. West Lafayette:Purdue University,2011.

[28] ZIPPERER W C,WU J G,POUYAT R V,et al. The application of ecological princi- ples to urban and urbanizing landscapes[J]. Ecological Applications,2000,10(3):685- 688.

[29] DUNNE T,BLACK R D. An experimental investigation of runoff production in per- meable soils[J]. Water Resources Research,1970,6(2):478-490.

[30] BOWLING L, YANG G, LEI M, et al. Urbanization impact on summer convective storm and flood magnitudes in the Great Lakes region[R]. American Meteorological Society (AMS) 91st annual meeting,Seattle,WA.

[31] HAASE D. Effects of urbanisation on the water balance:A long-term trajectory[J]. Environmental Impact Assessment Review,2009,29(4):211-219.

[32] DOW C L,DEWALLE D R. Trends in evaporation and Bowen Ratio on urbanizing watersheds in eastern United States[J]. Water Resources Research, 2000,36(7): 1835-1843.

[33] ROSE S,PETERS N E. Effects of urbanization on streamflow in the Atlanta area (Georgia,USA):a comparative hydrological approach[J]. Hydrological Processes, 2001,15(8):1441-1457.

[34] ENDRENY T A. Land use and land cover effects on runoff processes:urban and sub-urban development[C]//ANDERSON M G. Encyclopedia of Hydrological Sciences [M]. John Wiley & Sons Ltd. ,Chichester,UK,2005.

[35] BHADURI B,HARBOR J,ENGEL B,et al. Assessing watershed-scale,long-term hydrologic impacts of land-use change using a GIS-NPS model[J]. Environmental Management,2000,26(6):643-658.

[36] SCHOONOVER J E,LOCKABY B G,HELMS B S. Impacts of land cover on stream hydrology in the west Georgia piedmont,USA[J]. Journal of Environmental Quality, 2006,35(6):2123-2131.

[37] OTT B,UHLENBROOK S. Quantifying the impact of land-use changes at the event and seasonal time scale using a process-oriented catchment model[J]. Hydrology and Earth System Sciences,2004,8(1):62-78.

[38] ARNOLD C L Jr,GIBBONS C J. Impervious surface coverage:the emergence of a key environmental indicator[J]. Journal of the American Planning Association,1996,62 (2):243-258.

[39] GREGORY J,DUKES M,JONES P,et al. Effect of urban soil compaction on infiltra-tion rate[J]. Journal of Soil & Water Conservation,2006,61(3):117-124.

[40] BARRON O V,BARR A D,DONN M J. Effect of urbanisation on the water balance of a catchment with shallow groundwater[J]. Journal of Hydrology,2013,485: 162-176.

[41] KONRAD C P,BOOTH D B. Hydrologic changes in urban streams and their ecologi-cal significance[J]. American Fisheries Society Symposium,2005,47:157-177.

[42] OKE T R. The energetic basis of the urban heat island[J]. Quarterly Journal of the Royal Meteorological Society,1982,108(455):1-24.

[43] SHEPHERD J M. A review of current investigations of urban-induced rainfall and recommendations for the future[J]. Earth Interactions,2005,9(12):1-27.

[44] DELLEUR J W. The evolution of urban hydrology:past,present,and future[J]. Jour-nal of Hydraulic Engineering,2003,129(8):563-573.

[45] DOUGLAS I,ALAM K,MAGHENDA M,et al. Unjust waters:climate change, flooding and the urban poor in Africa[J]. Environment and Urbanization,2008,20 (1):187-205.

[46] NIRUPAMA N,SIMONOVIC S P. Increase of flood risk due to urbanisation:a Cana-dian example[J]. Natural Hazards,2007,40(1):25-41.

[47] ROSE S. The effects of urbanization on the hydrochemistry of base flow within the Chattahoochee River Basin (Georgia,USA)[J]. Journal of Hydrology,2007,341(1/2):42-54.

[48] 吴晓丹.上海中心城区暴雨积水机理分析:对未来气候波动的响应[D].上海:华东师范大学,2012.

[49] CHRISTOPHER,ZOPPOU. Review of urban storm water models[J]. Environmental Modelling & Software,2001,16(3):195-231.

[50] KU H F H,HAGELIN N W,BUXTON H T. Effects of urban storm-runoff control on ground-water recharge in Nassau County,New York[J]. Groundwater,1992,30(4):507-514.

[51] KHAN N. The effects of urbanization on urban storm water runoff:A case study on greater Dhaka metropolitan city[J]. Operational Remote Sensing for Sustainable Development,1999:285-294.

[52] TAYEFI V,LANE S N,HARDY R J,et al. A comparison of one- and two-dimensional approaches to modelling flood inundation over complex upland floodplains[J]. Hydrological Processes,2007,21(23):3190-3202.

[53] WU Q. Relative sea-level rising and its control strategy in coastal regions of China in the 21st century[J]. Science in China Series D,2003,46(1):74.

[54] HSU M H,CHEN S H,CHANG T J. Dynamic inundation simulation of storm water interaction between sewer system and overland flows[J]. Journal of the Chinese Institute of Engineers,2002,25(2):171-177.

[55] QUAN R S,LIU M,LU M,et al. Waterlogging risk assessment based on land use/cover change:a case study in Pudong New Area,Shanghai[J]. Environmental Earth Sciences,2010,61(6):1113-1121.

[56] XU P Z. Impact of future sea level rise on flood and water logging disasters in Lixiahe region[J]. Chinese Geographical Science,1995,6(1):35-48.

[57] 张继权,张会,韩俊山.东北地区建国以来洪涝灾害时空分布规律研究[J].东北大学学报(自然科学版),2006,38(1):126-130.

[58] FEDERAL INTERAGENCY STREAM RESTORATION WORKING GROUP. Stream corridor restoration,principles, processes and practices [R]. USDA Natural Resources Conservation Service,2001.

[59] 胡伟贤.山前平原型城市雨洪模型构建及应用研究[D].广州:华南理工大学,2010.

[60] 薛丽芳.面向流域的城市化水文效应研究[D].徐州:中国矿业大学,2009.

[61] 刘敏,权瑞松,许世远.城市暴雨内涝灾害风险评估:理论、方法与实践[M].北京:科学出版社,2012.

[62] 拜存有,高建峰.城市水文学[M].郑州:黄河水利出版社,2009.

[63] HALL M J. Urban hydrology[M]. London:Elsevier Applied Science Publishers,1984.

[64] DELLEUR J W. Introduction to urban hydrology and stormwater management[C]//Water Resources Monograph. Washington, D. C.:American Geophysical Union,2013:1-34.

[65] MCPHERSON M B. Urban hydrology[J]. Reviews of Geophysics,1979,17(6):1289-1297.

［66］ LAZARO T R. Urban hydrology：a multidisciplinary perspective-revised edition［M］. Lancaster：Technomic Publishing Company，Inc.，1990.

［67］ LEOPOLD L B. Hydrology for urban land planning-a guidebook on the hydrologic effects of urban land use［R］. Geological Survey Circular 554，Washington，DC，1968.

［68］ MCPHERSON M B. Hydrological effects of urbanization［M］. Paris：UNESCO Press，1974.

［69］ MCPHERSON M B. Research on urban hydrology：state-of the art report from France，Federal Republic of Germany，India，Netherlands，Norway，Poland，Sweden ［M］. Paris：UNESCO Press，1978.

［70］ LINDH G，BERTHELOT R M. Socio-economic aspects of urban hydrology［M］. Paris：Unesco，1979

［71］ UNITED STATES DEPARTMENT OF AGRICULTURE. Urban hydrology for small watersheds［R］. Technical Release 55，Washington，DC，1986.

［72］ CHRISTOPHER，ZOPPOU. Review of urban storm water models［J］. Environmental Modelling & Software，2001，16(3)：195-231.

［73］ NIEMCZYNOWICZ J. Urban hydrology and water management-present and future challenges［J］. Urban Water，1999，1(1)：1-14.

［74］ ELLIOTT A H. A review of models for low impact urban stormwater drainage［J］. Environmental Modelling & Software，2007，22(3)：394-405.

［75］ ZEVENBERGEN C，VEERBEEK W，GERSONIUS B，et al. Challenges in urban flood management：travelling across spatial and temporal scales［J］. Journal of Flood Risk Management，2008，1(2)：81-88.

［76］ BONTA J V. Challenges in conducting hydrologic and water quatity research in drastically disturbed watersheds［J］. Journal of Soil and Water Conservation，2005，60(3)：121-133.

［77］ BURNS M J，FLETCHER T D，WALSH C J，et al. Hydrologic shortcomings of conventional urban stormwater management and opportunities for reform［J］. Landscape and Urban Planning，2012，105(3)：230-240.

［78］ CHARLESWORTH S M. A review of the adaptation and mitigation of global climate change using sustainable drainage in cities［J］. Journal of Water and Climate Change，2010，1(3)：165-180.

［79］ 岑国平. 城市雨水径流计算模型［J］. 水利学报，1990，21(10)：68-75.

［80］ 刘珍环，李猷，彭建. 城市不透水表面的水环境效应研究进展［J］. 地理科学进展，2011，30(3)：275-281.

［81］ SURIYA S，MUDGAL B V. Impact of urbanization on flooding：the Thirusoolam sub watershed-A case study［J］. Journal of Hydrology，2012，412/413：210-219.

［82］ 陈利顶，孙然好，刘海莲. 城市景观格局演变的生态环境效应研究进展［J］. 生态学报，2013，33(4)：1042-1050.

［83］ 宋晓猛，朱奎. 城市化对水文影响的研究［J］. 水电能源科学，2008，26(4)：33-36.

[84] 张建云. 城市化与城市水文学面临的问题[J]. 水利水运工程学报,2012(1):1-4.

[85] CARADOT N,GRANGER D,CHAPGIER J,et al. Urban flood risk assessment using sewer flooding databases[J]. Water Science and Technology,2011,64(4):832-840.

[86] 徐光来,许有鹏,徐宏亮. 城市化水文效应研究进展[J]. 自然资源学报,2010,25(12):2171-2178.

[87] SHEPHERD J M,PIERCE H,NEGRI A J. Rainfall modification by major urban areas:observations from spaceborne rain radar on the TRMM satellite[J]. Journal of Applied Meteorology,2002,41(7):689-701.

[88] 黄国如,何泓杰. 城市化对济南市汛期降雨特征的影响[J]. 自然灾害学报,2011,20(3):7-12.

[89] TRUSILOVA K,JUNG M,CHURKINA G,et al. Urbanization impacts on the climate in Europe:numerical experiments by the PSU-NCAR mesoscale model (MM5)[J]. Journal of Applied Meteorology and Climatology,2008,47(5):1442-1455.

[90] WANG X Q,WANG Z F,QI Y B,et al. Effect of urbanization on the winter precipitation distribution in Beijing area[J]. Science in China Series D:Earth Sciences,2009,52(2):250-256.

[91] ROSENFELD D. Suppression of rain and snow by urban and industrial air pollution[J]. Science,2000,287(5459):1793-1796.

[92] KAUFMANN R K,SETO K C,SCHNEIDER A,et al. Climate response to rapid urban growth:evidence of a human-induced precipitation deficit[J]. Journal of Climate,2007,20(10):2299-2306.

[93] SCHIRMER M,LESCHIK S,MUSOLFF A. Current research in urban hydrogeology-A review[J]. Advances in Water Resources,2013,51:280-291.

[94] FLETCHER T D,ANDRIEU H,HAMEL P. Understanding,management and modelling of urban hydrology and its consequences for receiving waters:a state of the art[J]. Advances in Water Resources,2013,51:261-279.

[95] 贺宝根,陈春根,周乃晟,等. 城市化地区径流系数及其应用[J]. 上海环境科学,2003,22(7):472-475.

[96] SCHUELER T R,FRALEY-MCNEAL L,CAPPIELLA K. Is impervious cover still important? review of recent research[J]. Journal of Hydrologic Engineering,2009,14(4):309-315.

[97] HAN W S,BURIAN S J. Determining effective impervious area for urban hydrologic modeling[J]. Journal of Hydrologic Engineering,2009,14(2):111-120.

[98] O'DRISCOLL M,CLINTON S,JEFFERSON A,et al. Urbanization effects on watershed hydrology and In-stream processes in the southern United States[J]. Water,2010,2(3):605-648.

[99] HAMEL P,DALY E,FLETCHER T D. Source-control stormwater management for mitigating the impacts of urbanisation on baseflow:a review[J]. Journal of Hydrolo-

gy,2013,485:201-211.

[100] LERNER D N. Identifying and quantifying urban recharge:a review[J]. Hydrogeology Journal,2002,10(1):143-152.

[101] JHA A K,BLOCH R,LAMOND J. Cities and flooding guidebook:a guide to integrated urban flood risk management for the 21st century [M]. Washington D C:The World Bank,2012.

[102] WILBY R L,PERRY G L W. Climate change,biodiversity and the urban environment:a critical review based on London,UK[J]. Progress in Physical Geography:Earth and Environment,2006,30(1):73-98.

[103] ZEVENBERGEN C,VEERBEEK W,GERSONIUS B,et al. Challenges in urban flood management:travelling across spatial and temporal scales[J]. Journal of Flood Risk Management,2008,1(2):81-88.

[104] 许有鹏. 长江三角洲地区城市化对流域水系与水文过程的影响[M]. 北京:科学出版社,2012.

[105] 赵安周,朱秀芳,史培军,等. 国内外城市化水文效应研究综述[J]. 水文,2013,33(5):16-22.

[106] 刘志雨. 城市暴雨径流变化成因分析及有关问题探讨[J]. 水文,2009,29(3):55-58.

[107] 陈云霞,许有鹏,付维军. 浙东沿海城镇化对河网水系的影响[J]. 水科学进展,2007,18(1):68-73.

[108] 丁文峰,张平仓,陈杰. 城市化过程中的水环境问题研究综述[J]. 长江科学院院报,2006,23(2):21-24.

[109] SONG X M,KONG F Z,ZHAN C S. Assessment of water resources carrying capacity in Tianjin city of China[J]. Water Resources Management,2011,25(3):857-873.

[110] HOUSE-PETERS L A,CHANG H. Urban water demand modeling:review of concepts,methods, and organizing principles[J]. Water Resources Research,2011,47(5):W05401.

[111] GRANT S B,SAPHORES J D,FELDMAN D L,et al. Taking the "waste" out of "wastewater" for human water security and ecosystem sustainability[J]. Science,2012,337(6095):681-686.

[112] MITCHELL V G. Applying integrated urban water management concepts:a review of Australian experience[J]. Environmental Management,2006,37(5):589-605.

[113] 莫淑红. 西北地区生态城市建设水资源安全保障基础研究:以宝鸡市为例[D]. 西安:西安理工大学,2010.

[114] 宋晓猛,张建云,王国庆,等. 变化环境下城市水文学的发展与挑战:II. 城市雨洪模拟与管理[J]. 水科学进展,2014,25(5):752-764.

[115] SENE K. Flash Floods:Forecasting and Warning[M]. Dordrecht:Springer Netherlands,2013.

[116] BERNE A,DELRIEU G,CREUTIN J-D,et al. Temporal and spatial resolution of rainfall measurements required for urban hydrology[J]. Journal of Hydrology,2004,

299(3/4):166-179.

[117] EINFALT T,ARNBJERGNIELSEN K,GOLZ C,et al. Towards a roadmap for use of radar rainfall data in urban drainage[J]. Journal of Hydrology,2004,299(3/4): 186-202.

[118] SCHILLING W. Rainfall data for urban hydrology:what do we need? [J]. Atmospheric Research,1991,27(1/2/3):5-21.

[119] LANZA R, STAGI L. High resolution performance of catching type rain gauges from the laboratory phase of the WMO Field Intercomparison of Rain Intensity Gauges[J]. Atmospheric Research,2009,94(4):555-563.

[120] EMMANUEL I,ANDRIEU H,LEBLOIS E,et al. Temporal and spatial variability of rainfall at the urban hydrological scale[J]. Journal of Hydrology,2012,430/431: 162-172.

[121] BERNE A,KRAJEWSKI W F. Radar for hydrology:unfulfilled promise or unrecognized potential? [J]. Advances in Water Resources,2013,51:357-366.

[122] KRAJEWSKI W F,SMITH J A. Radar hydrology:rainfall estimation[J]. Advances in Water Resources,2002,25(8/9/10/11/12):1387-1394.

[123] 杨扬,张建云,戚建国,等. 雷达测雨及其在水文中应用的回顾与展望[J]. 水科学进展,2000,11(1):92-98.

[124] UPTON G J G,HOLT A R,CUMMINGS R J,et al. Microwave links:the future for urban rainfall measurement? [J]. Atmospheric Research,2005,77(1/2/3/4): 300-312.

[125] OVEREEM A,LEIJNSE H,UIJLENHOET R. Measuring urban rainfall using microwave links from commercial cellular communication networks[J]. Water Resources Research,2011,47(12):W12505.

[126] FENICIA F,PFISTER L,KAVETSKI D,et al. Microwave links for rainfall estimation in an urban environment:insights from an experimental setup in Luxembourg-City[J]. Journal of Hydrology,2012,464/465:69-78.

[127] 杨云川,程根伟,范继辉,等. 卫星降雨数据在高山峡谷地区的代表性与可靠性[J]. 水科学进展,2013,24(1):24-33.

[128] 张建云. 中国水文预报技术发展的回顾与思考[J]. 水科学进展,2010,21(4): 435-443.

[129] WRIGHT D B,SMITH J A,VILLARINI G,et al. Long-term high-resolution radar rainfall fields for urban hydrology[J]. JAWRA Journal of the American Water Resources Association,2014,50(3):713-734.

[130] NIELSEN J E,THORNDAHL S,RASMUSSEN M R. A numerical method to generate high temporal resolution precipitation time series by combining weather radar measurements with a nowcast model[J]. Atmospheric Research,2014,138:1-12.

[131] 陈明轩,俞小鼎,谭晓光,等. 对流天气临近预报技术的发展与研究进展[J]. 应用气象学报,2004,15(6):754-766.

[132] 宗志平,代刊,蒋星.定量降水预报技术研究进展[J].气象科技进展,2012,2(5):29-35.

[133] ACHLEITNER S,FACH S,EINFALT T,et al. Nowcasting of rainfall and of combined sewage flow in urban drainage systems[J]. Water Science and Technology, 2009,59(6):1145-1151.

[134] LIGUORI S,RICO-RAMIREZ M A,SCHELLART A N A,et al. Using probabilistic radar rainfall nowcasts and NWP forecasts for flow prediction in urban catchments[J]. Atmospheric Research,2012,103:80-95.

[135] CHANG F J,CHIANG Y M,TSAI M J,et al. Watershed rainfall forecasting using neuro-fuzzy networks with the assimilation of multi-sensor information[J]. Journal of Hydrology,2014,508:374-384.

[136] VASILOFF S V,SEO D J,HOWARD K W,et al. Improving QPE and very short term QPF:an initiative for a community-wide integrated approach[J]. Bulletin of the American Meteorological Society,2007,88(12):1899-1911.

[137] 徐向阳,刘俊,郝庆庆,等.城市暴雨积水过程的模拟[J].水科学进展,2003,14(2):193-196.

[138] 胡伟贤,何文华,黄国如,等.城市雨洪模拟技术研究进展[J].水科学进展,2010,21(1):137-144.

[139] 张小娜.城市雨水管网暴雨洪水计算模型研制及应用[D].南京:河海大学,2007.

[140] 岑国平,沈晋,范荣生,等.城市地面产流的试验研究[J].水利学报,1997,28(10):47-52.

[141] SHUSTER W D,PAPPAS E,ZHANG Y. Laboratory-scale simulation of runoff response from pervious-impervious systems[J]. Journal of Hydrologic Engineering, 2008,13(9):886-893.

[142] 任伯帜.城市设计暴雨及雨水径流计算模型研究[D].重庆:重庆大学,2004.

[143] MARK O,WEESAKUL S,APIRUMANEKUL C,et al. Potential and limitations of 1D modelling of urban flooding[J]. Journal of Hydrology,2004,299(3/4):284-299.

[144] SCHMITT T G,THOMAS M,ETTRICH N. Analysis and modeling of flooding in urban drainage systems[J]. Journal of Hydrology,2004,299(3/4):300-311.

[145] MIGNOT E,PAQUIER A,HAIDER S. Modeling floods in a dense urban area using 2D shallow water equations[J]. Journal of Hydrology,2006,327(1/2):186-199.

[146] LI W F,CHEN Q W,MAO J Q. Development of 1D and 2D coupled model to simulate urban inundation:an application to Beijing Olympic Village[J]. Chinese Science Bulletin,2009,54(9):1613-1621.

[147] REN BO ZHI,ZHANG X,ZHOU HONG TAO. The urban unsteady and non-pressure rain pipe flow routing by the dynamical-wave method[J]. Applied Mechanics and Materials,2012,212/213:593-599.

[148] SINGH V P,WOOLHISER D A. Mathematical modeling of watershed hydrology [J]. Journal of Hydrologic Engineering,2002,7(4):270-292.

[149] CANTONE J,SCHMIDT A. Improved understanding and prediction of the hydrologic response of highly urbanized catchments through development of the Illinois Urban Hydrologic Model[J]. Water Resources Research,2011,47(8):W08538.

[150] 黄国如,吴思远. 基于 Infoworks CS 的雨水利用措施对城市雨洪影响的模拟研究[J]. 水电能源科学,2013,31(5):1-4.

[151] 周玉文,赵洪宾. 城市雨水径流模型研究[J]. 中国给水排水,1997,13(4):4-6.

[152] 解以扬,李大鸣,李培彦,等. 城市暴雨内涝数学模型的研究与应用[J]. 水科学进展,2005,16(3):384-390.

[153] 徐向阳. 平原城市雨洪过程模拟[J]. 水利学报,1998,29(8):34-37.

[154] 耿艳芬. 城市雨洪的水动力耦合模型研究[D]. 大连:大连理工大学,2006.

[155] 王静,李娜,程晓陶. 城市洪涝仿真模型的改进与应用[J]. 水利学报,2010,41(12):1393-1400.

[156] 宋晓猛,占车生,孔凡哲,等. 大尺度水循环模拟系统不确定性研究进展[J]. 地理学报,2011,66(3):396-406.

[157] BARCO J,WONG K M,STENSTROM M K. Automatic calibration of the U. S. EPA SWMM model for a large urban catchment[J]. Journal of Hydraulic Engineering,2008,134(4):466-474.

[158] DOTTO C S,DELETIC A,MCCARTHY D T,et al. Calibration and sensitivity analysis of urban drainage models:music rainfall/runoff module and a simple stormwater quality model[J]. Australasian Journal of Water Resources,2011,15(1):85-94.

[159] THORNDAHL S,BEVEN K J,JENSEN J B,et al. Event based uncertainty assessment in urban drainage modelling,applying the GLUE methodology[J]. Journal of Hydrology,2008,357(3/4):421-437.

[160] KHU S T,DI P F,SAVIC D,et al. Incorporating spatial and temporal information for urban drainage model calibration:an approach using preference ordering genetic algorithm[J]. Advances in Water Resources,2006,29(8):1168-1181.

[161] DELETIC A,DOTTO C B S,MCCARTHY D T,et al. Assessing uncertainties in urban drainage models[J]. Physics and Chemistry Earth,Parts A/B/C,2012,42/43/44:3-10.

[162] SEMADENI-DAVIES A,HERNEBRING C,SVENSSON G,et al. The impacts of climate change and urbanisation on drainage in Helsingborg,Sweden:suburban stormwater[J]. Journal of Hydrology,2008,350(1/2):114-125.

[163] 张建云,宋晓猛,王国庆,等. 变化环境下城市水文学的发展与挑战:I. 城市水文效应[J]. 水科学进展,2014,25(4):594-605.

[164] 刘洁. 城市洪水灾害易损性的量化模型及动态演化研究[D]. 哈尔滨:哈尔滨工业大学,2014.

[165] 齐瑜. 北京市自然灾害环境与救灾工作对策[J]. 中国减灾,2004(12):44-46.

[166] ZHAO J,YU K J,LI D H. Spatial characteristics of local floods in Beijing urban area

[J]. Urban Water Journal,2014,11(7):557-572.

[167] 哈申格日乐. 北京城市生态环境变化与城市绿化建设研究[D]. 北京:北京林业大学,2006.

[168] 刘洁泓. 城市化内涵综述[J]. 西北农林科技大学学报(社会科学版),2009,9(4):58-62.

[169] 鲁奇,战金艳,任国柱. 北京近百年城市用地变化与相关社会人文因素简论[J]. 地理研究,2001,20(6):688-696.

[170] 潘安君,张书函,陈建刚. 城市雨水综合利用技术研究与应用[M]. 北京:中国水利水电出版社,2010.

[171] 王喜全,王自发,齐彦斌,等. 城市化进程对北京地区冬季降水分布的影响[J]. 中国科学(D辑),2008(11):1438-1443.

[172] 牟凤云,张增祥,迟耀斌,等. 基于多源遥感数据的北京市 1973—2005 年间城市建成区的动态监测与驱动力分析[J]. 遥感学报,2007,11(2):257-268.

[173] 谢祥财. 北京城市河道景观改造研究[D]. 北京:北京林业大学,2007.

[174] 武晓峰. 北京城市不透水地表时空格局分析以及规划应用[D]. 呼和浩特:内蒙古师范大学,2012.

[175] 李淼,夏军,陈社明,等. 北京地区近 300 年降水变化的小波分析[J]. 自然资源学报,2011,26(6):1001-1011.

[176] SONG X M, ZHANG J Y, AGHAKOUCHAK A, et al. Rapid urbanization and changes in spatiotemporal characteristics of precipitation in Beijing metropolitan area[J]. Journal of Geophysical Research:Atmospheres,2014,119(19):11250-11271.

[177] 北京市水利局. 北京水旱灾害[M]. 北京:中国水利水电出版社,1999.

[178] 高庆九,郝立生,闵锦忠. 华北夏季降水年代际变化与东亚夏季风、大气环流异常[J]. 南京大学学报(自然科学),2006,42(6):590-601.

[179] 杨修群,谢倩,朱益民,等. 华北降水年代际变化特征及相关的海气异常型[J]. 地球物理学报,2005,48(4):789-197.

[180] 徐桂玉,杨修群,孙旭光. 华北降水年代际、年际变化特征与北半球大气环流的联系[J]. 地球物理学报,2005,48(3):511-518.

[181] DING YIHUI,WANG ZUNYA,SUN YING. Inter-decadal variation of the summer precipitation in East China and its association with decreasing Asian summer monsoon. Part I:Observed evidences[J]. International Journal of Climatology,2007,28(9):1139-1161.

[182] 张冲. 1950 年以来 ENSO 事件对我国气候影响研究[D]. 西安:陕西师范大学,2012.

[183] ZHANG R H,SUMI A,KIMOTO M. A diagnostic study of the impact of El Niño on the precipitation in China[J]. Advances in Atmospheric Sciences,1999,16(2):229-241.

[184] 卢丽. 厄尔尼诺现象对北京地区汛期降水的影响[J]. 北京水利,2001(3):26.

[185] 王慧. 1956-2011 年环渤海地区气候的变化特征及其与 ENSO 的相关性分析[D]. 兰州:西北师范大学,2013.

[186] MÖLDERS N,OLSON M A. Impact of urban effects on precipitation in high latitudes[J]. Journal of Hydrometeorology,2004,5(3):409-429.

[187] COLLIER C G. The impact of urban areas on weather[J]. Quarterly Journal of the Royal Meteorological Society,2006,132(614):1-25.

[188] HAN J Y,BAIK J J,LEE H. Urban impacts on precipitation[J]. Asia-Pacific Journal of Atmospheric Sciences,2014,50(1):17-30.

[189] 舒媛媛. 城市化对降雨、径流影响的研究:以西安市为例[D]. 西安:长安大学,2014.

[190] 刘勇洪,徐永明,马京津,等.北京城市热岛的定量监测及规划模拟研究[J].生态环境学报,2014,23(7):1156-1163.

[191] 李书严,陈洪滨,李伟.城市化对北京地区气候的影响[J].高原气象,2008,27(5):1102-1110.

[192] 陈静,刘琳.2011年汛期北京城市暴雨特征及其灾害成因初步分析[J].暴雨灾害,2011,30(3):282-287.

[193] 郑思轶,刘树华.北京城市化发展对温度、相对湿度和降水的影响[J].气候与环境研究,2008,13(2):123-133.

[194] 杜鸿.气候变化背景下淮河流域洪水极值概率统计分析与研究[D].武汉:武汉大学,2014.

[195] 叶长青,陈晓宏,张家鸣,等.变化环境下北江流域水文极值演变特征、成因及影响[J].自然资源学报,2012,27(12):2102-2112.

[196] 佘敦先.气候变化背景下极端干旱的多元统计模型及应用研究[D].北京:中国科学院大学,2013.

[197] RIGBY R A,STASINOPOULOS D M. Generalized additive models for location,scale and shape[J]. Journal of the Royal Statistical Society:Series C (Applied Statistics),2005,54(3):507-554.

[198] RIGBY B. A flexible regression approach using GAMLSS in R[D]. Lancaster:University of Lancaster,2012.

[199] 江聪,熊立华.基于GAMLSS模型的宜昌站年径流序列趋势分析[J].地理学报,2012,67(11):1505-1514.

[200] VILLARINI G,SMITH J A,SERINALDI F,et al. Flood frequency analysis for nonstationary annual peak records in an urban drainage basin[J]. Advances in Water Resources,2009,32(8):1255-1266.

[201] 顾西辉,张强,陈晓宏,等.气候变化与人类活动联合影响下东江流域非一致性洪水频率[J].热带地理,2014,34(6):746-757.

[202] 万荣荣,杨桂山,李恒鹏.流域土地利用/覆被变化的洪水响应:以太湖上游西苕溪流域为例[J].自然灾害学报,2008,17(3):10-15.

[203] 张建云.城市洪涝应急管理系统关键技术研究[J].中国市政工程,2013,168:1-6.

[204] 李致家,于莎莎,李巧玲,等.降雨-径流关系的区域规律[J].河海大学学报(自然科学版),2012,40(6):597-604.

[205] 周翠宁.北京城市化发展过程对水文要素影响的研究[D].北京:中国农业大学,2007.

[206] 梁灵君,杨忠山,刘超.基于 MIKE11 的北京市典型区域降雨径流特征研究[J].水文,2012,32(1):39-42.

[207] 徐向阳,李文起.北京市试验小区雨洪关系的分析研究[J].水文,1993,13(3):1-8.

[208] 史培军,袁艺,陈晋.深圳市土地利用变化对流域径流的影响[J].生态学报,2001,21(7):1041-1049.

[209] 程江.上海中心城区土地利用/土地覆被变化的环境水文效应研究[D].上海:华东师范大学,2007.

[210] 权瑞松.典型沿海城市暴雨内涝灾害风险评估研究[D].上海:华东师范大学,2012.

[211] 权全.城市化土地利用对降雨径流的影响与调控研究[D].西安:西安理工大学,2013.

[212] 武晟,汪志荣,张建丰,等.不同下垫面径流系数与雨强及历时关系的实验研究[J].中国农业大学学报,2006,11(5):55-59.

[213] 邵崴,潘文斌.城市不透水面与降雨径流关系研究[J].亚热带资源与环境学报,2012,7(4):20-27.

[214] USEPA. Results of the nationwide urban runoff program[R]. Washington:NTIS Access No. PB84-18552, 1983.

[215] DAVID R M. 水文学手册[M]. 张建云,李纪生,译. 北京:科学出版社,2002.

[216] SCHAAKE J C Jr,GEYER J C,KNAPP J W. Experimental examination of the rational method[J]. Journal of the Hydraulics Division,1967,93(6):353-370.

[217] 时忠杰,王彦辉,徐丽宏,等.六盘山香水河小流域地形与植被类型对降雨径流系数的影响[J].中国水土保持科学,2009,7(4):31-37.

[218] 夏军,乔云峰,宋献方,等.岔巴沟流域不同下垫面对降雨径流关系影响规律分析[J].资源科学,2007,29(1):70-76.

[219] 张士锋,刘昌明,夏军,等.降雨径流过程驱动因子的室内模拟实验研究[J].中国科学(D 辑),2004(3):280-289.

[220] TSIHRINTZIS V A,HAMID R. Runoff quality prediction from small urban catchments using SWMM[J]. Hydrological Processes,1998,12(2):311-329.

[221] RODRIGUEZ F,ANDRIEU H,ZECH Y. Evaluation of a distributed model for urban catchments using a 7-year continuous data series[J]. Hydrological Processes,2000,14(5):899-914.

[222] MITCHELL V G,MCMAHON T A,MEIN R G. Components of the total water balance of an urban catchment[J]. Environmental Management,2003,32(6):735-746.

[223] LHOMME J,BOUVIER C,PERRIN J. Applying a GIS-based geomorphological routing model in urban catchments[J]. Journal of Hydrology,2004,299(3/4):203-216.

[224] CARLE M V,HALPIN P N,STOW C A. Patterns of watershed urbanization and impacts on water quality1[J]. JAWRA Journal of the American Water Resources Association,2005,41(3):693-708.

[225] EASTON Z M,GÉRARD-MARCHANT P,WALTER M T,et al. Hydrologic as-

sessment of an urban variable source watershed in the northeast United States[J]. Water Resources Research,2007,43(3):W03413.

[226] XIAO Q,MCPHERSON E G,SIMPSON J R,et al. Hydrologic processes at the urban residential scale[J]. Hydrological Processes,2007,21(16):2174-2188.

[227] CHORMANSKI J,VAN DE VOORDE T,DE ROECK T,et al. Improving distributed runoff prediction in urbanized catchments with remote sensing based estimates of impervious surface cover[J]. Sensors,2008,8(2):910-932.

[228] MEJÍA A I,MOGLEN G E. Impact of the spatial distribution of imperviousness on the hydrologic response of an urbanizing basin[J]. Hydrological Processes,2010,24 (23):3359-3373.

[229] ZHOU Y Y,WANG Y Q,GOLD A J,et al. Modeling watershed rainfall-runoff relations using impervious surface-area data with high spatial resolution[J]. Hydrogeology Journal,2010,18(6):1413-1423.

[230] OGDEN F L,RAJ PRADHAN N,DOWNER C W,et al. Relative importance of impervious area,drainage density,width function,and subsurface storm drainage on flood runoff from an urbanized catchment[J]. Water Resources Research,2011,47 (12):W12503.

[231] SALVADORE E,BRONDERS J,BATELAAN O. Hydrological modelling of urbanized catchments:a review and future directions[J]. Journal of Hydrology,2015,529: 62-81.

[232] 宋晓猛,张建云,贺瑞敏,等.北京城市洪涝问题与成因分析[J].水科学进展,2019,30 (2):153-165.

[233] 宋晓猛,张建云,孔凡哲,等.基于流域地形地貌特征的分布式汇流方法[J].长江流域资源与环境,2015,24(4):585-593.

[234] 李润奎,朱阿兴,陈腊娇,等.SCS-CN 模型中土壤参数的作用机制研究[J].自然资源学报,2013,28(10):1778-1787.

[235] 符素华,王红叶,王向亮,等.北京地区径流曲线数模型中的径流曲线数[J].地理研究,2013,32(5):797-807.

[236] 孔凡哲,李燕,朱朝霞.一种基于面积-时间关系的单位线分析方法[J].中国矿业大学学报,2007,36(3):356-359.

[237] 孔凡哲,芮孝芳,李燕.基于空间分布流速场的单位线推求及应用[J].河海大学学报（自然科学版）,2006,34(5):485-488.

[238] MAIDMENT D R,OLIVERA F,CALVER A,et al. Unit hydrograph derived from a spatially distributed velocity field[J]. Hydrological Processes,1996,10(6):831-844.

[239] 孔凡哲,王晓赞.基于河段特征的马斯京根模型参数估算方法[J].中国矿业大学学报,2008,37(4):494-497.

[240] SONG XIAOMENG,KONG FANZHE,ZHU CHAOXIA. Application of Muskingum routing method with variable parameters in ungauged basin[J]. Water Science and Engineering,2011,4(1):1-12.

[241] PHILLIPS J V，TADAYON S. Selection of Manning's roughness coefficient for natural and constructed vegetated and non-vegetated channels，and vegetation maintenance plan guidelines for vegetated channels in Central Arizona[R]. U. S. Geological Survey，Scienic Investigations Report 2006-5108，2006.

[242] 陈莹.长江三角洲地区中小流域城镇化的水文效应研究[D].南京：南京大学，2009.

[243] 北京市北运河管理处，北京市城市河湖管理处.北运河水旱灾害[M].北京：中国水利水电出版社，2003.